普通高等教育信息技术类系列教材

计算机网络实验教程

主　编　徐远方

副主编　王海龙

科学出版社

北　京

内 容 简 介

本书是“计算机网络”课程的实验指导教材。全书由30个精心设计的实验组成，实验按照五层网络体系结构内容分层设计，内容涵盖局域网组网技术、计算机网络数据包抓获与分析、路由与交换技术，以及FTP服务、DHCP服务和网络安全、网络仿真、网络编程技术等。本书设计的实验具有较强的可操作性，对实验环境要求不高。读者可在实验中进一步学习和掌握计算机网络的基本原理和知识体系，提高处理实际问题的能力。

本书可作为本专科院校计算机、网络工程等专业“计算机网络”课程的辅助实验教材，也可供计算机网络爱好者自学参考。

图书在版编目（CIP）数据

计算机网络实验教程 / 徐远方主编. —北京：科学出版社，2022.6
（普通高等教育信息技术类系列教材）
ISBN 978-7-03-072395-6

Ⅰ. ①计… Ⅱ. ①徐… Ⅲ. ①计算机网络-实验-高等学校-教材
Ⅳ. ①TP393-33

中国版本图书馆 CIP 数据核字（2022）第 090085 号

责任编辑：宫晓梅 宋 丽 / 责任校对：马英菊
责任印制：吕春珉 / 封面设计：东方人华平面设计部

科学出版社 出版
北京东黄城根北街 16 号
邮政编码：100717
http://www.sciencep.com

三河市良远印务有限公司印刷
科学出版社发行 各地新华书店经销
*
2022 年 6 月第 一 版 开本：787×1092 1/16
2022 年 6 月第一次印刷 印张：13
字数：305 000

定价：42.00 元

（如有印装质量问题，我社负责调换〈良远〉）
销售部电话 010-62136230 编辑部电话 010-62135763-2041

前　言

“计算机网络”是计算机相关专业的一门重要专业核心课程，也是网络工程从业人员必备的理论基础。以互联网为代表的计算机网络是一个非常庞大的信息系统，涉及众多复杂的网络协议和算法，但这些协议大多被网络采用的分层设计方法所屏蔽，比较抽象，不利于读者的理解和学习。因此，能观察和分析协议的实验是学习计算机网络非常必要的环节。本书旨在帮助读者通过实验理解计算机网络中抽象的知识。

本书在实验内容上紧扣“计算机网络”课程中 TCP/IP 体系各层教学中的重点、难点，按照 TCP/IP 体系分层设计实验，使复杂抽象的网络概念、网络协议的学习和教学变得形象生动，有助于读者理解和掌握相关的概念和协议。

全书分为 5 章。第 1 章主要介绍物理层的制作双绞线实验。第 2～第 5 章围绕计算机网络 TCP/IP 体系中的数据链路层、网络层、运输层及应用层的主要知识点设计了 29 个实验，即使用 Packet Tracer 构建局域网络、单交换机 VLAN 基本配置、配置 VLAN Trunk、利用三层交换机实现 VLAN 间路由、配置快速生成树、配置交换机的 Telnet 远程登录、PPP PAP 认证、PPP CHAP 认证、掌握抓包工具 Ethereal 的使用、抓包分析数据链路层首部、使用常见网络测试命令、路由器基本配置、配置静态路由、配置单臂路由、配置默认路由、配置 RIP、配置单区域 OSPF 协议、配置多区域 OSPF 协议、配置静态 NAT、配置 NAPT、抓包分析网络层首部、配置 ACL、抓包分析 TCP 首部、抓包分析 TCP 三次握手过程、配置 FTP 服务器、配置 DHCP 服务器、配置 DHCP 中继代理、设置 IPSec 实现数据加密通信、利用 Java 开发网络应用程序。每个实验均包含背景知识、实验目的、实验准备、实验内容、实验步骤 5 个模块，其中实验步骤图文并茂，易于读者操作。

编者长年奋斗在一线教学岗位上，具有丰富的教学经验。本书编写分工如下：第 1～第 3 章、第 5 章由徐远方编写，第 4 章由王海龙编写。王海龙负责全书的统稿工作。

由于编者水平有限，书中难免存在不足之处，恳请广大读者批评指正。

前言

目　录

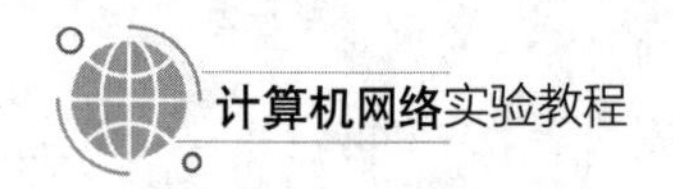

第 1 章 物理层实验

实验 制作 RJ-45 双绞线

一、背景知识

双绞线是综合布线工程中常用的一种传输介质。它分为两种类型：屏蔽双绞线和非屏蔽双绞线。屏蔽双绞线电缆的外层由铝箔包裹，以减小辐射，但并不能完全消除辐射。屏蔽双绞线价格相对较高，安装时要比非屏蔽双绞线困难。在实际网络组网中，大多数情况下使用非屏蔽双绞线。非屏蔽双绞线具有以下优点。

1）无屏蔽外套，直径小，所占空间小。

2）质量小，易弯曲，易安装。

3）将串扰降至最小，甚至可消除。

4）具有阻燃性。

5）具有独立性和灵活性，适用于结构化综合布线。

双绞线采用两根绝缘的铜导线以互相绞合的方式来抵御外界电磁波干扰。把两根绝缘的铜导线按一定密度互相绞在一起，可以降低信号干扰的程度，每一根铜导线在传输过程中辐射的电波会被另一根铜导线上发出的电波所抵消，“双绞线”这个名称也由此而来。一般双绞线绞合越密，其抗干扰能力就越强。与其他传输介质相比，双绞线在传输距离、信道宽度和数据传输速度等方面均受到一定限制，但价格较为低廉。

双绞线有一类线、二类线、三类线、四类线、五类线、超五类线及六类线，线径由细到粗，型号如下。

1）一类线：主要用于传输语音（一类线主要用于 20 世纪 80 年代初之前的电话线缆），不同于数据传输。

2）二类线：传输频率为 1MHz，用于语音传输和最高传输速率为 4Mb/s 的数据传输。二类线主要用于使用 4Mb/s 规范令牌传递协议的旧的令牌网。

3）三类线：在美国国家标准学会（American National Standards Institute，ANSI）和 EIA/TIA 568 标准中指定的电缆，该电缆的传输频率为 16MHz，用于语音传输及最高传输速率为 10Mb/s 的数据传输。三类线主要用于 10BASE-T。

4）四类线：该类电缆的传输频率为 20MHz，用于语音传输和最高传输速率为 16Mb/s 的数据传输。四类线主要用于基于令牌的局域网、10BASE-T 网络或 100BASE-T 网络。

5）五类线：该类电缆增加了绕线密度，外套一种高质量的绝缘材料，传输频率为 100MHz，用于语音传输和最高传输速率为 10Mb/s 的数据传输。五类线主要用于 100BASE-T 网络和 10BASE-T 网络。

6）超五类线：具有衰减小、串扰少的特点，并且具有更高的衰减串扰比和信噪比、更小的时延误差，性能得到很大提高。超五类线主要用于千兆位以太网。

7）六类线：该类电缆的传输频率为 1～250MHz，六类线系统在 200MHz 时的综合衰减串扰比有较大的余量，它提供两倍于超五类的带宽。六类线的传输性能远远优于超五类线，适用于传输速率高于 1Gb/s 的应用。六类线与超五类线的一个重要的不同点是：改善了在串扰及回波损耗方面的性能，对于新一代全双工高速网络应用而言，优良的回波损耗性能是极其重要的。六类线标准中取消了基本链路模型，布线标准采用星形拓扑结构，要求的布线距离为：永久链路的长度不能超过 90m，信道长度不能超过 100m。

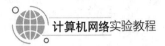

二、实验目的

掌握 RJ-45 非屏蔽五类双绞线的制作方法。

三、实验准备

压线钳 1 把，网线测试仪 1 套，RJ-45 接头、五类线若干，如图 1-1 所示。

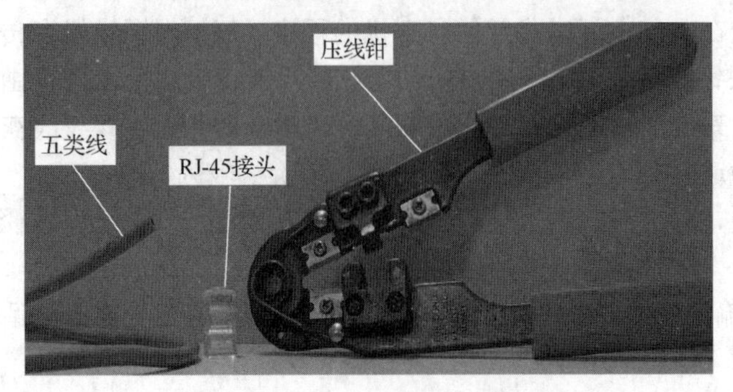

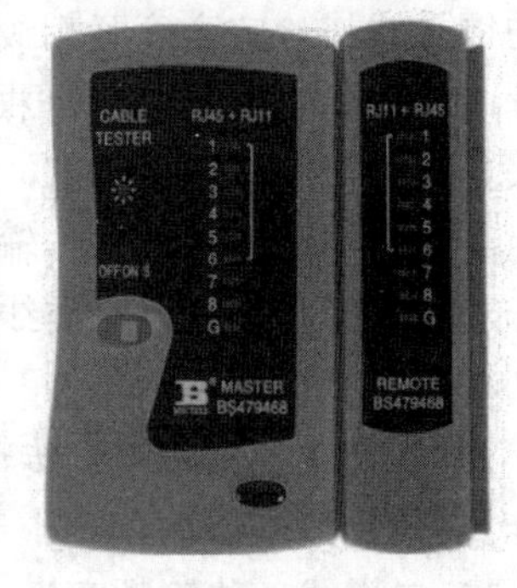

网线测试仪

图 1-1　实验工具

四、实验内容

制作 RJ-45 双绞线并通过网线测试仪的测试。

五、实验步骤

按照 T568B（T568A）的标准制作双绞线。T568B 和 T568A 为美国电子工业协会/电信工业协会（Electronic Industry Association/Telecommunications Industries Association，EIA/TIA）制定的有关这两种双绞线制作的标准，线序如图 1-2 所示，其中 T568B 标准在以太网中应用较广泛。

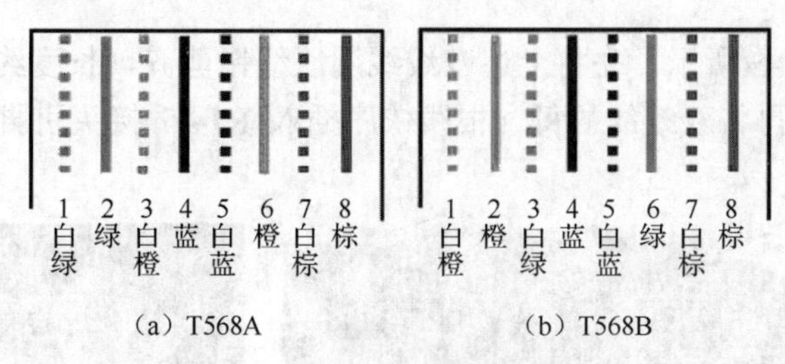

（a）T568A （b）T568B

图 1-2 T568A 和 T568B 的线序

按以下步骤制作符合 EIA/TIA 568B 标准的具有 RJ-45 接头的直通双绞线。

步骤 1 如图 1-3 所示，选取长度合适的双绞线，用压线钳前部剥线器剥除双绞线外皮 2～3cm。

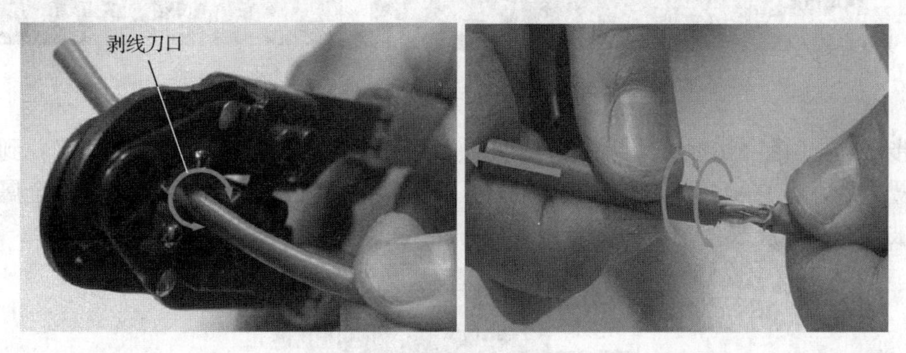

图 1-3 剥除双绞线外皮

步骤 2 如图 1-4 所示，拆分每一对线，将其拉直。将双绞线中的细线自左向右按照 EIA/TIA 568B 标准线序（白橙、橙、白绿、蓝、白蓝、绿、白棕、棕）进行排列。

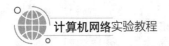

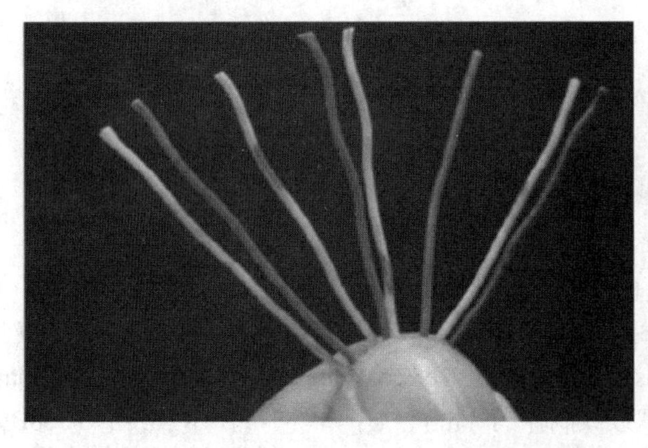
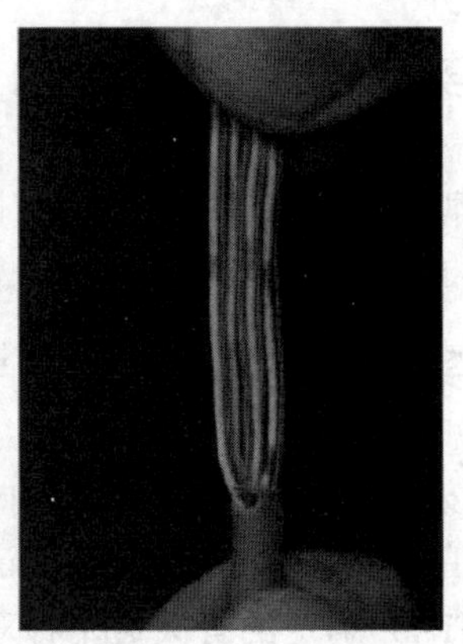

图 1-4 拆分和拉直

步骤 3 如图 1-5 所示，先将上述双绞线用压线钳剪齐，长度约为 14mm（注意：不宜过长或过短）。再将双绞线的每一根线依序插入 RJ-45 接头引脚内，第一只引脚内放入白橙线。

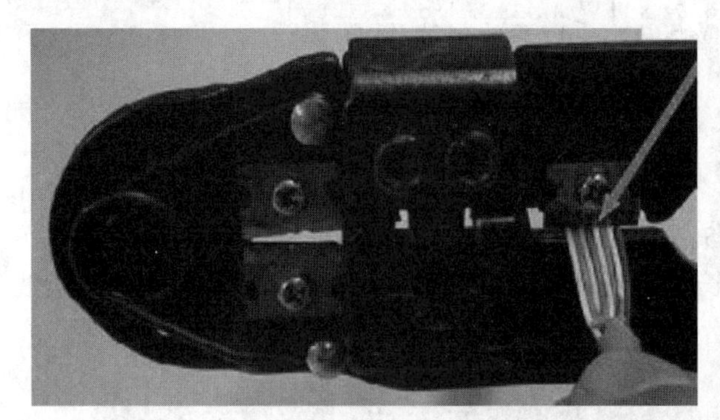
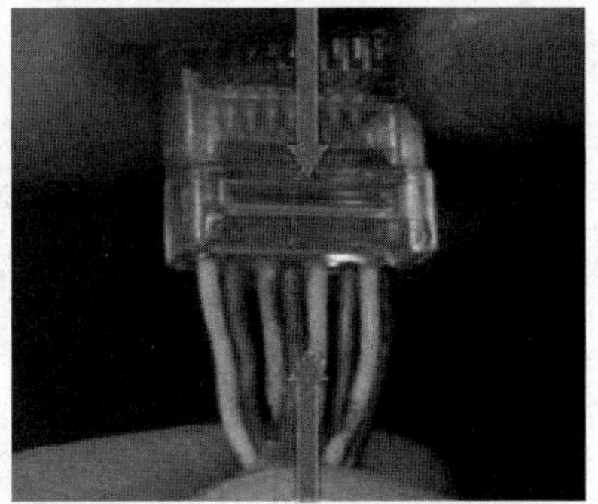

图 1-5 将双绞线剪齐后插入 RJ-45 接头引脚内

步骤 4 如图 1-6 所示，从 RJ-45 接头正面目视每根双绞线已经放置正确并到达底部位置之后，将 RJ-45 接头放入压线钳的压头槽，用力按压接头，使其内部的金属片恰好刺破双绞线外层表皮，与内部金属线良好接触（通常会听到清脆的“咔”声）。

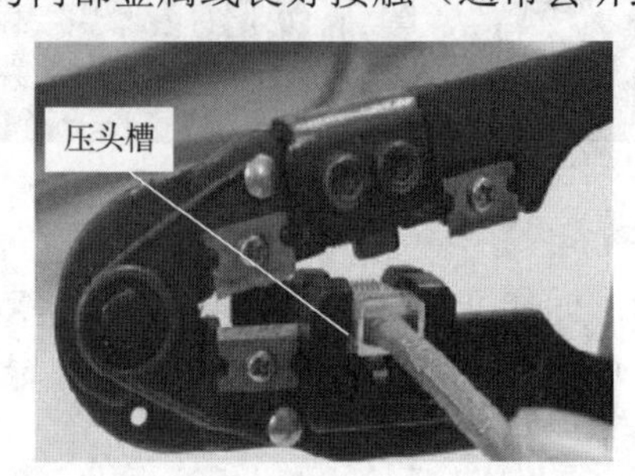

图 1-6 按压 RJ-45 接头使其与双绞线咬合

重复步骤1～步骤4，如图1-7所示，制作双绞线另一端的RJ-45接头，完成后连接线两端的RJ-45接头引脚和颜色完全一致。

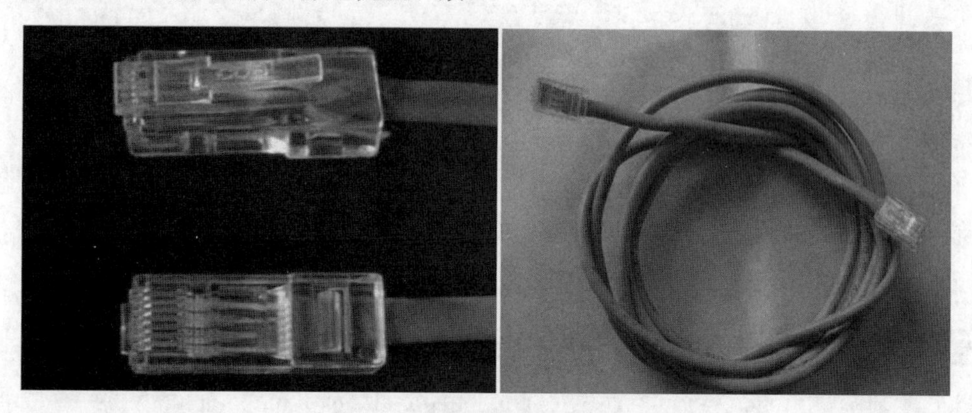

图1-7 做好的两端RJ-45接头

步骤5 如图1-8所示，用网线测试仪检测制作的双绞线是否可用。检测方法是将刚刚制作的双绞线两端分别插入网线测试仪主端和从端接口，打开电源，两端网线测试仪上的LED灯同时发光，说明线路正常，制作的双绞线可用。

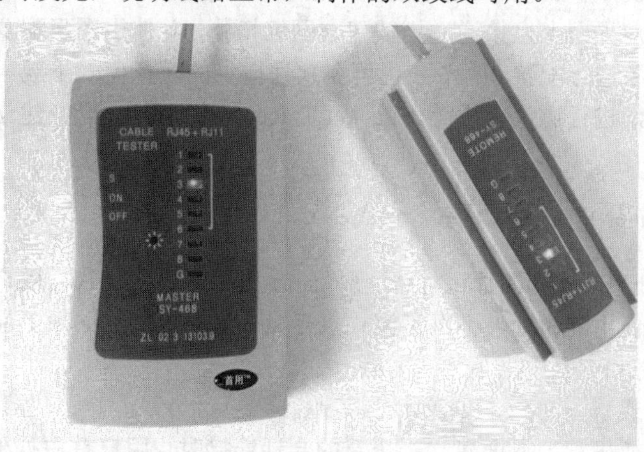

图1-8 使用网线测试仪进行测试

第 2 章 数据链路层实验

实验 2.1 使用 Packet Tracer 构建局域网络

一、背景知识

Packet Tracer 是由 Cisco 公司开发的一个辅助学习工具，为初学者学习网络原理与技术、网络项目设计和配置，以及网络故障排除等提供了一个简单易行的仿真环境。用户可以在图形用户界面上直接通过拖拽建立网络拓扑，并使用图形配置界面或命令行配置界面对网络设备进行配置和测试；也可在软件提供的模拟模式下观察数据包在网络中行进的详细过程，进行协议分析等。Packet Tracer 还附带多个已经建立好的演示环境和任务挑战。

1. Packet Tracer 中交换机的基本模式

Packet Tracer 中交换机的命令行管理界面分为若干不同模式，用户当前所处的命令模式决定了可以使用的命令，不可跨模式执行命令。以下为 Packet Tracer 中交换机的四种基本模式。

（1）用户模式

当用户和交换机管理界面建立一个新的会话连接时，用户首先处于用户模式，可以使用用户模式的命令。在用户模式下，只可以使用少量命令，并且命令的功能也受到一定限制，如可以简单查看交换机的软硬件版本信息。用户模式下，命令的操作结果不会被保存。用户模式的提示符如下（其中 Switch 为交换机的名字，下同）：

```
Switch>
```

（2）特权模式

特权模式为用户模式的下一级模式。要想使用所有的命令，必须进入特权模式。在进入特权模式时必须输入特权模式的口令。在特权模式下，用户可以使用所有的特权命令，并且能够由此进入全局配置模式。在该模式下可以对交换机的配置文件进行管理、查看交换机的配置信息、进行网络测试和调试等。特权模式的提示符如下：

```
Switch#
```

（3）全局配置模式

使用配置模式（全局配置模式、接口配置模式等）的命令会对当前运行的配置产生影响。如果用户保存了配置信息，这些命令将被保存下来，并在系统重新启动时再次被执行。要进入各种配置模式，首先必须进入全局配置模式。从全局配置模式可以进入接口配置模式等各种配置子模式。全局配置模式下可以配置交换机的全局性参数（如主机名、登录信息等），提示符如下：

```
Switch(config)#
```

（4）端口模式

端口模式属于全局配置模式的下一级模式。在该模式下可以对交换机的端口进行参数配置，提示符如下：

```
Switch(config-if)#
```

2. 配置操作的基本方法

Packet Tracer 通过命令行接口（command line interface, CLI）进行配置操作的基本方法如下。

（1）查看用户模式下的基本命令

进入交换机的命令行界面后，按 Enter 键，即可进入交换机的用户模式。在该模式下可以查看交换机的软硬件版本信息，并进行简单的测试。用户模式的提示符为“>”，在该模式下可用的命令比较少，使用“？”命令可显示该模式下的所有命令。

```
Switch>?
Exec commands:
  <1-99>        Session number to resume
  connect       Open a terminal connection
  disable       Turn off privileged commands
  disconnect    Disconnect an existing network connection
  enable        Turn on privileged commands
  exit          Exit from the EXEC
  logout        Exit from the EXEC
  ping          Send echo messages
  resume        Resume an active network connection
  show          Show running system information
  telnet        Open a telnet connection
  terminal      Set terminal line parameters
  traceroute    Trace route to destination
```

（2）查看特权模式下的基本命令

在特权模式下可以对交换机的配置文件进行管理、查看交换机的配置信息、进行网络测试和调试等。在用户模式下输入 enable 命令，进入特权模式。特权模式的提示符为“#”，使用“？”命令可查看该模式下的所有命令。

```
Switch>enable
Switch#?
Exec commands:
  <1-99>         Session number to resume
  clear          Reset functions
  clock          Manage the system clock
  configure      Enter configuration mode
  connect        Open a terminal connection
  copy           Copy from one file to another
  debug          Debugging functions (see also 'undebug')
  delete         Delete a file
  dir            List files on a filesystem
  disable        Turn off privileged commands
  disconnect     Disconnect an existing network connection
  enable         Turn on privileged commands
  erase          Erase a filesystem
  exit           Exit from the EXEC
  logout         Exit from the EXEC
  more           Display the contents of a file
  no             Disable debugging informations
  ping           Send echo messages
  reload         Halt and perform a cold restart
  resume         Resume an active network connection
  setup          Run the SETUP command facility
  show           Show running system information
  telnet         Open a telnet connection
  terminal       Set terminal line parameters
  traceroute     Trace route to destination
  undebug        Disable debugging functions (see also 'debug')
  vlan           Configure VLAN parameters
  write          Write running configuration to memory, network, or terminal
```

（3）查看全局配置模式下的基本命令

在全局配置模式下可以配置交换机的全局性参数。在特权模式下输入 configure terminal 或者简写的 conf t，即可进入全局配置模式。全局配置模式也称为 config 模式，使用“？”命令可查看该模式下的所有命令。

```
Switch#conf t
Enter configuration commands, one per line.  End with CNTL/Z.
Switch(config)#?
```

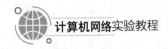

```
Configure commands:
  access-list           Add an access list entry
  banner                Define a login banner
  boot                  Boot Commands
  cdp                   Global CDP configuration subcommands
  clock                 Configure time-of-day clock
  do                    To run exec commands in config mode
  enable                Modify enable password parameters
  end                   Exit from configure mode
  exit                  Exit from configure mode
  hostname              Set system's network name
  interface             Select an interface to configure
  ip                    Global IP configuration subcommands
  line                  Configure a terminal line
  logging               Modify message logging facilities
  mac-address-table     Configure the MAC address table
  mls                   mls global commands
  no                    Negate a command or set its defaults
  port-channel          Etherchannel configuration
  privilege             Command privilege parameters
  service               Modify use of network based services
  snmp-server           Modify SNMP engine parameters
  spanning-tree         Spanning Tree Subsystem
  username              Establish User Name Authentication
  vlan                  Vlan commands
  vtp                   Configure global VTP state
```

（4）查看端口模式下的命令

在端口模式下可以对交换机的端口进行参数配置。交换机一般有很多窗口，可以添加不同的模块。默认情况下，交换机的所有端口都是以太网接口类型。进入端口模式后，可以使用 interface fastEthernet 0/1 命令，其中 interface 为进入端口命令，fastEthernet 表示高速以太网，0/1 表示端口编号。使用“？”命令可查看该模式下的所有命令。

```
Switch(config)#interface fastEthernet 0/1
Switch(config-if)#?
  cdp                 Global CDP configuration subcommands
  channel-group       Etherchannel/port bundling configuration
  channel-protocol Select the channel protocol (LACP, PAgP)
  description         Interface specific description
  duplex              Configure duplex operation.
  exit                Exit from interface configuration mode
  mac-address         Manually set interface MAC address
  mdix                Set Media Dependent Interface with Crossover
  mls                 mls interface commands
  no                  Negate a command or set its defaults
  shutdown            Shutdown the selected interface
  spanning-tree       Spanning Tree Subsystem
  speed               Configure speed operation.
  storm-control       storm configuration
```

```
    switchport       Set switching mode characteristics
    tx-ring-limit    Configure PA level transmit ring limit
```

（5）切换模式

交换机各模式之间的切换可通过 exit 和 end 命令完成。

```
Switch>enable                                //进入特权模式
Switch#configure terminal                    //进入全局配置模式
Switch(config)#interface fastEthernet 0/5 //进入交换机Fa0/5的接口配置模式
Switch(config-if)#exit                       //退回上一级操作模式
Switch(config)#end                           //直接退回特权模式
Switch#
```

（6）撤销某个命令

撤销某个命令的方法如下：

```
no    Negate a command or set its defaults
```

二、实验目的

1）正确安装和配置 Packet Tracer 网络模拟器软件。

2）掌握使用 Packet Tracer 软件模拟网络场景的基本方法。

3）理解交换机的地址学习和数据帧转发。

4）理解 MAC（medium access control，介质访问控制）地址表的作用。

5）掌握交换机的基本配置及常用命令。

三、实验准备

1）运行 Windows 7 及以上版本操作系统的 PC（personal computer，个人计算机）一台。

2）Cisco Packet Tracer 6.0.1 网络模拟器。

四、实验内容

1）安装 Cisco Packet Tracer 6.0.1 网络模拟器。

2）熟悉 Cisco Packet Tracer 软件中的网络设备、线缆类型，并用模拟器构建一个由交换机连接多个主机的局域网络场景。

3）在模拟环境中配置各主机的网络连接属性并测试网络连通性。

4）观察 MAC 地址表的变化过程，理解交换机自学习过程。

五、实验步骤

步骤1 安装Cisco Packet Tracer 6.0.1网络模拟器。双击Packet Tracer安装程序图标，根据图2-1所示安装界面提示进行安装。

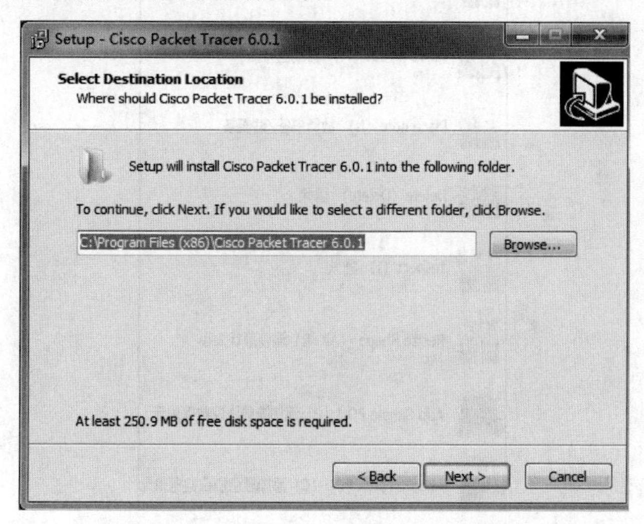

图2-1 Cisco Packet Tracer 6.0.1安装界面

步骤2 打开Cisco Packet Tracer 6.0.1网络模拟器。启动系统后，出现图2-2所示的系统界面。

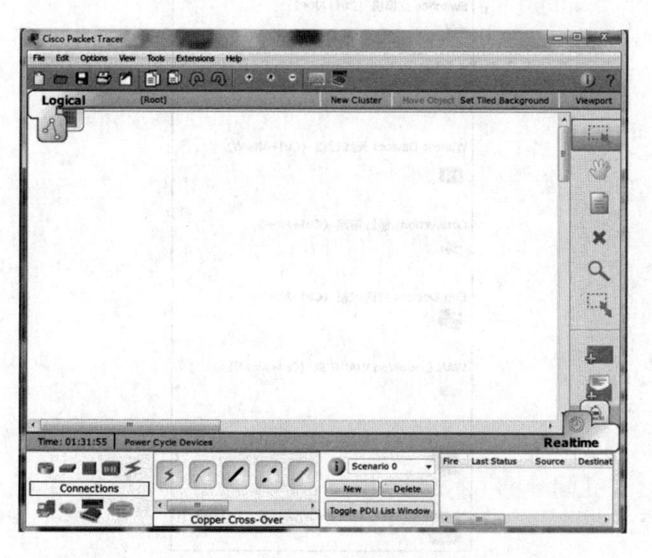

图2-2 Cisco Packet Tracer 6.0.1系统界面

菜单栏中包含“新建”“打开”“保存”等基本选项，其下方是一些常用的快捷操作图标。工作区则是绘制、配置和调试网络拓扑图的地方，操作工具位于工作区右边，各操作工具图标含义如图 2-3 所示。最下方为设备类型库，相关图标含义如图 2-4 所示，可在此处选择相关设备或者线缆。

图 2-3　常用工具栏图标含义

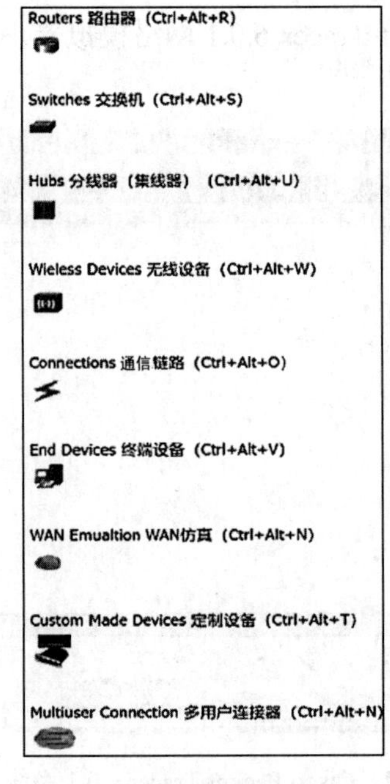

图 2-4　设备类型库图标含义

步骤3 单击图2-5左下角的Switches图标，在其右面出现的交换机中，将2950-24型号的交换机拖拽到工作区。

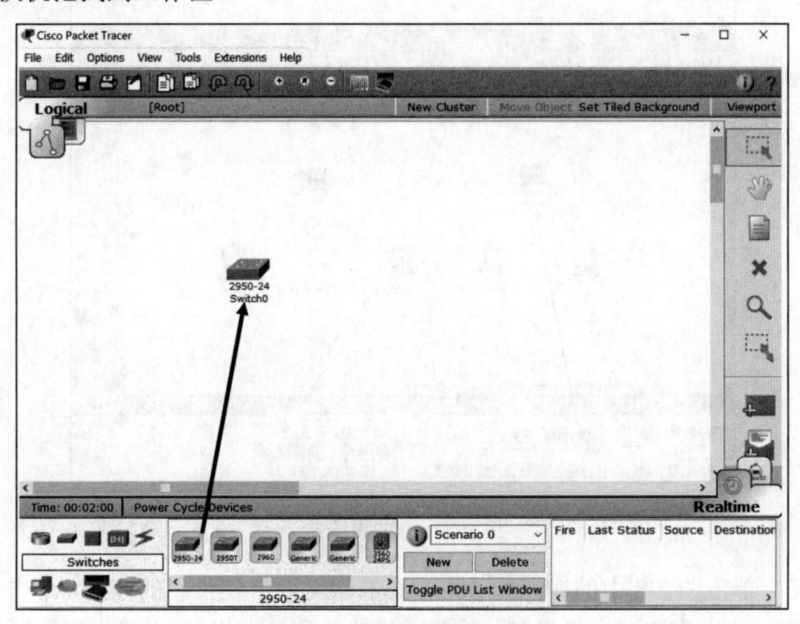

图2-5 添加2950-24交换机

步骤4 单击图2-6中的名为“Generic”的PC图标，从右侧拖拽5个PC到工作区。

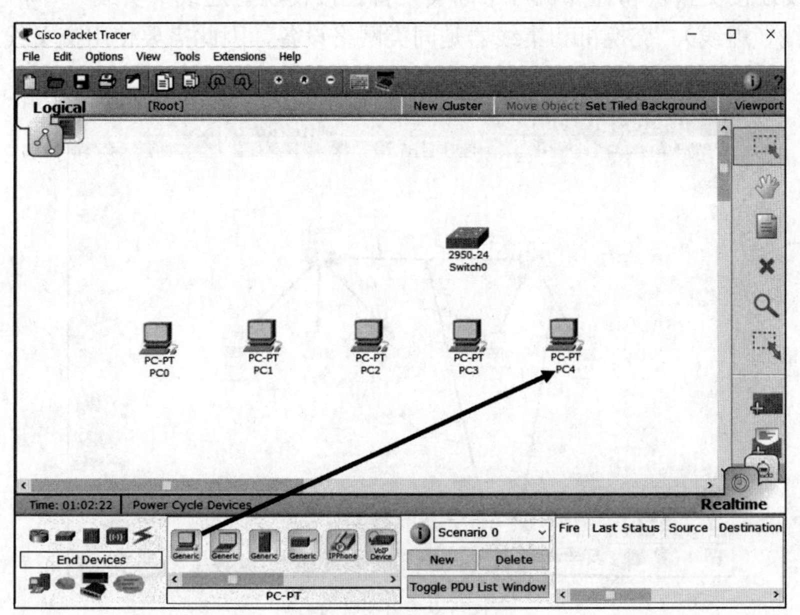

图2-6 添加PC

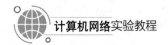

步骤 5 单击图 2-7 左下角的 Hubs 图标，从其右侧拖拽一个集线器到工作区。

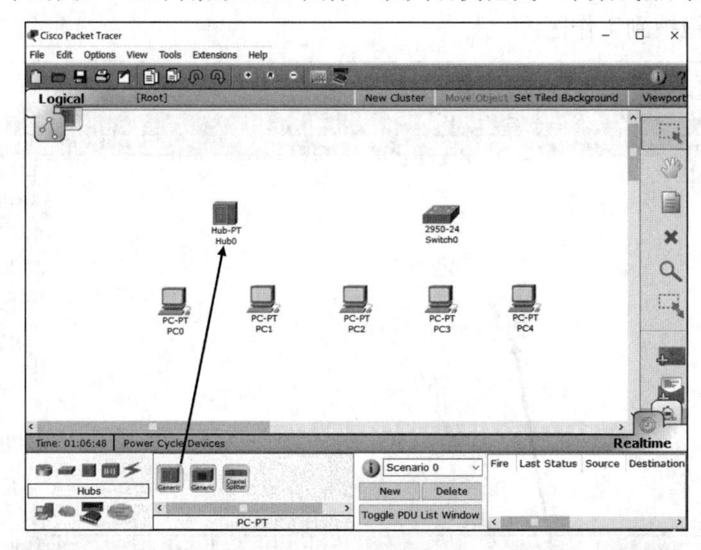

图 2-7 添加集线器

步骤 6 单击图 2-8 中的线缆图标，在右侧可以看到可用的连线，单击“直通线”图标（直通线用来连接交换机和计算机、集线器和计算机），再单击工作区中的 Hubs 图标，选中集线器，出现集线器可用的端口，选中一个端口，再单击工作区中的 PC0 图标，出现 PC0 可用的端口，选择 FastEthernet 端口，实现图 2-8 中两个设备的连接。同样的方法使用直通线连接交换机和计算机，不同类设备连接使用直通线（实线），同类设备连接使用交叉线（虚线）。交换机和集线器是同类网络设备，因此需要使用交叉线连接。

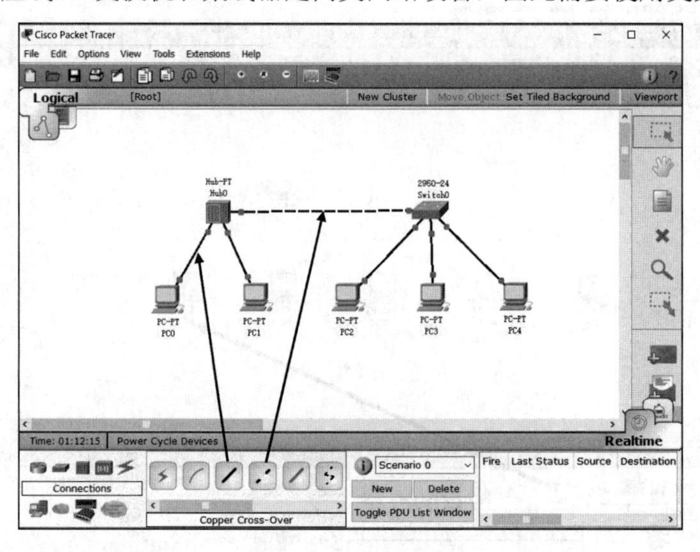

图 2-8 设备连线

步骤7 按图2-9所示连接网络拓扑，并配置5台主机的IP地址。

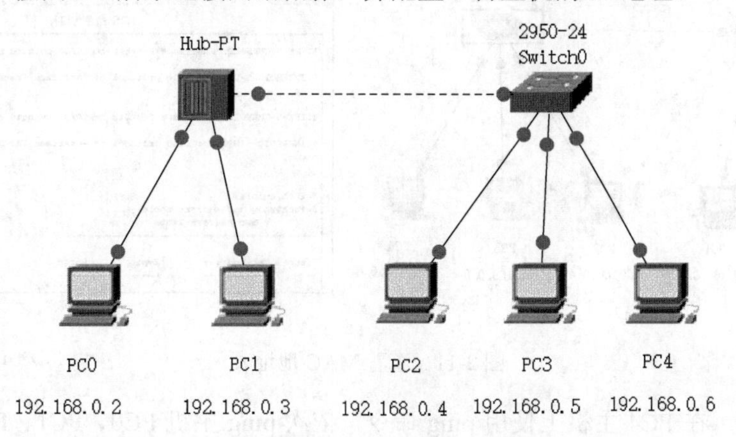

图2-9 实验网络拓扑

步骤8 单击工作区中PC0图标，在打开的PC0窗口中单击IP Configuration图标，如图2-10（a）所示。在打开的如图2-10（b）所示的窗口中选中Static单选按钮，输入静态IP地址和子网掩码，不用配置网关。使用同样的方法配置其他计算机的静态IP地址和子网掩码，完成拓扑图的配置。

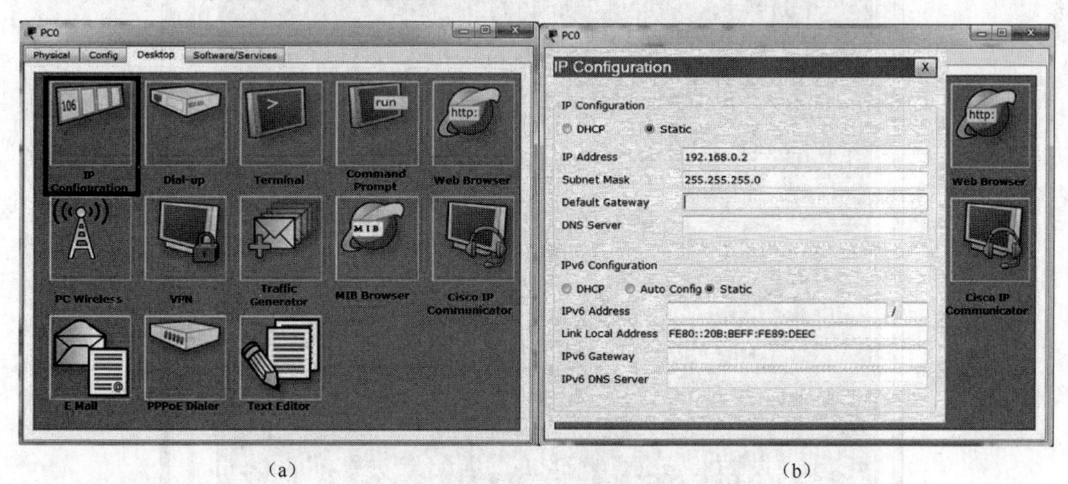

（a）（b）

图2-10 配置IP地址

步骤9 单击图2-11（a）所示工作区中的Switch0图标，打开“交换机0”窗口，选择“命令行”选项卡，如图2-11（b）所示，输入enable命令，进入特权模式，再输入show mac-address-table命令，查看交换机MAC地址表。此时交换机MAC地址表是空的，这是因为交换机通过自学习的方式获取MAC地址表，MAC地址表中的信息来源于记录发送数据主机的源地址，而此时没有主机发送数据，所以交换机的MAC地址表中没有记录任何信息。

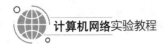

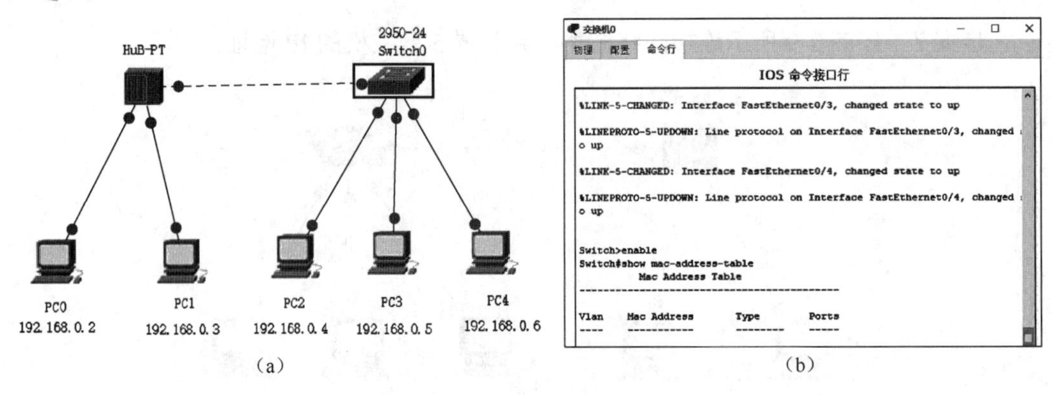

图 2-11　查看 MAC 地址表

步骤 10　在 PC4 主机上使用 ping 命令，依次 ping 主机 PC0、PC1、PC2、PC3 的 IP 地址，如图 2-12 所示，当通信成功时，按 Ctrl+C 组合键，结束 ping 过程。

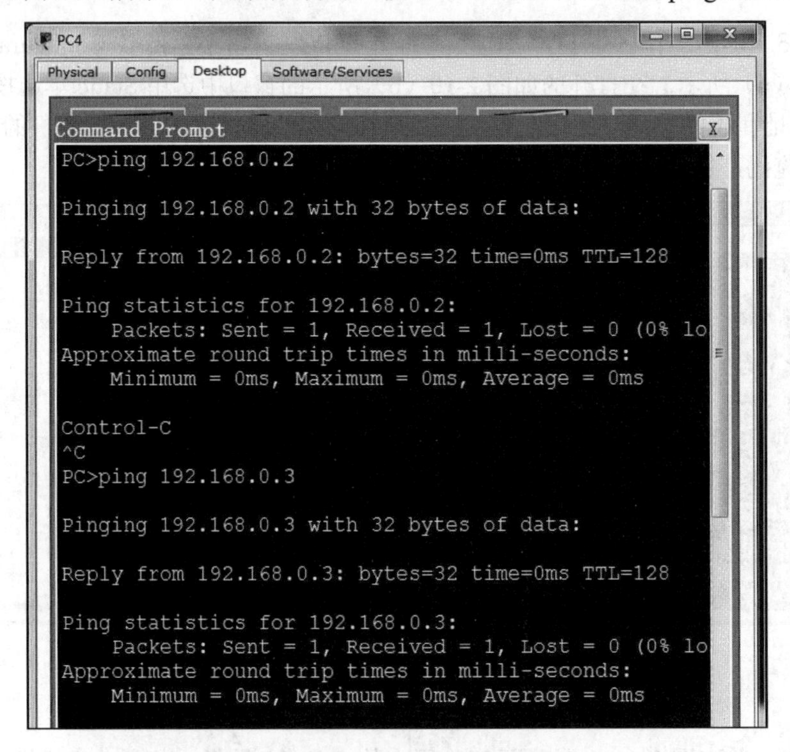

图 2-12　使用 ping 命令进行通信测试

步骤 11　再次查看交换机的 MAC 地址表，可以看到 MAC 地址表中已经有了记录，同时根据拓扑端口连接可以分析出图 2-13 中 4 个 MAC 地址对应的主机。此时 MAC 地址表中的 Type（类型）是 DYNAMIC，即动态类型，说明 MAC 地址表中的 MAC 地址是交换机通过临时学习构造的。

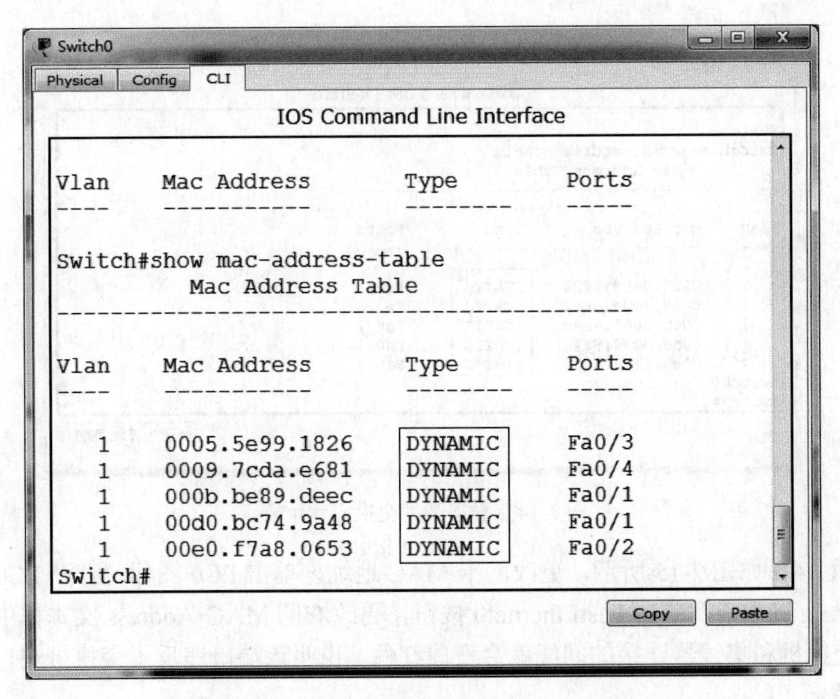

图 2-13 自学习后的交换机 MAC 地址表

步骤 12 进行交换机端口与 MAC 地址绑定的配置。通过该项配置可以实现交换机端口的安全管理。以下命令可对 MAC 地址和端口进行绑定，不能再更改。如果更换计算机，交换机就会自动将该端口关闭，并且控制一个交换机端口最多连接 2 台计算机。进入交换机全局配置模式，运行如下命令：

```
config t                                    //进入全局配置模式
interface range fastEthernet 0/1 -24        //进入 1-24 接口配置模式
switchport mode access                      //将端口设置成连接计算机模式
switchport port-security                    //启用端口安全
switchport port-security violation shutdown  //违反安全规则，就关闭端口
switchport port-security mac-address sticky
                                            //将学习到的 MAC 地址表进行粘贴
switchport port-security maximum 2          //每个交换机端口最多连接 2 台计算机
```

步骤 13 上述配置完成后，再次在 PC4 主机上使用 ping 命令，依次 ping 主机 PC0、PC1、PC2、PC3 的 IP 地址，通信成功后按 Ctrl+C 组合键，结束 ping 过程。完成后，在命令行中再次输入 show mac-address-table 命令，查看 MAC 地址表，如图 2-14 所示，可以看到 Type 变成了 STATIC，即静态类型，说明现在交换机学习到的 MAC 地址和端口有了一对一的对应关系，变成了静态的。这些端口连接的计算机 MAC 地址一旦变化，端口就会立即被关闭，通过该方法可以实现一定的安全控制。

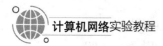

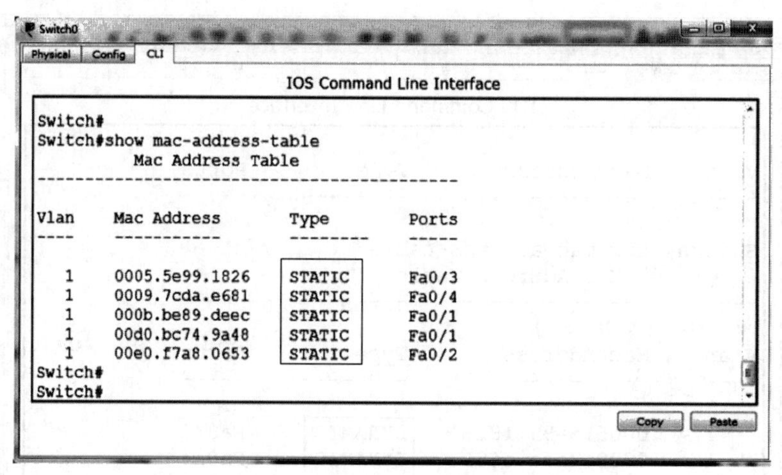

图 2-14　静态类型交换机地址表

步骤 14　如图 2-15 所示，更改网卡 MAC 地址，单击 PC0 图标，打开 PC0 窗口，选择 Config 选项卡，单击 FastEthernet0 按钮，更改右侧 MAC Address 文本框中的任何一位，交换机和集线器连接的网线就会变成红色，说明该端口违反了交换机端口安全设置，被关闭了。

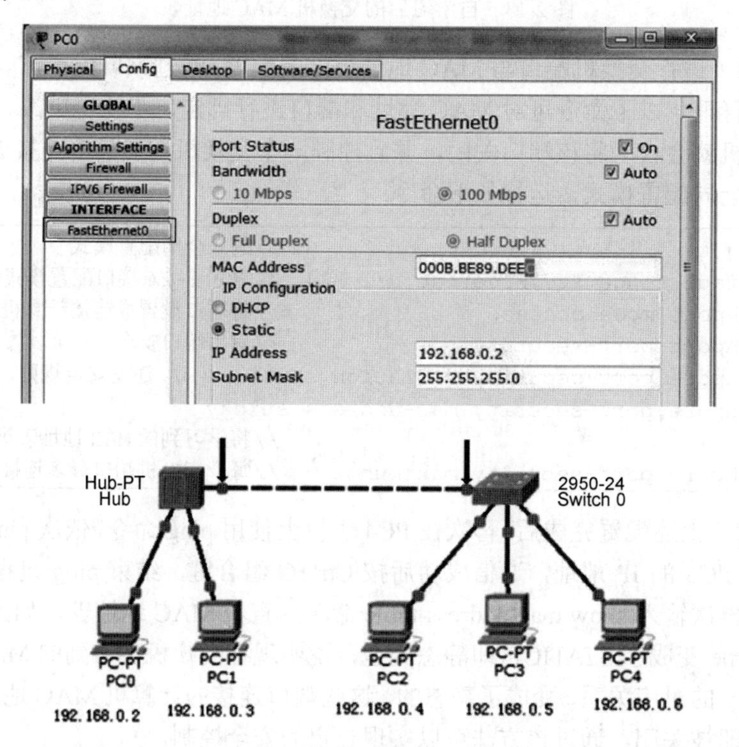

图 2-15　端口安全管理效果

步骤 15 如图 2-16 所示，在 PC4 上使用 ping 命令测试 PC0 的 IP 地址 192.168.0.2，此时已经不能通信。

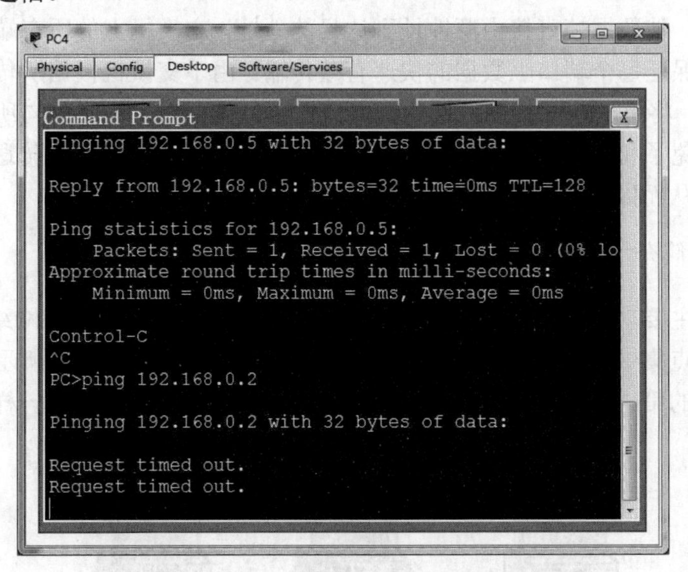

图 2-16 端口关闭后 PC4 无法再次 ping 通 PC0

实验 2.2 单交换机 VLAN 基本配置

一、背景知识

1. 交换机简介

交换机（图 2-17），也称交换式集线器，是一种工作在 TCP/IP 体系第二层（数据链路层）、基于 MAC 地址识别、能完成封装转发数据包功能的网络设备。交换机对信息进行重新生成，并经过内部处理后转发至指定端口，具备自动寻址能力，起到交换作用。

图 2-17 交换机

二层交换机不能识别 IP 地址（无网络层），但它可以自学习源主机的 MAC 地址，并把其存放在交换机的 MAC 地址表中，通过在数据帧的始发者和目标接收者之间建立临时交换路径，使数据帧直接由源地址到达目的地址。交换机上的所有端口均有独享的信道带宽，以保证每个端口上数据的快速有效传输。由于交换机根据所传递信息包的目的 MAC 地址，将每一数据帧独立地从源端口送至目的端口，而不会向所有端口发送数据帧，因此避免了和其他端口发生冲突。交换机可以同时互不影响地传送数据帧，并防止传输冲突，从而提高了网络的实际吞吐量。

2. 集线器简介

集线器的主要功能是对接收到的信号进行再生整形放大，以增加网络的传输距离，同时把所有节点集中在以它为中心的节点上。集线器拓扑如图 2-18 所示，它工作于网络体系结构中的第一层，即物理层。集线器与网卡、网线等传输介质一样，属于局域网中的基础设备。

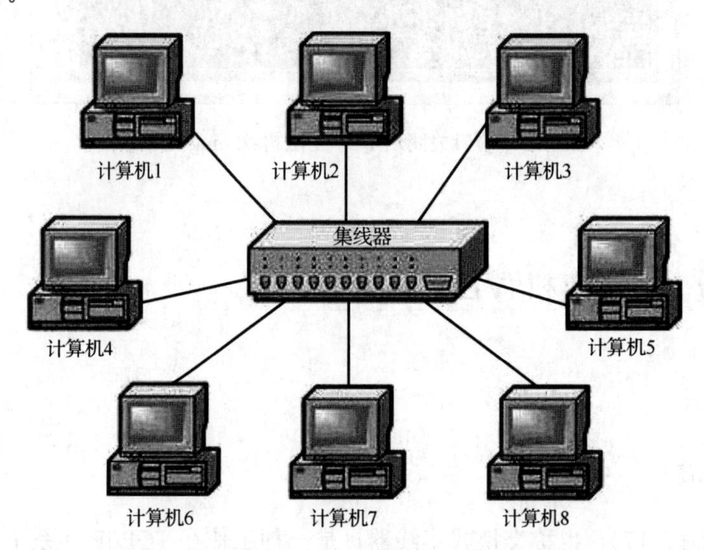

图 2-18　集线器拓扑

集线器属于纯硬件网络底层设备，基本上不具有类似于交换机的“智能记忆”能力和“学习”能力。它也不具备交换机所具有的 MAC 地址表，所以其发送数据时是没有针对性的，而是采用广播方式发送。也就是说，当集线器要向某节点发送数据时，不是直接把数据发送到目的节点，而是把数据包发送到与集线器相连的所有节点。

3. VLAN 简介

VLAN（virtual local area network，虚拟局域网）将一组位于不同物理网段的用户在逻辑上划分在一个局域网内，在功能和操作上与传统的 LAN（local area network，局域网）基本相同。VLAN 最大的特性是不受物理位置的限制，可以进行灵活的划分。VLAN 具备一个物理网段所具备的特性，相同 VLAN 内的主机可以相互直接通信，不同 VLAN 的主机之间互相访问必须经路由设备进行转发；广播数据包只可以在本 VLAN 内进行广播，不能传输到其他 VLAN 中。

划分 VLAN 可有效减少广播风暴，简化网络管理，提高网络的安全性，是用户最常使用的配置。VLAN 划分方式主要分为基于接口、基于 MAC 地址、基于协议、基于子网及基于策略 5 种，其中基于接口划分是最为常见的划分方式。

现在广泛应用于网络环境中的、被称为三层交换机的设备在逻辑上就是一个路由器（Router）和支持 VLAN 的二层交换机的集成体。三层交换机可以很方便地直接将多个 VLAN 在 IP 层（第三层）进行互联。三层交换机通常不具有广域网接口，主要用于在局域网环境中互联同构的以太网，并起到隔离广播域的作用。由于三层交换机处理的都是封装在以太网帧中的 IP 数据报，可以对处理算法进行很多特殊的优化并尽量用硬件来实现，因此其比传统路由器转发分组的速度要快。

二、实验目的

掌握基于端口的 VLAN 的配置与删除方法。

三、实验准备

1）PC 物理机 1 台。

2）Packet Tracer 模拟器：SW2960 交换机 1 台、PC 4 台、Server-PT 1 台、连接线若干。

四、实验内容

通过命令配置单交换机 VLAN 并进行通信测试。

五、实验步骤

步骤 1　按图 2-19 所示拓扑进行连线。

步骤 2　按图 2-19 所示拓扑要求配置 IP 地址和子网掩码。

步骤 3　配置 VLAN。

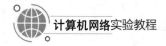

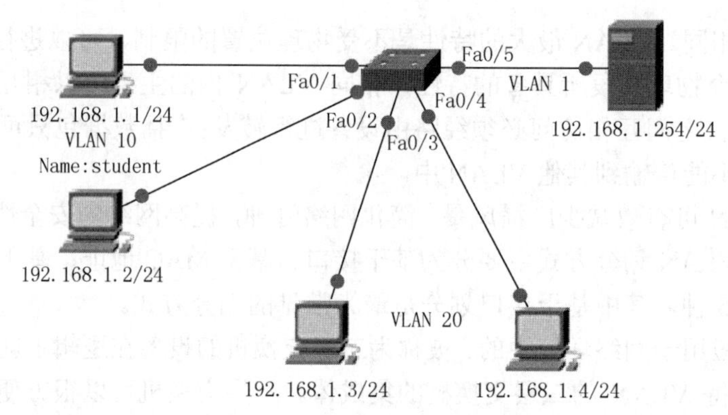

图 2-19　单交换机 VLAN 拓扑

1）在交换机上创建 VLAN 10，并将 Fa0/1-2 端口划分到 VLAN 10 中。

```
switch# configure terminal                          //进入全局配置模式
switch(config)# vlan 10                             //创建 VLAN 10
switch(config-vlan)#name student                    //将 VLAN 10 命名为 student
switch(config-vlan)#exit                            //返回全局配置模式
switch(config)#interface range fastEthernet 0/1-2      //进入端口配置模式
switch(config-if)#switchport mode access            //将 Fa0/1-2 端口模式设为Access
switch(config-if)#switchport access vlan 10//将 Fa0/1-2 端口划分到VLAN 10 中
switch(config-if)#end
```

2）检查已创建的 VLAN 10。

```
switch# show vlan id 10         //显示 VLAN 10
VLAN Name                          Status    Ports
---- ------------------------- --------- ---------------------------
10   student                       active    Fa0/1 Fa0/2
```

3）用同样的方法在交换机上创建 VLAN 20，并将 Fa0/3-4 端口划分到 VLAN 20 中。

步骤 4　测试。同一 VLAN 的主机可以互相 ping 通，不同 VLAN 的主机不能 ping 通。

步骤 5　保存配置。

```
switch#copy running-config startup config   //将当前配置保存到配置文件
```

注意

如果把一个端口分配给一个不存在的 VLAN，那么该 VLAN 将自动被创建。假设 VLAN 2 不存在，则以下命令在创建 VLAN 2 的同时会将 Fa0/5 端口加入 VLAN 2 中。

```
switch(config)#interface fastEthernet 0/5
switch(config-if)#switchport access vlan 2
```

步骤6 删除VLAN。将该VLAN中的端口都移到默认的VLAN 1中，用no vlan vlan id命令将其删除。

1）删除VLAN 10。

```
switch#configure terminal
switch(config)#interface range fastEthernet 0/1-2
switch(config-if)# switchport access vlan 1
                                  //将VLAN内的端口全部移到VLAN 1中
switch(config-if)#exit
switch(config)#no vlan 10         //删除VLAN 10
```

2）用同样的操作方法将VLAN 20删除，并检查是否已将VLAN 10、VLAN 20删除。

```
switch#show vlan                  //查看所有VLAN
VLAN Name                         Status    Ports
---- ------------------------ --------- -----------------------------
1    default                      active Fa0/1 ,Fa0/2 ,Fa0/3
                                         Fa0/4 ,Fa0/5 ,Fa0/6
                                         Fa0/7 ,Fa0/8 ,Fa0/9
                                         Fa0/10,Fa0/11,Fa0/12
                                         Fa0/13,Fa0/14,Fa0/15
                                         Fa0/16,Fa0/17,Fa0/18
                                         Fa0/19,Fa0/20,Fa0/21
                                         Fa0/22,Fa0/23,Fa0/24
```

由以上检查结果可知，当前所有端口都属于系统默认的VLAN 1，已将VLAN 10和VLAN 20删除，但不能删除系统默认的VLAN 1。

实验2.3 配置VLAN Trunk

一、背景知识

在多交换机网络环境下，如果对交换机互相连接的端口不进行Trunk配置，将不能提供除默认VLAN外的VLAN通信。所以，要实现跨交换机的VLAN通信，需要依靠VLAN Trunk的技术支持。VLAN的成员类型有两种：Access端口和Trunk端口。一个Access端口只能属于一个VLAN，并且是通过手动设置指定VLAN的；一个Trunk端口在默认情况下属于本交换机的所有VLAN，它能够转发所有VLAN的帧，但其可以通过设置许可VLAN列表（Allowed-VLANs）来加以限制。

二、实验目的

通过配置交换机端口 VLAN Trunk 实现跨交换机的 VLAN 通信。

三、实验准备

1）PC 物理机 1 台。

2）Packet Tracer 模拟器：SW2960 交换机 2 台、PC 6 台、Server-PT 2 台、连接线若干。

四、实验内容

1）使用命令行配置跨交换机 VLAN。

2）结合实验结果理解 VLAN Trunk 的作用。

五、实验步骤

步骤 1 按照图 2-20 所示拓扑进行连线，并给计算机配置 IP 地址和子网掩码。

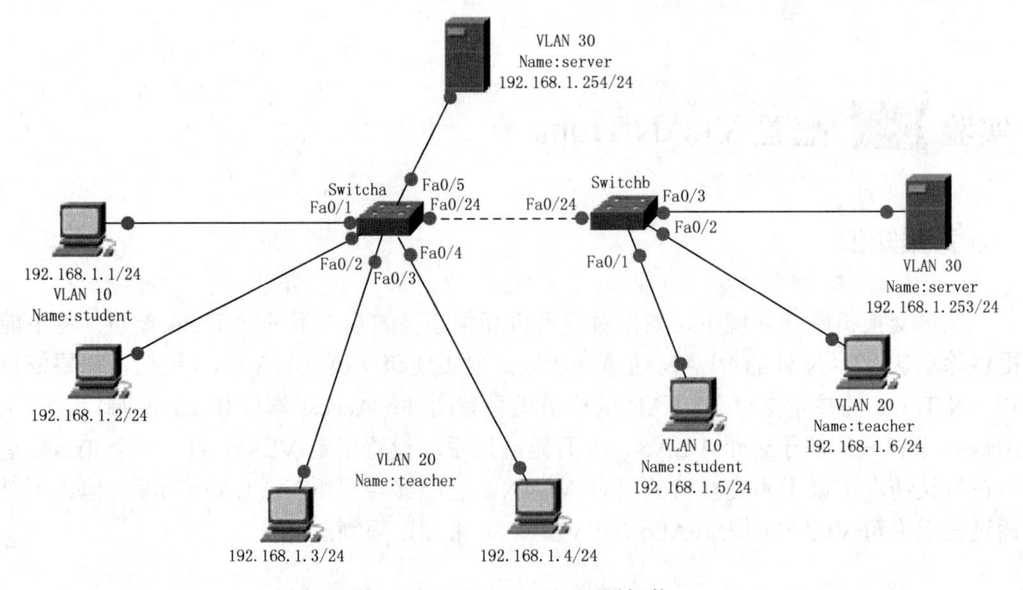

图 2-20　VLAN Trunk 配置拓扑

步骤2 按照图2-20所示拓扑分别在交换机Switcha和Switchb上创建VLAN，并将相应端口加入指定VLAN中。

```
Switch>enable
Switch#configure terminal
Enter configuration commands, one per line. End with CNTL/Z.
Switch(config)#hostname Switcha
Switcha(config)#vlan 10
Switcha(config-vlan)#name student
Switcha(config-vlan)#exit
Switcha(config)#vlan 20
Switcha(config-vlan)#name teacher
Switcha(config-vlan)#exit
Switcha(config)#vlan 30
Switcha(config-vlan)#name server
Switcha(config-vlan)#exit
Switcha(config)#interface range fastEthernet 0/1-2
Switcha(config-if-range)#switchport access vlan 10
Switcha(config-if-range)#exit
Switcha(config)#interface range fastEthernet 0/3-4
Switcha(config-if-range)#switchport access vlan 20
Switcha(config-if-range)#exit
Switcha(config)#interface fastEthernet 0/5
Switcha(config-if-range)#switchport access vlan 30
Switcha(config-if-range)#exit
Switcha(config)#
```

用同样方法在Switchb上创建VLAN，并将相应端口加入VLAN中。

步骤3 分别将交换机Switcha和Switchb的Fa0/24端口设置为Trunk类型，以Switcha为例（Switchb配置过程相同）。

```
Switcha(config)#int Fa0/24
Switcha(config-if)#switchport mode trunk //将Fa0/24端口类型设置为Trunk
Switcha(config-if)#end
```

步骤4 测试。相同VLAN的计算机之间可ping通，不同VLAN的计算机之间不能ping通。

步骤5 配置Trunk口的许可VLAN列表，可在任意一个交换机上进行，以Switcha为例。

```
Switcha(config)#int Fa0/24
Switcha(config-if)#switchport trunk allowed vlan except 10
                                        //将VLAN 10从许可列表中删除
```

步骤6 测试。结果为192.168.1.1与192.168.1.5不能ping通，192.168.1.3与192.168.1.6仍能ping通。

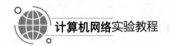

注意

1）不能将 VLAN 1 从许可 VLAN 列表中移出。

2）一个接口默认工作在第二层模式，一个二层接口的默认模式是 Access。

3）把 Trunk 的许可 VLAN 列表改为默认状态的命令为：no switchport trunk allowed vlan。

练习

按图 2-21 所示要求实现处于同一 VLAN 的主机相互通信。

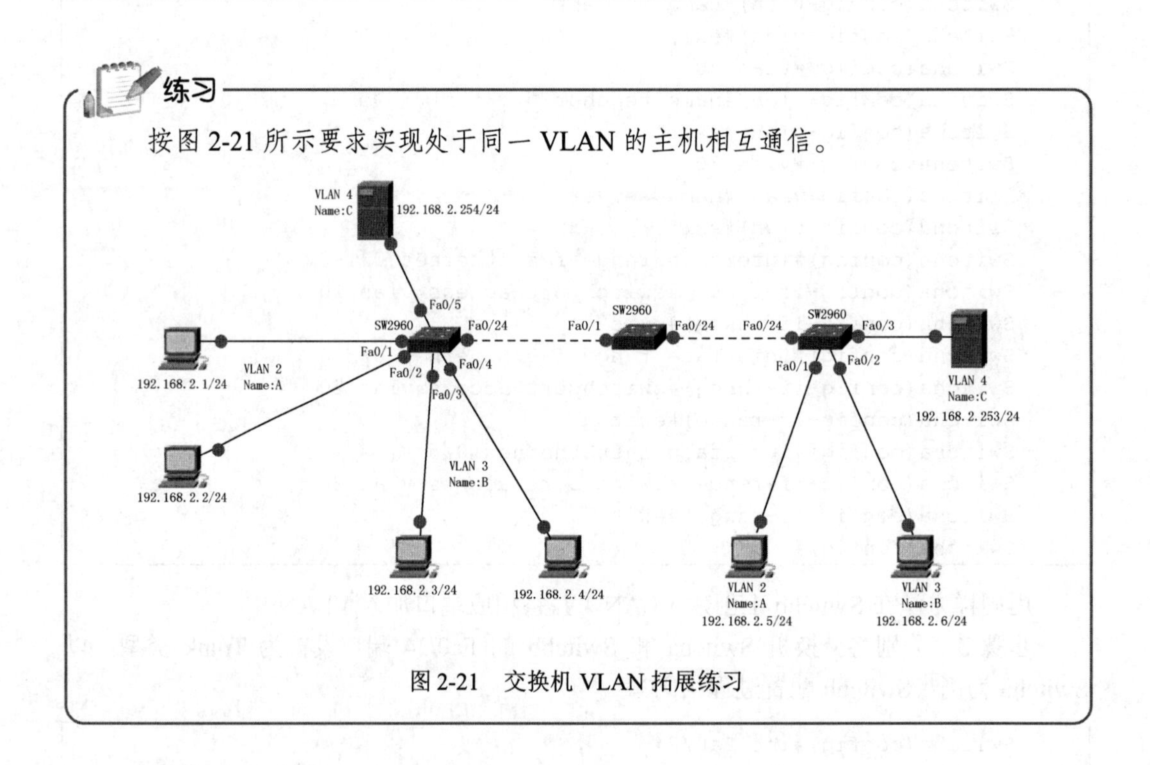

图 2-21　交换机 VLAN 拓展练习

实验 2.4 利用三层交换机实现 VLAN 间路由

一、背景知识

某企业有两个主要部门，即技术部和销售部，分别处于不同的办公室。为了安全和便于管理，企业对两个部门的主机进行了 VLAN 划分，技术部和销售部分别处于不同的 VLAN，由于业务的需求，需要技术部和销售部的主机能够相互访问，获得相应的资源，两个部门的交换机通过一台三层交换机进行连接。

三层交换机具备网络层的功能，实现 VLAN 相互访问的原理是：利用三层交换机的路由功能，通过识别数据包的 IP 地址，查找路由表进行选路转发，三层交换机利用直连路由可以实现不同 VLAN 之间的相互访问。三层交换机给端口配置 IP 地址，采用 SVI（switch virtual interface，交换机虚拟接口）的方式实现 VLAN 间互联。SVI 是指为交换机中的 VLAN 创建的虚拟接口，并且配置 IP 地址。

二、实验目的

1）掌握交换机 VLAN 的配置。
2）掌握三层交换机的基本配置方法。
3）掌握三层交换机 VLAN 路由的配置方法。
4）通过三层交换机实现 VLAN 间相互通信。

三、实验准备

1）PC 物理机 1 台。
2）Packet Tracer 模拟器：SW2960 交换机 1 台、PC 3 台、SW3560 三层交换机 1 台、连接线若干。

四、实验内容

使用三层交换机实现图 2-22 所示拓扑中的 VLAN 间路由。

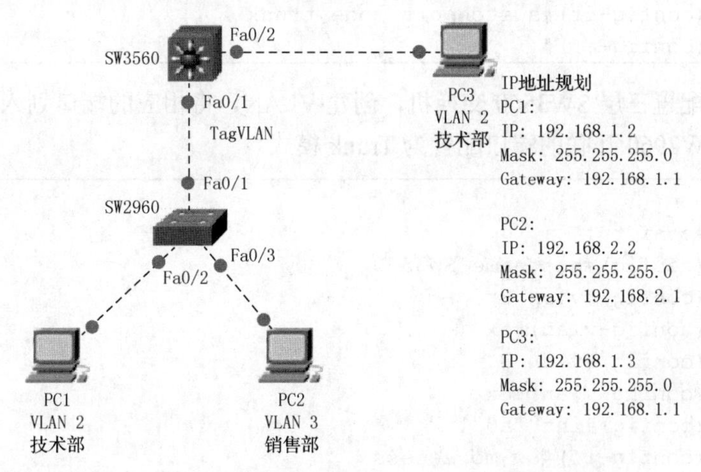

图 2-22　利用三层交换机实现 VLAN 间路由拓扑

五、实验步骤

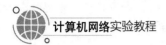

步骤 1 在 Packet Tracer 中搭建图 2-22 所示的拓扑，正确使用链路类型，并完成主机 IP 地址的配置。配置完成后，PC1 与 PC3 可以互相通信，但 PC1、PC3 不能与 PC2 通信。

步骤 2 配置二层 SW2960 交换机，创建 VLAN，将相应的端口划入指定的 VLAN 中，并将与 SW3560 互联的接口配置为 Trunk 模式。

```
Switch>en
Switch#conf t
Switch(config)#hostname SW2960
SW2960(config)#vlan 2                            //创建相应的VLAN
SW2960(config-vlan)#exit
SW2960(config)#vlan 3
SW2960(config-vlan)#exit
SW2960(config)#
SW2960(config)#int fa0/2
SW2960(config-if)#switchport mode access  //连接主机的端口配置为Access模式
SW2960(config-if)#switchport access vlan 2 //将端口划入指定的VLAN中
SW2960(config-if)#exit
SW2960(config)#int fa0/3
SW2960(config-if)#switchport mode access
SW2960(config-if)#switchport access vlan 3
SW2960(config-if)#exit
SW2960(config)#
SW2960(config)#int fa0/1
SW2960(config-if)#switchport mode trunk
SW2960(config-if)#
```

步骤 3 配置三层 SW3560 交换机，创建 VLAN，将相应的端口划入指定的 VLAN 中，并将与 SW2960 互联的端口配置为 Trunk 模式。

```
Switch>en
Switch#conf t
Switch(config)#hostname SW3560
SW3560(config)#vlan 2
SW3560(config-vlan)#ex
SW3560(config)#vlan 3
SW3560(config-vlan)#ex
SW3560(config)#int fa0/1
SW3560(config-if)#sw mo access
SW3560(config-if)#sw ac vlan 2
```

```
SW3560(config-if)#ex
SW3560(config-if)#ex
SW3560(config)#int Fa0/1
SW3560(config-if)#switchport trunk encapsulation dot1q
                                        //配置 Trunk 模式前应进行封装
SW3560(config-if)#switchport mode trunk
SW3560(config-if)#ex
```

步骤 4 配置 SW3560 的 VLAN 路由功能，开启三层交换机的路由功能，创建 VLAN 虚拟接口，并为 SVI 接口配置 IP 地址。

```
SW3560(config)#ip routing                    //开启三层交换机的路由功能
SW3560(config)#int vlan 2                    //创建 VLAN 虚拟接口
SW3560(config-if)#ip add 192.168.1.1 255.255.255.0
                                             //为 SVI 接口配置 IP 地址
SW3560(config-if)#no shut                    //开启 SVI 接口
SW3560(config-if)#ex
SW3560(config)#
SW3560(config)#int vlan 3
SW3560(config-if)#ip add 192.168.2.1 255.255.255.0
SW3560(config-if)#no shut
SW3560(config-if)#ex
SW3560(config)#
```

步骤 5 如图 2-23 所示，测试 PC1 与 PC2 之间能否互相访问（测试跨 VLAN 能否互相访问）。

```
PC>ipconfig

FastEthernet0 Connection:(default port)
Link-local IPv6 Address.........: FE80::2D0:58FF:FE20:615
IP Address......................: 192.168.1.2
Subnet Mask.....................: 255.255.255.0
Default Gateway.................: 192.168.1.1

PC>ping 192.168.2.2

Pinging 192.168.2.2 with 32 bytes of data:

Reply from 192.168.2.2: bytes=32 time=1ms TTL=127
Reply from 192.168.2.2: bytes=32 time=0ms TTL=127
Reply from 192.168.2.2: bytes=32 time=1ms TTL=127
Reply from 192.168.2.2: bytes=32 time=0ms TTL=127

Ping statistics for 192.168.2.2:
    Packets: Sent = 4, Received = 4, Lost = 0 (0% loss),
Approximate round trip times in milli-seconds:
    Minimum = 0ms, Maximum = 1ms, Average = 0ms
```

图 2-23 PC1 与 PC2 通信测试

步骤 6 如图 2-24 所示，测试 PC1 和 PC3 之间能否互相通信（相同 VLAN 间互访）。

```
PC>ping 192.168.1.3

Pinging 192.168.1.3 with 32 bytes of data:

Reply from 192.168.1.3: bytes=32 time=1ms TTL=128
Reply from 192.168.1.3: bytes=32 time=0ms TTL=128
Reply from 192.168.1.3: bytes=32 time=0ms TTL=128
Reply from 192.168.1.3: bytes=32 time=0ms TTL=128

Ping statistics for 192.168.1.3:
    Packets: Sent = 4, Received = 4, Lost = 0 (0% loss),
Approximate round trip times in milli-seconds:
    Minimum = 0ms, Maximum = 1ms, Average = 0ms
```

图 2-24　PC1 与 PC3 通信测试

补充：常用排错方法如下。

1）看 VLAN 配置信息：

```
SW2960#sho vlan br
VLAN Name  Status  Ports
---- ---------------------------- --------- ----------------------
1 default active  Fa0/4, Fa0/5, Fa0/6, Fa0/7
                  Fa0/8, Fa0/9, Fa0/10, Fa0/11
                  Fa0/12, Fa0/13, Fa0/14, Fa0/15
                  Fa0/16, Fa0/17, Fa0/18, Fa0/19
                  Fa0/20, Fa0/21, Fa0/22, Fa0/23
                  Fa0/24, Gig1/1, Gig1/2
2 VLAN0002    active  Fa0/2
3 VLAN0003    active  Fa0/3
1002 fddi-default active
1003 token-ring-default   active
1004 fddinet-default      active
1005 trnet-default        active
```

2）检查三层交换机的路由表项：

```
SW3560#sho ip route
Codes: C - connected, S - static, I - IGRP, R - RIP, M - mobile, B - BGP
D - EIGRP, EX - EIGRP external, O - OSPF, IA - OSPF inter area
N1 - OSPF NSSA external type 1, N2 - OSPF NSSA external type 2
E1 - OSPF external type 1, E2 - OSPF external type 2, E - EGP
i - IS-IS, L1 - IS-IS level-1, L2 - IS-IS level-2, ia - IS-IS inter area
* - candidate default, U - per-user static route, o - ODR P - periodic
downloaded static route
```

```
Gateway of last resort is not set
C  192.168.1.0/24 is directly connected, Vlan2
C  192.168.2.0/24 is directly connected, Vlan3
```

3）检查 SVI 接口信息：

```
SW3560#sho ip int br
Interface    IP-Address  OK? Method Status   Protocol
FastEthernet0/1 unassigned  YES unset   up  up
FastEthernet0/2 unassigned  YES unset   up  up
FastEthernet0/3 unassigned  YES unset   down    down
FastEthernet0/4 unassigned  YES unset   down    down
FastEthernet0/5 unassigned  YES unset   down    down
FastEthernet0/6 unassigned  YES unset   down    down
FastEthernet0/7 unassigned  YES unset   down    down
FastEthernet0/8 unassigned  YES unset   down    down
FastEthernet0/9 unassigned  YES unset   down    down
FastEthernet0/10    unassigned YES unset   down    down
FastEthernet0/11    unassigned YES unset   down    down
FastEthernet0/12    unassigned YES unset   down    down
FastEthernet0/13    unassigned YES unset   down    down
FastEthernet0/14    unassigned YES unset   down    down
FastEthernet0/15    unassigned YES unset   down    down
FastEthernet0/16    unassigned YES unset   down    down
FastEthernet0/17    unassigned YES unset   down    down
FastEthernet0/18    unassigned YES unset   down    down
FastEthernet0/19    unassigned YES unset   down    down
FastEthernet0/20    unassigned YES unset   down    down
FastEthernet0/21    unassigned YES unset   down    down
FastEthernet0/22    unassigned YES unset   down    down
FastEthernet0/23    unassigned YES unset   down    down
FastEthernet0/24    unassigned YES unset   down    down
GigabitEthernet0/1 unassigned YES unset   down    down
GigabitEthernet0/2 unassigned YES unset   down    down
Vlan1   unassigned YES unset   administratively down down
Vlan2   192.168.1.1 YES manual up   up
Vlan3   192.168.2.1 YES manual up   up
```

思考

三层交换机的路由功能可以使不同 VLAN 之间实现互访，但是三层交换设备一般相对昂贵，有没有另一种可行的替代方法呢？

实验 2.5 配置快速生成树

一、背景知识

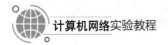

某学校为了开展计算机教学和网络办公，建立了一个计算机教室和一个校办公区，这两处的计算机网络通过两台交换机互联组成内部校园网。为了提高网络的可靠性，需要用两条链路将交换机互联。现要求在交换机上进行适当配置，使网络避免环路。

为了增加局域网的冗余性，常常会在网络中引入冗余链路，然而这样做会导致交换环路。交换环路会带来 3 个问题：广播风暴、同一帧的多次复制、交换机地址表不稳定。生成树协议（spanning tree protocol，STP）可以解决这些问题，其基本思路是阻断一些冗余的交换机端口，构建一棵没有环路的转发树。生成树协议利用生成树算法，在存在交换机环路的网络中生成一个没有环路的属性网络，运用该算法将交换网络的冗余备份链路从逻辑上断开，当主链路出现故障时，能够自动切换到备份链路，以保证数据的正常转发。

生成树协议版本：生成树协议、快速生成树协议（rapid spanning tree protocol，RSTP）、多生成树协议（multiple spanning tree protocol，MSTP）。

生成树协议的特点是收敛时间长，从主链路出现故障到切换至备份链路需要 50s。快速生成树协议在生成树协议的基础上增加了两种端口角色，即替换端口和备份端口，分别作为根端口和指定端口。当根端口或指定端口出现故障时，冗余端口不需要经过 50s 的收敛时间，可以直接切换到替换端口或备份端口，从而实现快速生成树协议少于 1s 的快速收敛。

二、实验目的

1）理解生成树协议的工作原理。
2）掌握快速生成树协议的基本配置方法。

三、实验准备

1）PC 物理机 1 台。
2）Packet Tracer 模拟器：SW2960 交换机 2 台、PC 2 台、连接线若干。

四、实验内容

使用交换机配置快速生成树协议。

五、实验步骤

步骤1 使用Packet Tracer搭建图2-25所示的拓扑，正确使用链路的类型，完成主机IP地址等信息的配置。

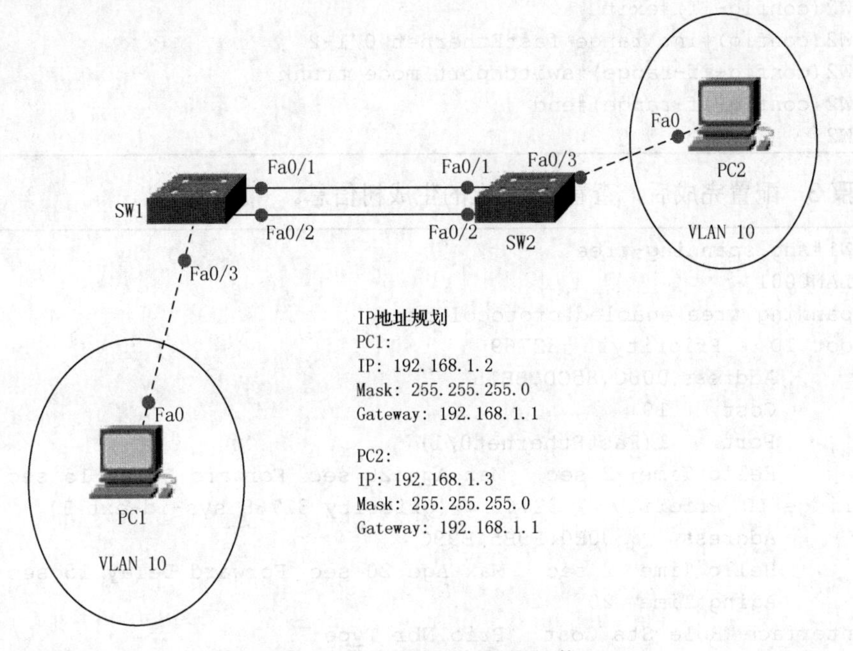

图2-25 快速生成树配置拓扑

步骤2 在图2-25所示的两台交换机上都要创建VLAN 10，并将主机划入VLAN中，配置中间链路为Tag VLAN。

1）配置SW1：

```
SW1#conf t
SW1(config)#vlan 10
SW1(config-vlan)#ex
SW1(config)#int fa0/3
SW1(config-if)#switchport mode access
SW1(config-if)#switchport access vlan 10
SW1(config-if)#ex
```

```
SW1(config)#int range fastEthernet 0/1-2
SW1(config-if-range)#switchport mode trunk
SW1(config-if-range)#end
```

2）配置 SW2：

```
Switch#conf t
Switch(config)#hostname SW2
SW2(config)#vlan 10
SW2(config-vlan)#exit
SW2(config)#int fa0/3
SW2(config-if)#sw mo access
SW2(config-if)#switchport access vlan 10
SW2(config-if)#exit
SW2(config)#int range fastEthernet 0/1-2
SW2(config-if-range)#switchport mode trunk
SW2(config-if-range)#end
SW2#
```

步骤 3　配置完成后，查看 SW1 上的生成树信息。

```
SW1#sho spanning-tree
VLAN0001
Spanning tree enabled protocol ieee
Root ID    Priority    32769
      Address 000C.85CD.BE15
      Cost    19
      Port    1(FastEthernet0/1)
      Hello Time  2 sec   Max Age 20 sec  Forward Delay 15 sec
Bridge ID  Priority    32769   (priority 32768 sys-id-ext 1)
      Address     00E0.F9B5.E99C
      Hello Time  2 sec   Max Age 20 sec  Forward Delay 15 sec
      Aging Time  20
Interface Role Sts Cost   Prio.Nbr Type
--------- ---- --- ----- --------- -----------------------
Fa0/1  Root FWD  19        128.1    P2p
Fa0/2  Altn BLK  19        128.2    P2p
```

priority:根桥的优先级，默认情况下所有网桥的优先级都是 32768。此处之所以显示 32769，是因为加上了 vlan1 的 VLAN ID；如果是 vlan2 则加上 2，为 32770。

```
VLAN0010
Spanning tree enabled protocol ieee
Root ID    Priority    32778
      Address 000C.85CD.BE15
      Cost    19
      Port    1(FastEthernet0/1)
      Hello Time  2 sec   Max Age 20 sec  Forward Delay 15 sec
BridgeID  Priority    32778   (priority 32768 sys-id-ext 10)
```

```
    Address      00E0.F9B5.E99C
    Hello Time  2 sec   Max Age 20 sec  Forward Delay 15 sec
    Aging Time  20
Interface Role Sts Cost   Prio.Nbr Type
--------- ---- --- ----- --------- ------------------------
Fa0/1      Root  FWD   19   128.1      P2p
Fa0/2      Altn  BLK   19   128.2      P2p    //Fa0/2 口被设置为block 状态
Fa0/3      Desg  FWD   19   128.3      P2p
SW2#sho spanning-tree
VLAN0001
Spanning tree enabled protocol ieee
Root ID    Priority    32769
    Address 000C.85CD.BE15
    This bridge is the root
//SW2 优选为了根桥，因为在优选级相同的情况下，应优选 MAC 小的
    Hello Time  2 sec   Max Age 20 sec  Forward Delay 15 sec
Bridge ID Priority    32769   (priority 32768 sys-id-ext 1)
    Address      000C.85CD.BE15
    Hello Time  2 sec   Max Age 20 sec  Forward Delay 15 sec
    Aging Time  20
Interface Role Sts Cost   Prio.Nbr Type
--------- ---- --- ----- --------- ------------------------
Fa0/1      Desg  FWD  19    128.1       P2p
Fa0/2      Desg  FWD  19    128.2       P2p
VLAN0010
Spanning tree enabled protocol ieee
Root ID    Priority    32778
  Address 000C.85CD.BE15
  This bridge is the root
  Hello Time  2 sec   Max Age 20 sec  Forward Delay 15 sec
Bridge ID Priority    32778   (priority 32768 sys-id-ext 10) Address
                                                    000C.85CD.BE15
  Hello Time  2 sec   Max Age 20 sec  Forward Delay 15 sec
  Aging Time  20
Interface Role Sts Cost   Prio.Nbr  Type
--------- ---- --- ----- --------- ------------------------
Fa0/1      Desg  FWD 19    128.1    P2p
Fa0/2      Desg  FWD 19    128.2    P2p
Fa0/3      Desg  FWD 19    128.3    P2p
```

步骤 4　配置交换机上的快速生成树协议。

1）配置 SW1 上的快速生成树协议：

```
SW1(config)#spanning-tree mode ?
  pvst        Per-Vlan spanning tree mode
  rapid-pvst  Per-Vlan rapid spanning tree mode //快速生成树模式
```

```
SW1(config)#spanning-tree mode rapid-pvst
SW1(config)#end
```

2）配置 SW2 上的快速生成树协议：

```
SW2(config)#spanning-tree mode rapid-pvst
```

步骤 5　修改 SW1 上 VLAN 10 的优先级为 4096，使 SW1 作为根桥。

```
SW1(config)#spanning-tree vlan 10 priority 4096
```

配置完成后，查看生成树的状态：

```
SW1#sho spanning-tree
VLAN0001
Spanning tree enabled protocol rstp
Root ID  Priority    32769
         Address 000C.85CD.BE15
         Cost    19
         Port    1(FastEthernet0/1)
         Hello Time  2 sec   Max Age 20 sec  Forward Delay 15 sec
Bridge ID Priority    32769   (priority 32768 sys-id-ext 1)
         Address      00E0.F9B5.E99C
         Hello Time  2 sec   Max Age 20 sec  Forward Delay 15 sec
         Aging Time  20
Interface  Role  Sts  Cost  Prio.Nbr Type
--------- ---- --- ----- --------- ------------------------
Fa0/1      Root  FWD   19   128.1    P2p
Fa0/2      Altn  BLK   19   128.2    P2p
VLAN0010
Spanning tree enabled protocol rstp
Root ID   Priority   4106
     Address   00E0.F9B5.E99C
     This bridge is the root
     Hello Time2 sec   Max Age 20 sec  Forward Delay 15 sec
Bridge ID Priority   4106    (priority 4096 sys-id-ext 10)
     Address         00E0.F9B5.E99C
     Hello Time2 sec   Max Age 20 sec  Forward Delay 15 sec
     Aging Time20
Interface  Role Sts Cost   Prio.Nbr Type
--------- ---- --- ----- --------- ------------------------
Fa0/1      Desg FWD 19 128.1          P2p
Fa0/3      Desg FWD 19 128.3          P2p
Fa0/2      Desg FWD 19 128.2          P2p
//修改优先级后，SW1 被选举为了根桥（STP 优选优先级小的作为根桥）
```

```
SW2#sho spanning-tree
VLAN0001
Spanning tree enabled protocol rstp
Root ID    Priority    32769
     Address 000C.85CD.BE15
     This bridge is the root
     Hello Time  2 sec   Max Age 20 sec  Forward Delay 15 sec
Bridge ID   Priority   32769   (priority 32768 sys-id-ext 1) Address
                                                    000C.85CD.BE15
     Hello Time  2 sec   Max Age 20 sec  Forward Delay 15 sec
     Aging Time  20
Interface Role Sts Cost   Prio.Nbr  Type
--------- ---- --- ----- --------- ----------------------
Fa0/1     Desg FWD 19 128.1         P2p
Fa0/2     Desg FWD 19 128.2         P2p
VLAN0010
Spanning tree enabled protocol rstp
Root ID    Priority    4106
     Address 00E0.F9B5.E99C
     Cost     19
     Port    1(FastEthernet0/1)
     Hello Time  2 sec   Max Age 20 sec  Forward Delay 15 sec
Bridge ID   Priority   32778   (priority 32768 sys-id-ext 10)
     Address       000C.85CD.BE15
     Hello Time  2 sec   Max Age 20 sec  Forward Delay 15 sec
     Aging Time  20
Interface Role Sts Cost   Prio.Nbr  Type
--------- ---- --- ----- --------- ----------------------
Fa0/1     Root FWD  19       128.1  P2p
Fa0/2     Altn BLK  19       128.2  P2p
Fa0/3     Desg FWD  19       128.3  P2p
//非根桥的 SW2 的 Fa0/2 端口被设置为 block 状态
```

步骤 6 冗余路径测试。根据步骤 5 中 spanning-tree 的状态可知，数据是通过 Fa0/1 进行转发的。将目前处于转发状态的 SW1 的 Fa0/1 端口关闭，检测生成树的切换情况。

```
SW1(config)#int fa0/1
SW1(config-if)#shut
//在端口被关闭的瞬间，测试 PC1 和 PC2 的连通性，可以发现两者是很快通信的
```

此时再去查看 spanning-tree 的状态，如图 2-26 所示，Fa0/1 端口已经不在 spanning-tree 内。

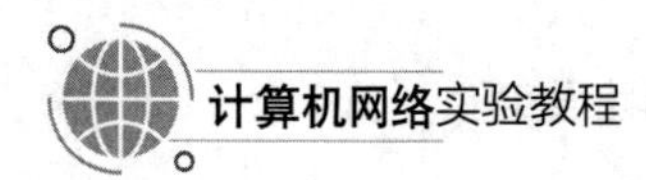

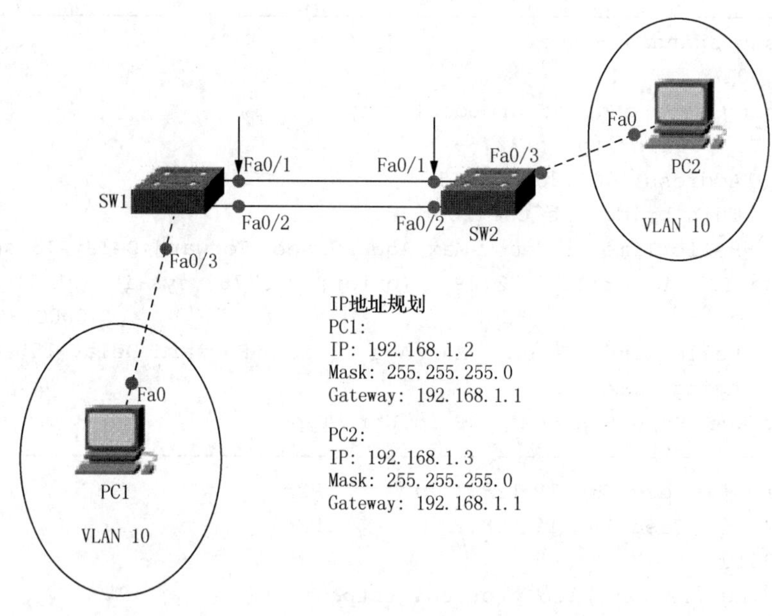

图 2-26　实验效果

实验 2.6 配置交换机的 Telnet 远程登录

一、背景知识

Telnet 协议是 TCP/IP 族中的一员，是互联网远程登录服务的标准协议和主要方式，为用户提供了在本地计算机上完成远程主机工作的服务。在终端用户的计算机上使用 Telnet 程序，将其连接到服务器，终端用户可以在 Telnet 程序中输入命令，这些命令会在服务器上运行，就像直接在服务器的控制台上输入一样，实现在本地控制服务器。要开始一个 Telnet 会话，必须先输入用户名和密码登录服务器。

配置交换机的管理 IP 地址（计算机的 IP 地址与交换机管理 IP 地址处于同一个网段），为 Telnet 用户配置用户名和登录口令，以提高设备安全性。

```
switch(config)# enable password test00      //设置进入特权模式的密码
//可以设置通过 Console 端口连接设备及 Telnet 远程登录时所需的密码
switch(config-line)
switch(config)# line console 0
switch(config-line)# password abc01
switch(config-line)# login
switch(config-line)# exit
switch(config)# line vty 0 2                 //限制最多 3 台 PC 能远程登录
```

```
switch(config-line)# password abc02
switch(config-line)# login
```

二、实验目的

掌握采用 Telnet 方式配置交换机的方法。

三、实验准备

1）PC 物理机 1 台。

2）Packet Tracer 模拟器：SW2960 交换机 1 台、PC 1 台、连接线若干。

四、实验内容

对交换机进行 Telnet 配置，模拟远程管理。

五、实验步骤

步骤 1 Telnet 远程登录拓扑如图 2-27 所示，配置 PC0 的 IP 地址为 192.168.1.100，子网掩码为 255.255.255.0，默认网关为 192.168.1.1。

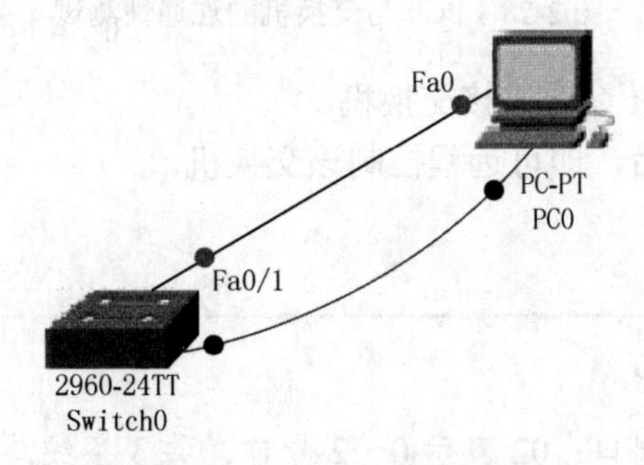

图 2-27 Telnet 远程登录拓扑

步骤 2 在 PC0 上使用超级终端连接交换机并进行配置。

```
Switch>en                              //进入全局模式
Switch#conf t                          //进入特权模式
Switch(config)#hostname sw1            //修改交换机的名字
sw1(config)#interface vlan 1           //默认情况下所有端口都在 VLAN 1 下
```

```
sw1(config-if)#ip address 192.168.1.1 255.255.255.0
                                            //为交换机配置管理地址
sw1(config-if)#no shut                      //开启
sw1(config-if)#exit
sw1(config)#enable password test00          //设置进入特权模式的密码
sw1(config)#line console 0
sw1(config-line)#password test01            //配置 Console 端口连接的密码
sw1(config-line)#login
sw1(config-line)#exit
sw1(config)#line vty 02
sw1(config-line)#password test02            //配置远程 Telnet 连接的密码
sw1(config-line)#login
sw1(config-line)#end
sw1#
```

步骤 3 测试。

1）如图 2-28 所示，测试 PC0 与交换机的连通性。

```
PC>ping 192.168.1.1

Pinging 192.168.1.1 with 32 bytes of data:

Reply from 192.168.1.1: bytes=32 time=1ms TTL=255
Reply from 192.168.1.1: bytes=32 time=0ms TTL=255
Reply from 192.168.1.1: bytes=32 time=0ms TTL=255
Reply from 192.168.1.1: bytes=32 time=0ms TTL=255

Ping statistics for 192.168.1.1:
    Packets: Sent = 4, Received = 4, Lost = 0 (0% loss),
Approximate round trip times in milli-seconds:
    Minimum = 0ms, Maximum = 1ms, Average = 0ms
```

图 2-28　PC0 与交换机的连通性测试

2）在 PC0 通过 Telnet 命令连接交换机。

3）输入正确的密码后，即可远程控制该交换机。

验证 line vty 02 命令。

说明：vty 是一种端口；02 表示 0～2 号口，共 3 条线路。例如，line vty 3～12 表示 3～12 号口，共 10 条线路。如图 2-29 所示，再添加 3 台计算机，分别为 PC1、PC2、PC3。

PC 主机编号：PC1、PC2、PC3。

IP 地址范围：192.168.1.101～192.168.1.103。

子网掩码：255.255.255.0。

默认网关：192.168.1.1。

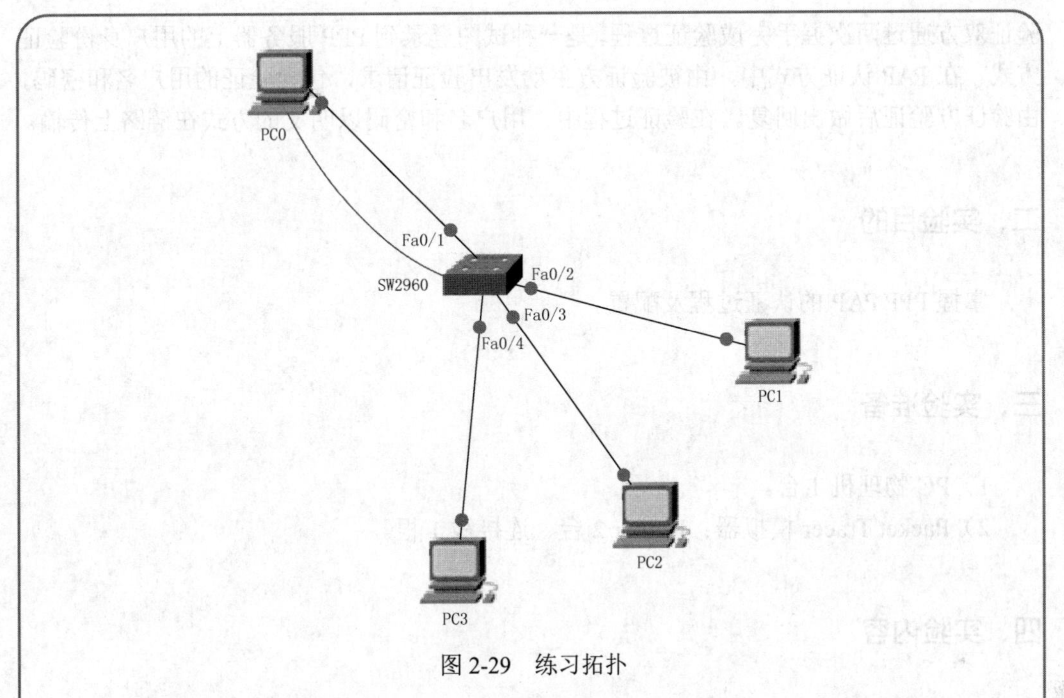

图 2-29 练习拓扑

配置完成后，分别在 PC1、PC2、PC3 的命令提示符上测试与交换机的连通性，逐个使用 Telnet 命令连接交换机，之后在 PC0 上使用 Telnet 命令连接交换机，此时 PC0 就不能通过 Telnet 命令连接上交换机了。

实验 2.7 PPP PAP 认证

一、背景知识

PPP（point to point protocol，点到点协议）位于数据链路层，按照功能分为两个子层：LCP（link control protocol，链路控制协议）和 NCP（network control protocol，网络控制协议）。LCP 负责链路的协商、建立、回拨、认证，数据的压缩，多链路捆绑等；NCP 负责和上层的协议进行协商，为网络层提供服务。

PPP 的认证功能是指在建立 PPP 链路的过程中进行密码验证，验证通过建立链接，验证不通过拆除链路。

PPP 支持两种认证方式：PAP（password authentication protocol，口令验证协议）和 CHAP（challenge handshake authentication protocol，挑战握手身份认证协议）。PAP 是指

验证双方通过两次握手完成验证过程，是一种试图登录到PPP服务器上的用户身份验证方式。在PAP认证方式中，由被验证方主动发出验证请求，包含验证的用户名和密码，由验证方验证后做出回复。在验证过程中，用户名和密码以明文的方式在链路上传输。

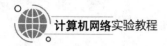

二、实验目的

掌握PPP PAP的认证过程及配置。

三、实验准备

1）PC物理机1台。

2）Packet Tracer模拟器：Router 2台、连接线1根。

四、实验内容

配置并观察PPP PAP的认证过程。

五、实验步骤

步骤1 按照图2-30所示拓扑连线并配置路由器连接端口IP。

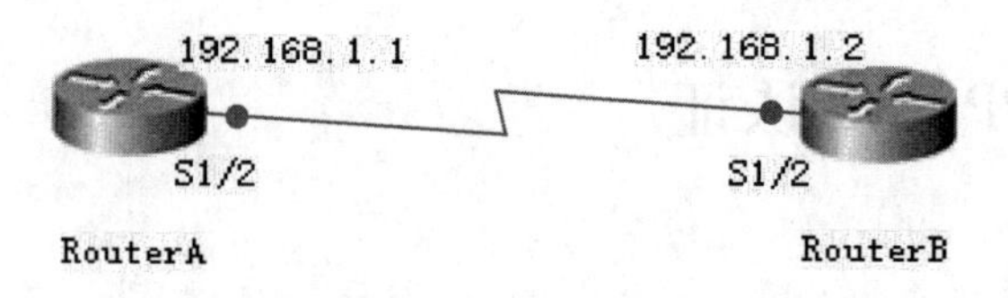

图2-30 PPP PAP认证拓扑

步骤2 PPP PAP认证配置。RouterA为被验证方，RouterB为验证方。

1）配置验证方RouterB：

```
RouterB(config)#username RouterA password 0 star
                                    //配置被验证方的用户名和密码，0表示明文
RouterB(config)#int s1/2
RouterA(config-if)#encapsulation ppp        //封装PPP
RouterA(config-if)#ppp authentication pap //启用PPP认证方式
RouterA(config-if)#clock rate 64000
RouterA(config-if)#no shutdown
RouterA(config-if)#end
```

2）配置被验证方 RouterA：

```
RouterA(config)#int s1/2
RouterA(config-if)#encapsulation ppp
RouterA(config-if)#ppp pap sent-username RouterA password 0 star
                                         //PAP 认证用户名和密码
RouterA(config-if)#end
```

3）验证：

```
RouterA#debug ppp authentication      //观察 PAP 验证过程
%LINE PROTOCOL CHANGE: Interface serial 1/2, changed state to DOWN
PPP: ppp_clear_author(), protocol = TYPE_LCP
PPP: serial 1/2 PAP ACK received
PPP: serial 1/2 Passed PAP authentication with remote
PPP: serial 1/2 lcp authentication OK!
PPP: ppp_clear_author(), protocol = TYPE_IPCP
%LINE PROTOCOL CHANGE: Interface serial 1/2, changed state to UP
```

4）供参考的实验配置结果：

```
Building configuration...
Current configuration : 571 bytes
!
version 8.4 (building 15)
hostname RouterB
!
!
!
!
!
!
!
!
username RouterA password 0 star
!
no service password-encryption
!
!
!
!
!
!
--More--
%LINE PROTOCOL CHANGE: Interface serial 1/2, changed stainterface serial 1/2
encapsulation PPP
ppp authentication pap
```

```
clock rate 64000
!
interface serial 1/3
clock rate 64000
!
interface FastEthernet 1/0
duplex auto
speed auto
!
interface FastEthernet 1/1
duplex auto
speed auto
!
interface Null 0
!
!
!
!
!
voice-port 2/0
!
voice-port 2/0
!
--More-
%LINE PROTOCOL CHANGE: Interface serial 1/2, changed svoice-port 2/1
!
voice-port 2/2
!
voice-port 2/3
line con 0
line aux 0
line vty 0 4
login
!
!
end
RouterA#show running-config
Building configuration...
Current configuration : 528 bytes
!
version 8.4 (building 15)
hostname RouterA
!
!
!
!
```

```
!
!
!
!
!
no service password-encryption
!
!
!
!
!
!
interface serial 1/2
encapsulation PPP
ppp pap sent-username RouterA password 7 0133574225
!
interface serial 1/3
!
interface FastEthernet 1/0
duplex auto
speed auto
!
interface FastEthernet 1/1
duplex auto
speed auto
!
interface Null 0
!
!
!
!
!
voice-port 2/0
!
voice-port 2/1
!
voice-port 2/2
!
voice-port 2/3
line con 0
line aux 0
line vty 0 4
login
!
!
End
```

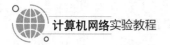

实验 2.8 PPP CHAP 认证

一、背景知识

为了保证网络环境的安全性，需要在网络环境中设置验证机制，即当某个用户的设备想要和其他用户的设备实现通信时，必须经过身份验证。PPP 身份验证方式分为两种，一种为 PAP 验证，该验证方式有一个缺点，即在验证用户身份时信息以明文形式传输，这样在验证过程中验证信息很有可能被第三方窃取，因而安全性较差；另一种为 CHAP 验证，该验证方式的优点就是验证过程为加密验证。所以，网络中大多采用 CHAP 验证，因为它能够更好地保证网络的安全。其认证过程如下。

1）A 向 B 发起 PPP 连接请求。

2）B 向 A 声明，要求对 A 进行 CHAP 验证。

3）A 向 B 声明，同意验证。

4）路由器 B 把“用户 ID、随机数”发送给路由器 A。

5）路由器 A 用收到的“用户 ID、随机数”与“自己的密码”做散列运算。

6）路由器 A 把“用户 ID、随机数、散列结果”（注意：此时并没有发送密码，密码包含在散列运算结果中）发送给 B。

7）路由器 B 用收到的“用户 ID、随机数”与“自己的密码”做散列运算，把散列运算结果与 A 发送过来的散列运算结果进行比较，如果结果一样，则验证成功；如果结果不一样，则验证失败。

二、实验目的

掌握 PPP CHAP 的认证过程及配置。

三、实验准备

1）PC 物理机 1 台。

2）Packet Tracer 模拟器：Router 2 台、连接线 1 根。

四、实验内容

配置并观察 PPP CHAP 认证过程。

五、实验步骤

步骤 1　按照图 2-31 所示拓扑连线并配置路由器连接端口 IP。

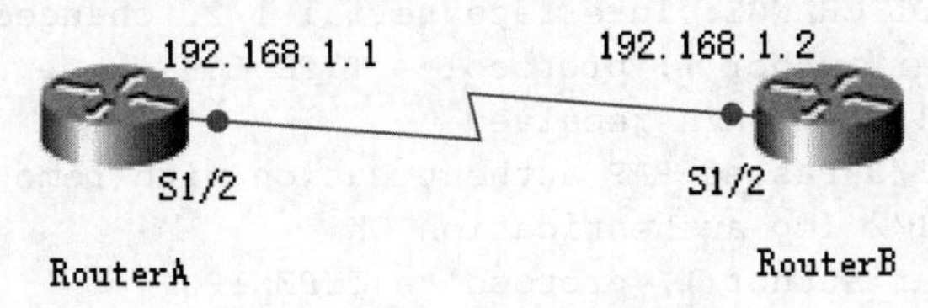

图 2-31　PPP CHAP 认证拓扑

步骤 2　PPP CHAP 认证配置。RouterA 为被验证方，RouterB 为验证方。

1）配置验证方 RouterB：

```
RouterB(config)#username RouterA password 0 star
//以对方的主机名作为用户名，密码和对方的路由器一致
RouterB(config)#int s1/2
RouterB(config-if)#encapsulation ppp                //封装 PPP
RouterB(config-if)#clock rate 64000
RouterB(config-if)#no shutdown
RouterB(config-if)#end
RouterB#
```

2）配置被验证方 RouterA：

```
RouterA(config)#username RouterB password 0 star
//以对方的主机名作为用户名，密码和对方的路由器一致
RouterA(config)#int s1/2
RouterA(config-if)#encapsulation ppp                //封装 PPP
RouterA(config-if)#ppp authentication chap          //启用 CHAP 认证方式
RouterA(config-if)#end
RouterA#
```

3）验证：

```
RouterA#debug ppp authentication                    //观察 CHAP 验证过程
RouterA#
PPP: ppp_clear_author(), protocol = TYPE_LCP
%LINE PROTOCOL CHANGE: Interface serial 1/2, changed state to DOWN
```

```
PPP: ppp_clear_author(), protocol = TYPE_LCP
PPP: serial 1/2 Send CHAP challenge id=5 to remote host
PPP: serial 1/2 authentication event enqueue ,message type = [RECV_
CHAP_RESPONSE]
PPP: dispose authentication message [RECV_CHAP_RESPONSE]
PPP: serial 1/2 CHAP response id=5 ,received from routerB
PPP: serial 1/2 Send CHAP success id=5 to remote
PPP: serial 1/2 remote router passed CHAP authentication.
PPP: serial 1/2 lcp authentication OK!
PPP: ppp_clear_author(), protocol = TYPE_IPCP
%LINE PROTOCOL CHANGE: Interface serial 1/2, changed state to UP
%LINE PROTOCOL CHANGE: Interface serial 1/2, changed state to DOWN
PPP: ppp_clear_author(), protocol = TYPE_LCP
PPP: serial 1/2 PAP ACK received
PPP: serial 1/2 Passed PAP authentication with remote
PPP: serial 1/2 lcp authentication OK!
PPP: ppp_clear_author(), protocol = TYPE_IPCP
%LINE PROTOCOL CHANGE: Interface serial 1/2, changed state to UP
```

4）供参考的实验配置结果：

```
routerA#show run
Building configuration...
Current configuration : 534 bytes
!
version 8.4 (building 15)
hostname RouterA
!
username RouterB password 0 star
!
no service password-encryption
!
interface serial 1/2
 encapsulation PPP
 ppp authentication chap
!
interface serial 1/3
!
interface FastEthernet 1/0
 duplex auto
 speed auto
!
interface FastEthernet 1/1
 duplex auto
 speed auto
!
interface Null 0
```

```
!
!
voice-port 2/0
!
voice-port 2/1
!
voice-port 2/2
!
voice-port 2/3
line con 0
line aux
line aux
login
!
!
end
routerA#
PPP: ppp_clear_author(), protocol = TYPE_LCP
%LINE PROTOCOL CHANGE: Interface serial 1/2, changed state to DOWN
PPP: ppp_clear_author(), protocol = TYPE_LCP
PPP: serial 1/2 Send CHAP challenge id=7 to remote host
PPP: serial 1/2 authentication event enqueue ,message type = [RECV_
CHAP_RESPONSE
]
PPP: dispose authentication message [RECV_CHAP_RESPONSE]
PPP: serial 1/2 CHAP response id=7 ,received from routerB
PPP: serial 1/2 Send CHAP success id=7 to remote
PPP: serial 1/2 remote router passed CHAP authentication.
PPP: serial 1/2 lcp authentication OK!
PPP: ppp_clear_author(), protocol = TYPE_IPCP
%LINE PROTOCOL CHANGE: Interface serial 1/2, changed state to UP
routerB#show run
Building configuration...
Current configuration : 546 bytes
!
version 8.4 (building 15)
hostname RouterB
!
username RouterA password 0 star
!
no service password-encryption
!
interface serial 1/2
 encapsulation PPP
 clock rate 64000
!
```

```
interface serial 1/3
 clock rate 64000
!
interface FastEthernet 1/0
 duplex auto
 speed auto
!
interface FastEthernet 1/1
 duplex auto
 speed auto
!
interface Null 0
!
voice-port 2/0
!
voice-port 2/1
!
voice-port 2/2
!
voice-port 2/3
line con 0
line aux 0
line vty 0 4
login
!
!
end
```

实验 2.9 掌握抓包工具 Ethereal 的使用

一、背景知识

Ethereal 是网络上一款开源的功能强大的以太网抓包工具，该软件可以监听异常封包，检测软件封包问题，从网络上抓包，并且能对数据包进行分析，从而帮助用户解决各种网络故障问题，更加方便查看、监控 TCP session 动态等。Ethereal 抓包工具需要一个底层的抓包平台，在 Linux 操作系统中采用 Libpcap 函数库抓包，在 Windows 操作系统中采用 Winpcap 函数库抓包。Ethereal 还具有较好的 GUI（graphical user interface，图形用户界面）和众多分类信息及过滤选项。用户通过 Ethereal 可以抓取并查看网络中发送的所有通信数据包，可以应用于故障修复、分析，软件和协议开发及教育领域。

二、实验目的

1）掌握抓包工具 Ethereal 的使用方法。
2）通过抓包工具抓取计算机通信数据包，分析数据包，体会层次模型的思想和意义。
3）理解数据包在传输之前封装及接收数据后的解封过程。

三、实验准备

1）PC 物理机 1 台。
2）抓包工具 Ethereal、抓包网卡驱动 WinPcap。

四、实验内容

1）安装抓包工具 Ethereal。
2）使用抓包工具抓取数据包，观察网络数据包的数据格式。

五、实验步骤

步骤 1　在 Windows 操作系统中安装 Ethereal 和 WinPcap。
1）安装 Ethereal，如图 2-32 所示，在 Ethereal 0.99.0 Setup 对话框中单击 Next 按钮。

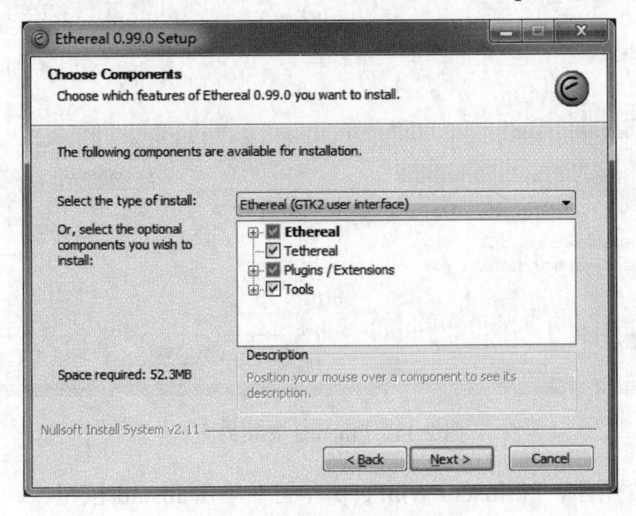

图 2-32　Ethereal 安装界面 1

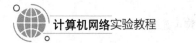

2）如图 2-33 所示，在 Select Additional Tasks 界面中保持默认选项，单击 Next 按钮。

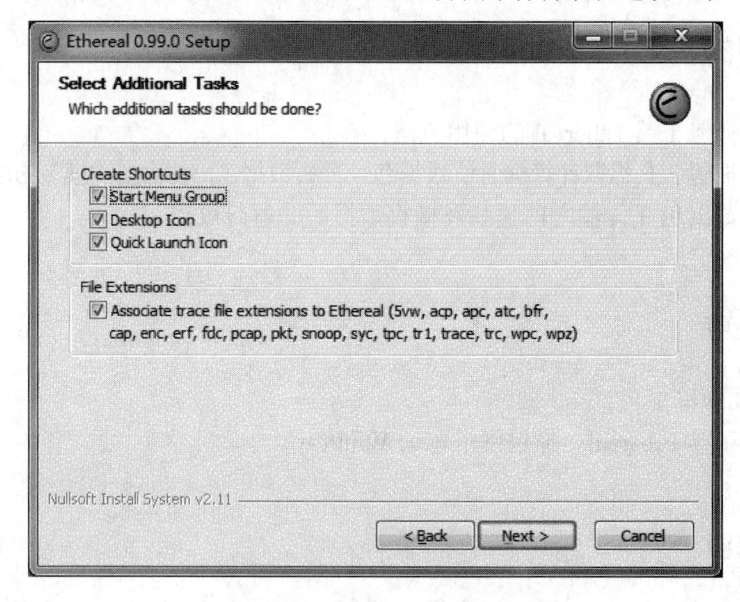

图 2-33　Ethereal 安装界面 2

3）如图 2-34 所示，在 Choose Install Location 界面中指定安装路径，单击 Next 按钮。

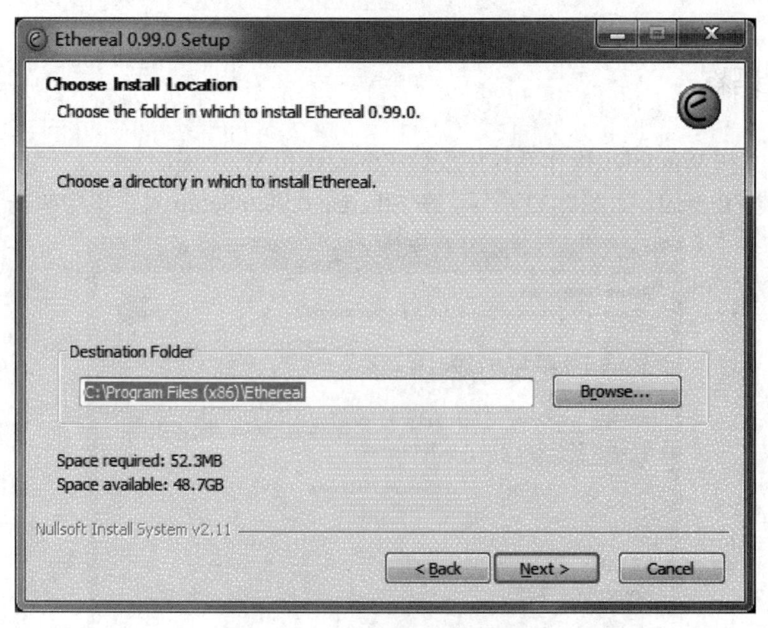

图 2-34　Ethereal 安装界面 3

4）如图 2-35 所示，在 Install WinPcap 界面中单击 Install 按钮。

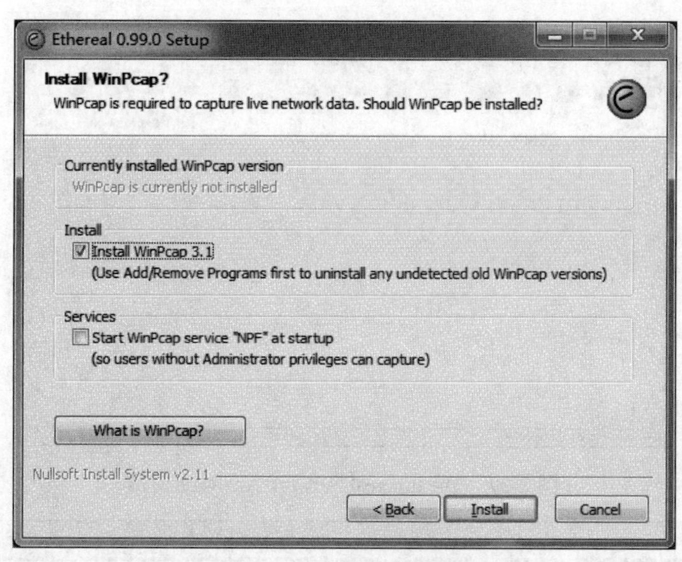

图 2-35　Ethereal 安装界面 4

5）安装 WinPcap，如图 2-36 所示，在 WinPcap 4.1.3 Setup 对话框中单击 Install 按钮。

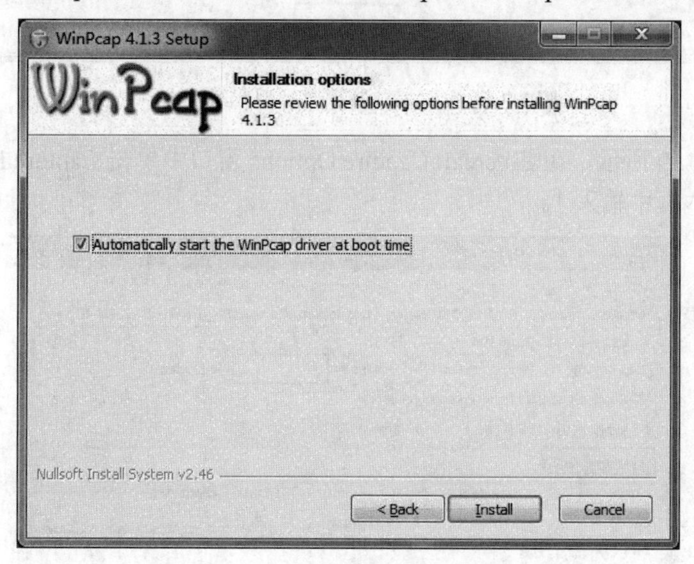

图 2-36　WinPcap 安装界面

步骤 2　使用 Ethereal 抓包。

1）打开安装好的抓包工具 Ethereal，如图 2-37 所示，在 The Ethereal Network Analyzer 窗口中单击 Capture Interfaces 按钮，选择用来抓包的网卡。

2）如图 2-38 所示，在 Ethereal: Capture Interfaces 窗口中单击 Prepare 按钮，指定抓获数据包类型和缓存大小。

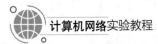

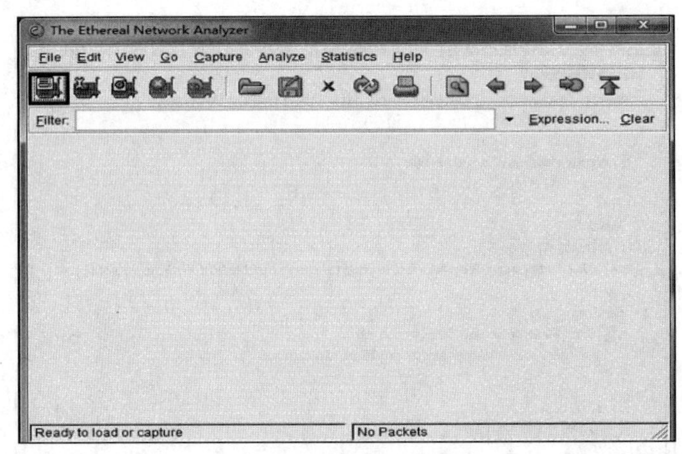

图 2-37　The Ethereal Network Analyzer 窗口

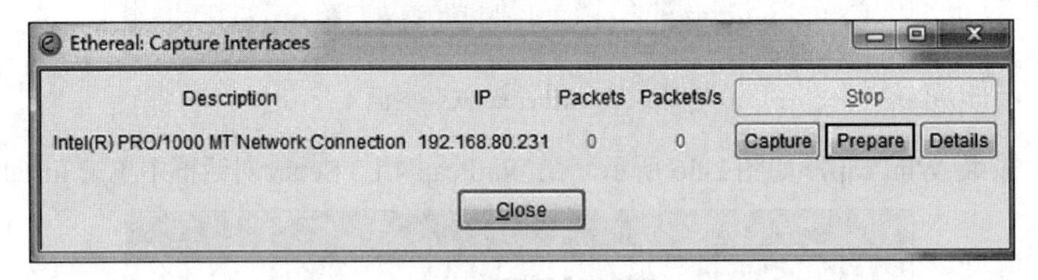

图 2-38　指定抓获数据包类型和缓存大小

3）如图 2-39 所示，在 Ethereal: Capture Options 窗口中单击 Capture Filter 按钮，在 Buffer size 文本框中输入 1。

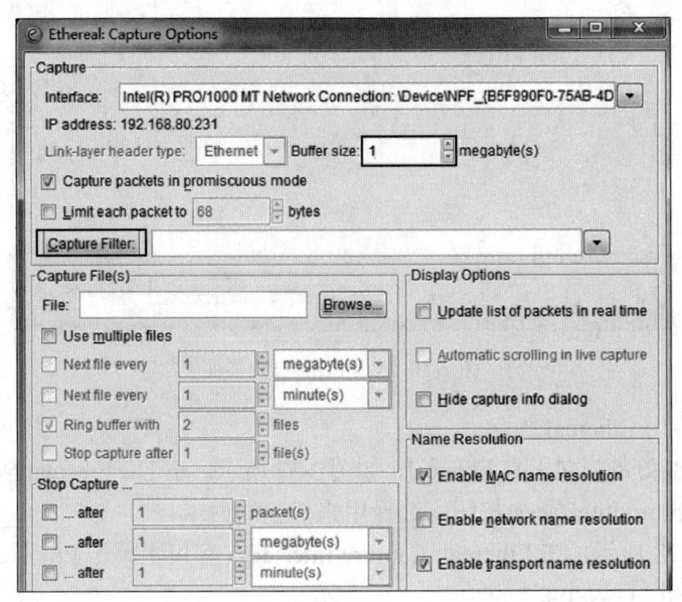

图 2-39　使用抓包过滤功能

4）如图 2-40 所示，在 Ethereal: Capture Filter 窗口中选择 TCP only 选项，只抓获 TCP 数据包，单击 OK 按钮。

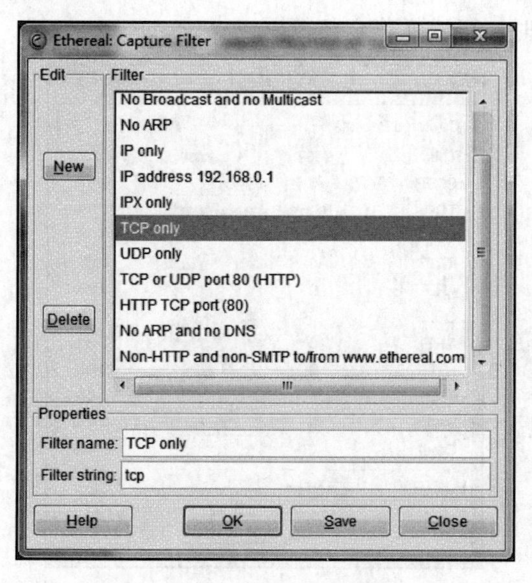

图 2-40　只抓获 TCP 数据包

5）如图 2-41 所示，在 Ethereal: Capture Options 对话框中单击 Start 按钮，开始抓包。

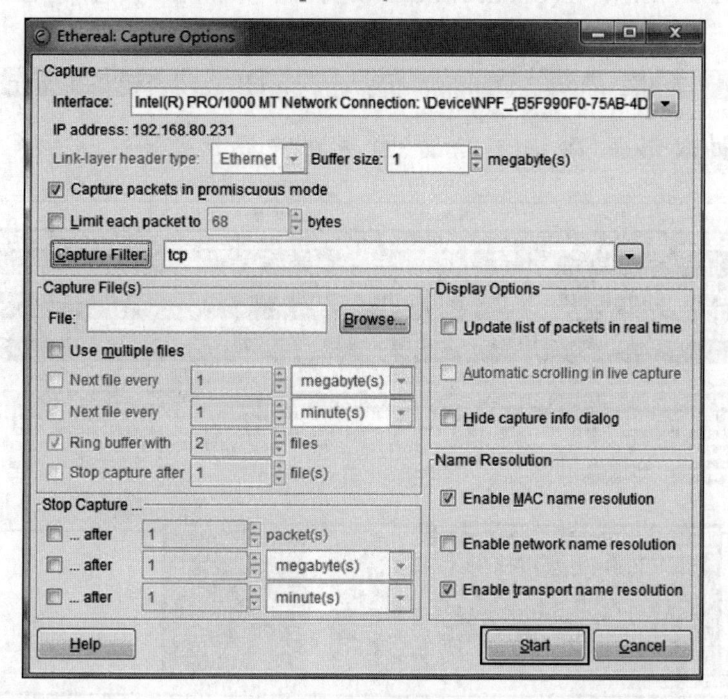

图 2-41　开始抓包

6）抓包的同时，使用浏览器打开一个网站。

7）如图 2-42 所示，Ethereal 抓获的全是 TCP 数据包，这是因为设置了 Capture Filter。当取消 Capture Filter 时，可以抓获全部数据包。

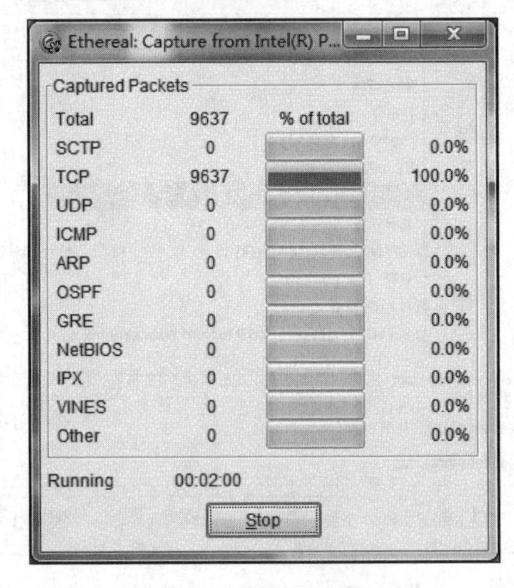

图 2-42　抓取 TCP 数据包

8）如图 2-43 所示，在(Untitled)-Ethereal 窗口中单击 Stop 按钮，停止抓包，查看抓获的数据包。

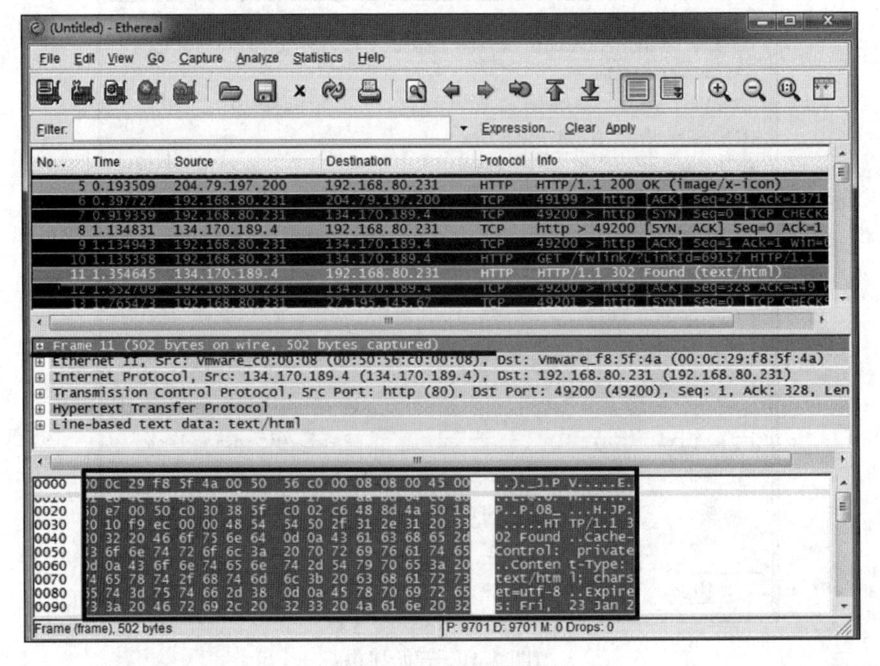

图 2-43　抓获的数据包

9）如图 2-44 所示，(Untitled)-Ethereal 窗口中显示了数据链路层添加的首部内容。

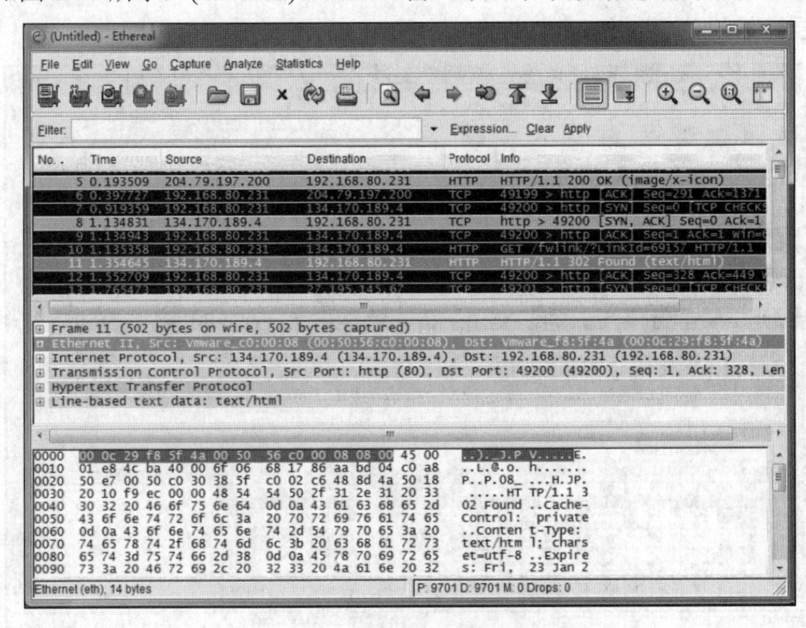

图 2-44　数据链路层首部内容

10）如图 2-45 所示，在(Untitled)-Ethereal 窗口中展开 EthernetⅡ数据，可以看到目标 MAC 地址和源 MAC 地址。

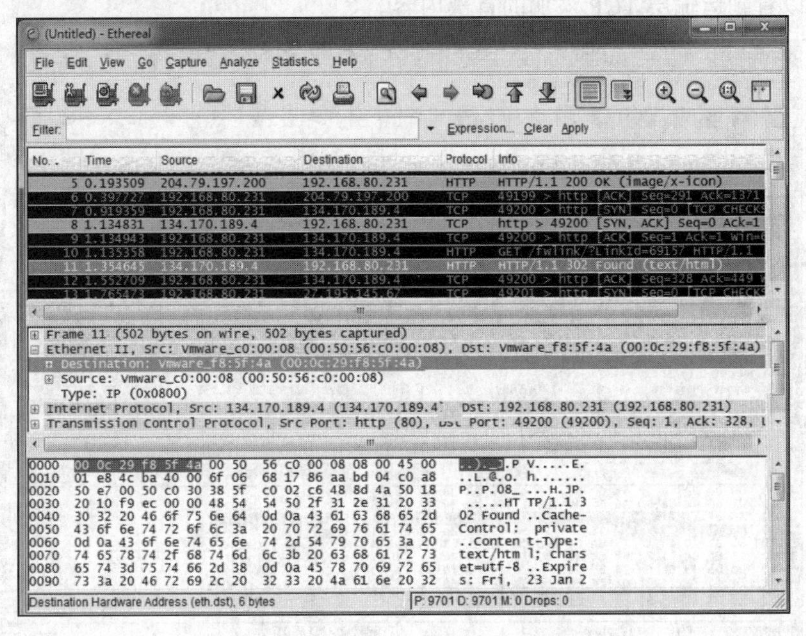

图 2-45　展开后的数据链路层首部内容

11）如图 2-46 所示，在(Untitled)-Ethereal 窗口中选择 Internet Protocol 内容，可以看到网络层添加的首部内容。

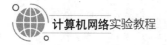

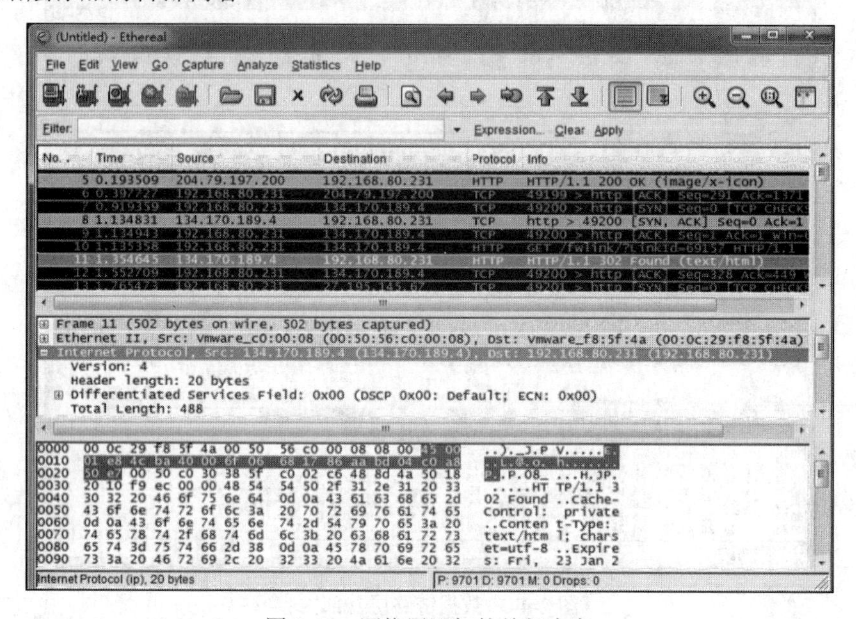

图 2-46　网络层添加的首部内容

12）如图 2-47 所示，在(Untitled)-Ethereal 窗口中选择 Transmission Control Protocol 内容，可以看到运输层 TCP 添加的首部内容。

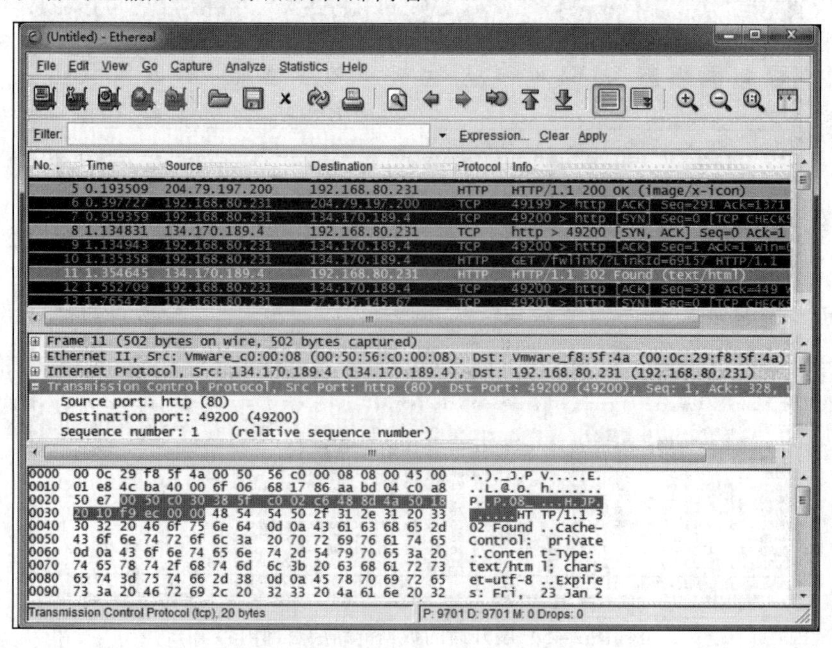

图 2-47　运输层 TCP 添加的首部内容

13）如图 2-48 所示，在(Untitled)-Ethereal 窗口中选择 File→Save 命令，可以保存本次抓包数据。

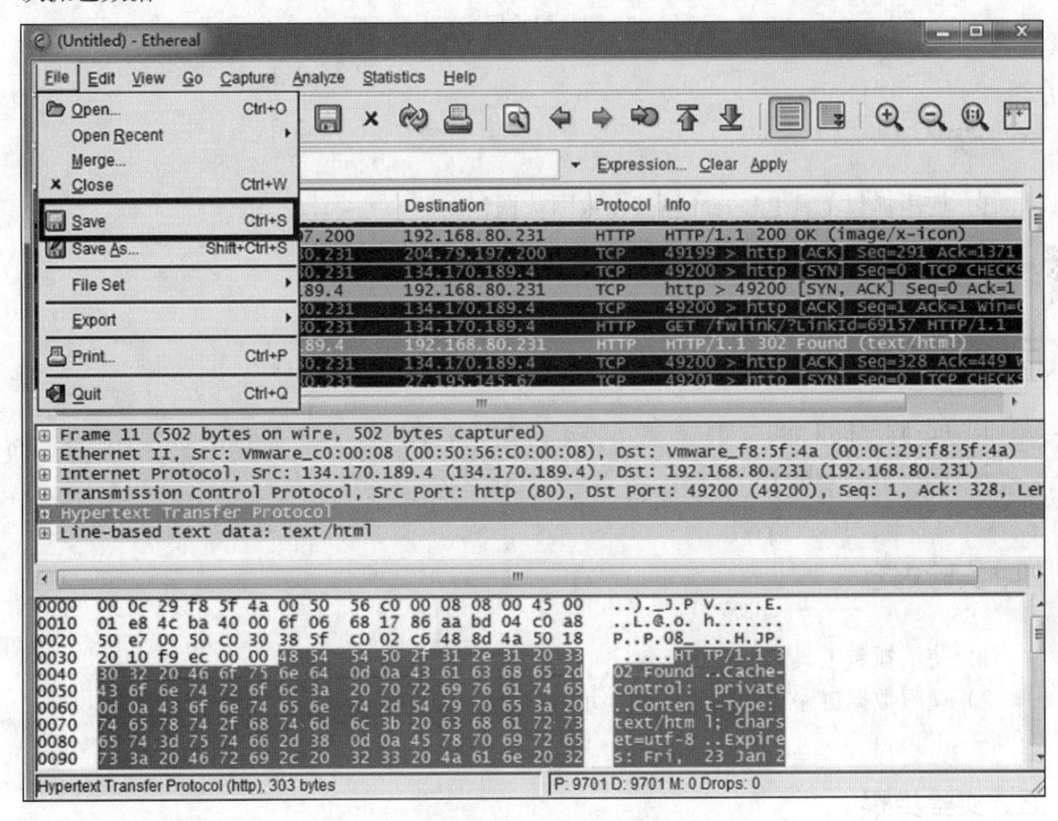

图 2-48　保存抓包数据

实验 2.10　抓包分析数据链路层首部

一、背景知识

在数据链路层，数据是以帧为单位进行传输的。帧是一段有限的 0/1 序列。帧的数据部分就是从网络层传递下来的数据包，数据包的最大传输单元是 1500 字节。数据链路层协议的功能就是识别 0/1 序列中包含的帧。如图 2-49 所示，在数据帧中有源地址和目的地址，还有能够探测错误的帧检验序列。数据链路层协议不关心网络层的数据中到底包含什么，数据帧就像一个信封，把数据包裹起来进行传输。

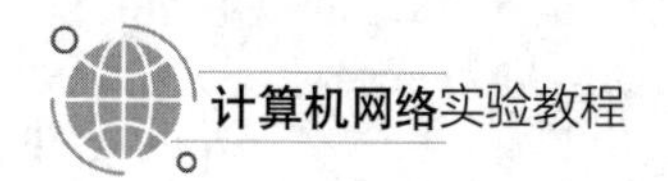

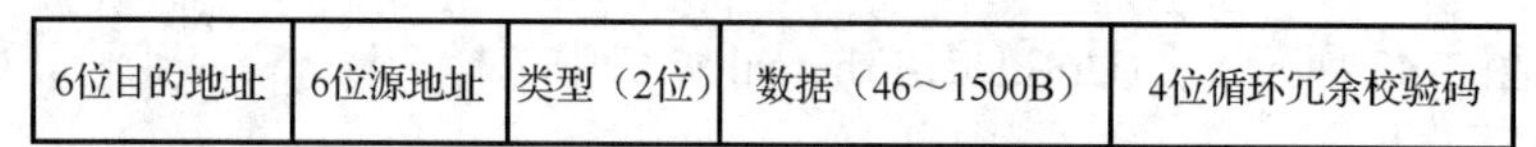

6位目的地址	6位源地址	类型（2位）	数据（46～1500B）	4位循环冗余校验码

图 2-49　以太网数据帧基本格式

二、实验目的

1）使用抓包工具 Ethereal 抓获以太网数据包。

2）观察广播数据帧格式、数据链路层地址，查看广播帧。

三、实验准备

1）PC 物理机 1 台。

2）抓包工具 Ethereal。

四、实验内容

1）使用抓包工具 Ethereal 抓包。

2）观察数据链路层的帧格式和地址。

五、实验步骤

步骤 1　如图 2-50 所示，在 The Ethereal Network Analyzer 窗口中单击 Capture Interfaces 按钮，在打开的 Ethereal: Capture Interfaces 窗口中单击 Capture 按钮，进行抓包。

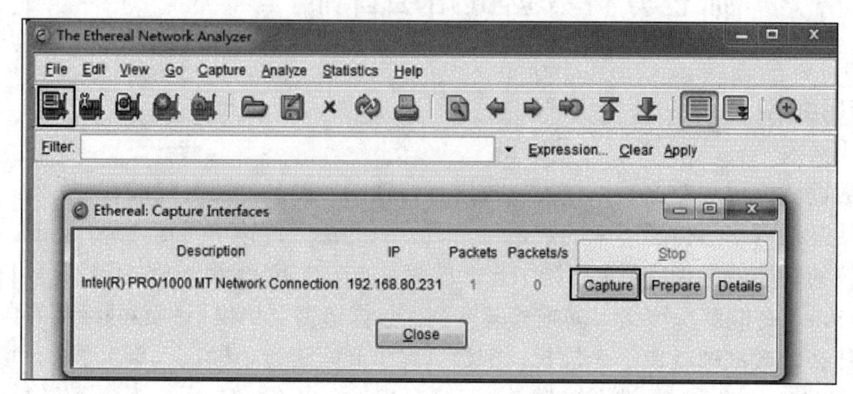

图 2-50　不设置筛选器进行抓包

步骤 2 打开浏览器，访问一个互联网网站。如图 2-51 所示，可以看到抓获的数据包除了 TCP 外还有 UDP，单击 Stop 按钮。

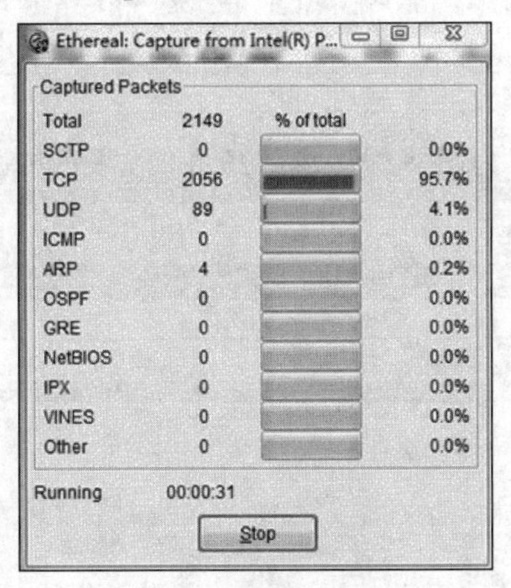

图 2-51 抓获数据包统计

步骤 3 如图 2-52 所示，在(Untitled)-Ethereal 窗口中展开 EthernetⅡ数据，可以看到数据链路层的首部内容。

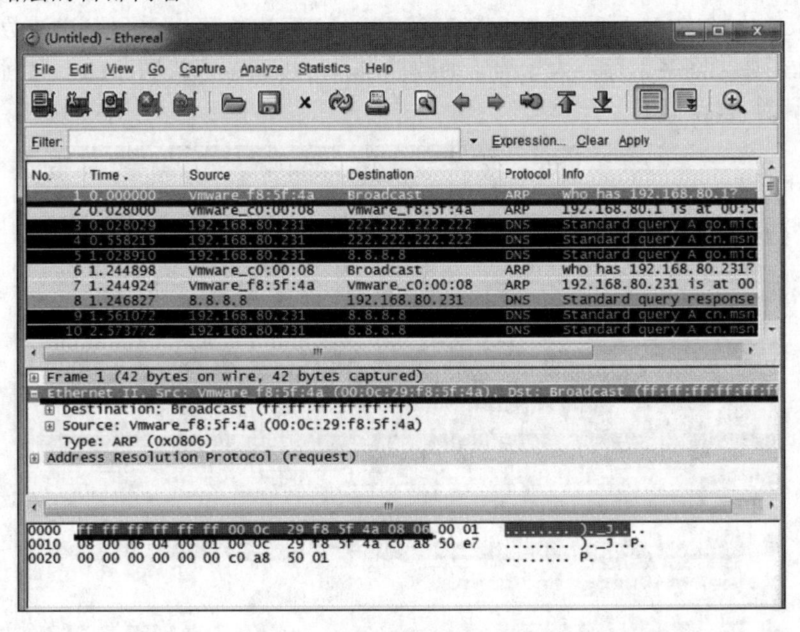

图 2-52 数据链路层的首部内容

步骤 4 如图 2-53 所示，在(Untitled)-Ethereal 窗口中可以看到该数据帧的目标 MAC 地址是 ff:ff:ff:ff:ff:ff，这是一个广播地址。交换机构成的局域网是一个广播域，收到广播后交换机将广播数据帧转发到所有端口。

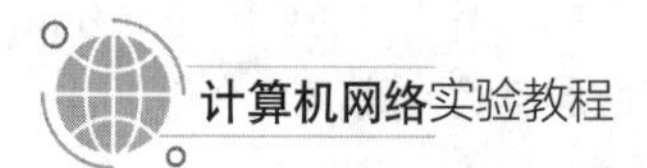

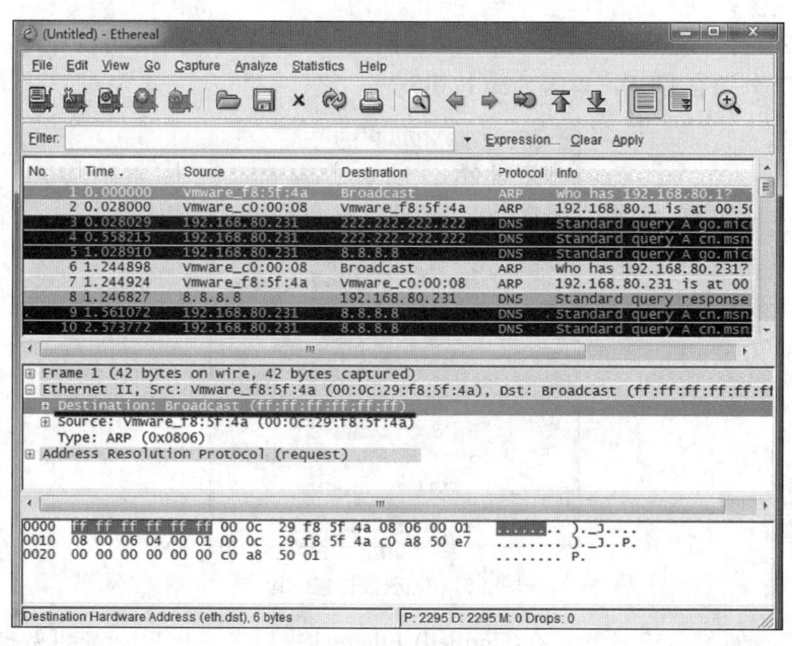

图 2-53 广播数据帧

步骤 5 如图 2-54 所示，在(Untitled)-Ethereal 窗口中可以看到发送该数据帧的源 MAC 地址。如果网络中存在大量的广播数据包，可以通过查找源 MAC 地址找到发送广播包的计算机。

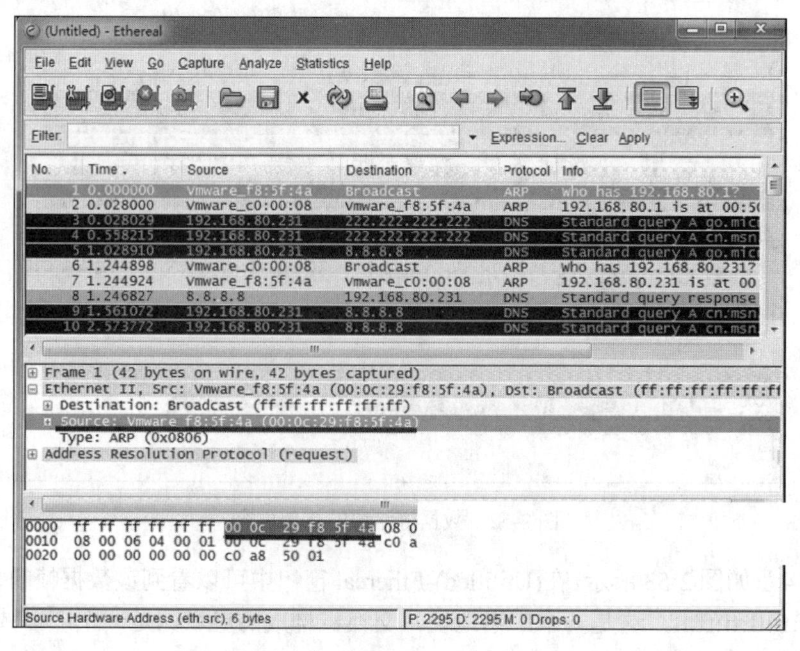

图 2-54 发送广播帧的源 MAC 地址

步骤 6 如图 2-55 所示，在(Untitled)-Ethereal 窗口中，从数据帧首部可以看到 Type（类型）字段，以太网数据链路层可以支持多种网络层协议。

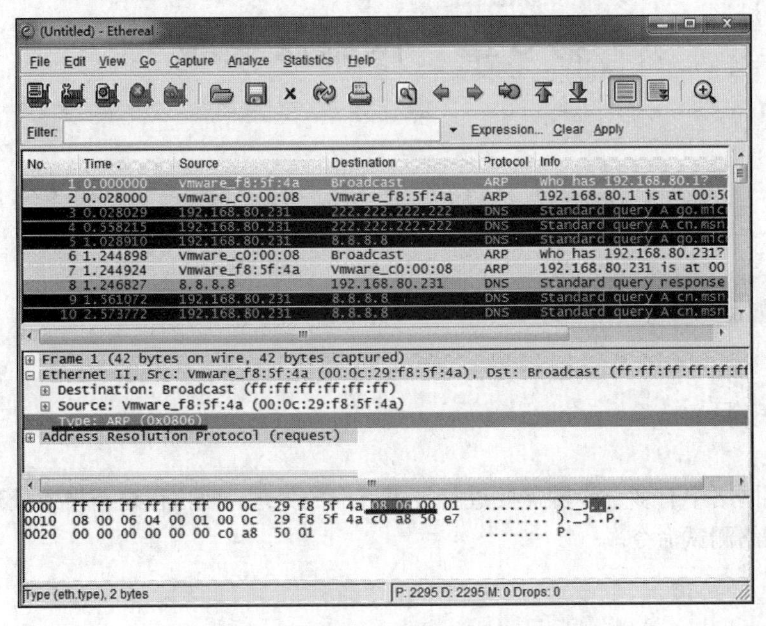

图 2-55 数据链路层帧的首部 Type 部分

步骤 7 如图 2-56 所示，在(Untitled)-Ethereal 窗口中选择一个非广播数据帧进行观察，可以看到数据链路层首部中的目的 MAC 地址和源 MAC 地址。

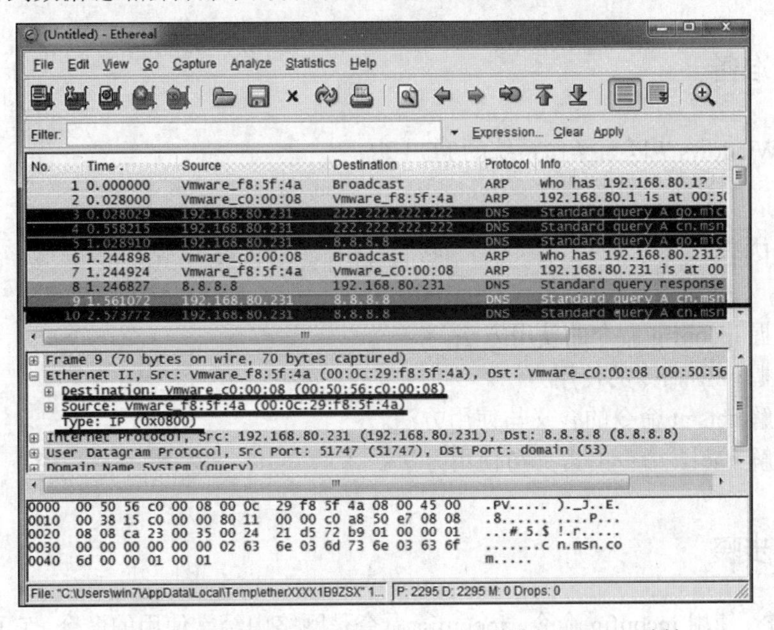

图 2-56 非广播数据帧中的目的 MAC 地址和源 MAC 地址

第 3 章　网络层实验

实验 3.1　使用常见网络测试命令

一、背景知识

计算机网络中有多个步骤需要进行技术方面的处理，而执行这一技术处理的就是一些计算机网络测试命令。

二、实验目的

掌握一些常见网络测试命令的含义和操作方法。

三、实验准备

装有 Windows 7 以上操作系统的 PC 1 台。

四、实验内容

1）掌握 ipconfig 命令的使用方法。
2）掌握 ping 命令的使用方法。
3）理解 netstat 命令的含义与使用方法。
4）理解 tracert 命令的含义与使用方法。

五、实验步骤

步骤 1　使用 ipconfig 命令。ipconfig 命令是网络中经常使用的命令，它可以查看网络连接的情况，如本机IP地址、子网掩码、DNS（domain name system，域名系统）配置、DHCP（dynamic host configuration protocol，动态主机配置协议）配置等，后面跟/all参数可以显示所有配置的内容。如图3-1所示，在Windows操作系统中选择“开始”→“运行”命令，在弹出的“运行”对话框中输入cmd命令，按Enter键，在弹出的命令提示符窗口中输入ipconfig/all命令，按Enter键，可以看到本机网络参数配置。

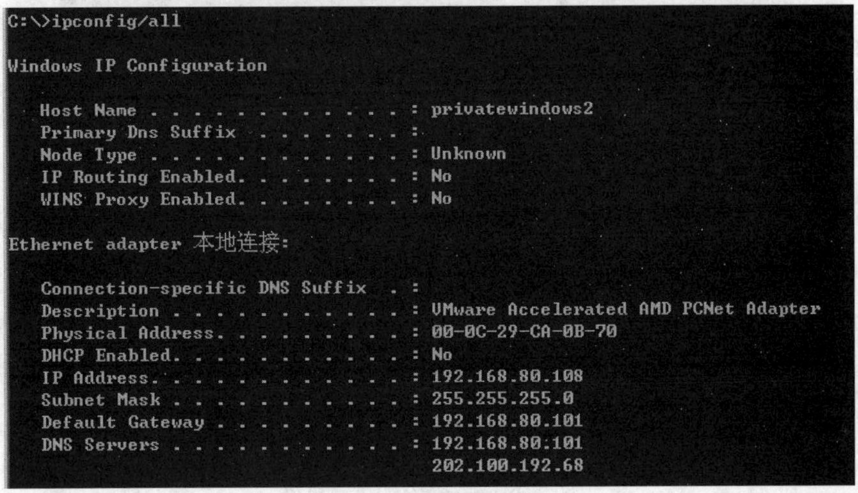

```
C:\>ipconfig/all

Windows IP Configuration

   Host Name . . . . . . . . . . . . : privatewindows2
   Primary Dns Suffix  . . . . . . . :
   Node Type . . . . . . . . . . . . : Unknown
   IP Routing Enabled. . . . . . . . : No
   WINS Proxy Enabled. . . . . . . . : No

Ethernet adapter 本地连接:

   Connection-specific DNS Suffix  . :
   Description . . . . . . . . . . . : VMware Accelerated AMD PCNet Adapter
   Physical Address. . . . . . . . . : 00-0C-29-CA-0B-70
   DHCP Enabled. . . . . . . . . . . : No
   IP Address. . . . . . . . . . . . : 192.168.80.108
   Subnet Mask . . . . . . . . . . . : 255.255.255.0
   Default Gateway . . . . . . . . . : 192.168.80.101
   DNS Servers . . . . . . . . . . . : 192.168.80.101
                                       202.100.192.68
```

图3-1 本机网络参数配置

步骤2 使用ping命令。ping命令后面可以跟一些参数选项，如表3-1所示。

表3-1 ping命令后面常用参数选项

参数	含义
-t	连续对IP地址执行ping命令，直到用户按Ctrl+C组合键终止
-a	以IP地址格式显示目标主机的网络地址
-l length	如-l 2000，指定ping命令中的数据长度为2000字节，而不是默认的32字节
-n count	执行特定次数的ping命令
-f	在包中发送“不分段”标志。该包将不被路由上的网关分段
-i ttl	将“生存时间”字段设置为ttl指定的数值
-v tos	将“服务类型”字段设置为tos指定的数值
-r count	在“记录路由”字段中记录发出报文和返回报文的路由。指定的count值最小可以是1，最大可以是9
-s count	指定由count指定的转发次数的时间邮票，其中指定的count值最小可以是1，最大可以是9
-j computer-list	经过由computer-list指定的计算机列表的路由报文。中间网关可能分隔连续的计算机（松散的源路由）。允许的最大IP地址数目是9
-k computer-list	经过由computer-list指定的计算机列表的路由报文。中间网关可能分隔连续的计算机（严格的源路由）。允许的最大IP地址数目是9
-w timeout	以毫秒为单位指定超时间隔

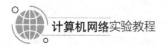

1）如图 3-2 所示，在 Windows 操作系统中选择“开始”→“运行”命令，在弹出的“运行”对话框中输入 cmd 命令，按 Enter 键，在弹出的命令提示符窗口中输入 ping 命令，按 Enter 键，可以显示 ping 命令的可选参数。

```
C:\>ping

Usage: ping [-t] [-a] [-n count] [-l size] [-f] [-i TTL] [-v TOS]
            [-r count] [-s count] [[-j host-list] | [-k host-list]]
            [-w timeout] [-R] [-S srcaddr] [-4] [-6] target_name

Options:
    -t             Ping the specified host until stopped.
                   To see statistics and continue - type Control-Break;
                   To stop - type Control-C.
    -a             Resolve addresses to hostnames.
    -n count       Number of echo requests to send.
    -l size        Send buffer size.
    -f             Set Don't Fragment flag in packet (IPv4-only).
    -i TTL         Time To Live.
    -v TOS         Type Of Service (IPv4-only).
    -r count       Record route for count hops (IPv4-only).
    -s count       Timestamp for count hops (IPv4-only).
    -j host-list   Loose source route along host-list (IPv4-only).
    -k host-list   Strict source route along host-list (IPv4-only).
    -w timeout     Timeout in milliseconds to wait for each reply.
    -R             Trace round-trip path (IPv6-only).
    -S srcaddr     Source address to use (IPv6-only).
    -4             Force using IPv4.
    -6             Force using IPv6.
```

图 3-2　ping 命令的可选参数

2）ping IP-t 的使用。如图 3-3 所示，输入 ping IP-t 命令，反馈的结果能够反映当前主机是否可以正常访问互联网。反馈结果中的 TTL 代表生存时间，指 IP 数据报被路由器丢失之前允许通过路由器的数量。TTL 由发送主机设置，以防止数据报在 IP 互联网络上永不终止地循环。转发 IP 数据报时，要求路由器至少将 TTL 减小 1。

```
C:\Documents and Settings\Administrator>ping 192.168.28.98 -t

Pinging 192.168.28.98 with 32 bytes of data:

Reply from 192.168.28.98: bytes=32 time<1ms TTL=128
Reply from 192.168.28.98: bytes=32 time<1ms TTL=128
Reply from 192.168.28.98: bytes=32 time<1ms TTL=128
Reply from 192.168.28.98: bytes=32 time<1ms TTL=128
Reply from 192.168.28.98: bytes=32 time<1ms TTL=128
Reply from 192.168.28.98: bytes=32 time<1ms TTL=128
Reply from 192.168.28.98: bytes=32 time<1ms TTL=128
Reply from 192.168.28.98: bytes=32 time<1ms TTL=128
Reply from 192.168.28.98: bytes=32 time<1ms TTL=128
Reply from 192.168.28.98: bytes=32 time<1ms TTL=128
Reply from 192.168.28.98: bytes=32 time<1ms TTL=128
Reply from 192.168.28.98: bytes=32 time<1ms TTL=128
Reply from 192.168.28.98: bytes=32 time<1ms TTL=128
Reply from 192.168.28.98: bytes=32 time<1ms TTL=128
Reply from 192.168.28.98: bytes=32 time<1ms TTL=128
Reply from 192.168.28.98: bytes=32 time<1ms TTL=128
Reply from 192.168.28.98: bytes=32 time<1ms TTL=128
```

图 3-3　ping IP-t 的使用效果

ping 反馈结果各部分含义如图 3-4 所示。其中，主机发送了 100 个数据包，接收了 100 个数据包，通信的成功率为 100%。

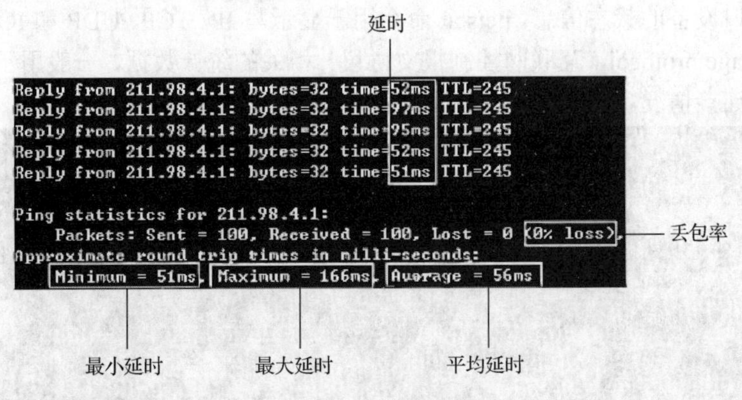

图 3-4　ping 反馈结果各部分含义

3）ping IP-n 的使用。例如，ping 192.168.28.101-n 30 代表向主机 192.168.28.101 ping 30 次才终止操作，而不是默认的 4 次，其中 n 表示 ping 的次数。

4）ping IP-l 的使用。如图 3-5 所示，在 ping 192.168.28.98-l 2000 命令中，-l 2000 参数指该主机每次 ping 发送的数据大小为 2000 字节，而不是默认的 32 字节。如果想结束 ping 命令，可以按 Ctrl+C 组合键终止操作。

```
C:\Documents and Settings\Administrator>ping 192.168.28.98 -l 2000

Pinging 192.168.28.98 with 2000 bytes of data:

Reply from 192.168.28.98: bytes=2000 time<1ms TTL=128
Reply from 192.168.28.98: bytes=2000 time<1ms TTL=128
Reply from 192.168.28.98: bytes=2000 time<1ms TTL=128
Reply from 192.168.28.98: bytes=2000 time<1ms TTL=128
```

图 3-5　ping IP-l 的使用效果

5）ping IP-t-l 的组合使用。如图 3-6 所示，ping 192.168.28.98-t-l 2000 指连续向 192.168.28.98 主机发送 ping 数据包，每个数据包的大小指定为 2000 字节，而不是默认的 32 字节。如果想结束本次 ping 命令，可以按 Ctrl+C 组合键终止操作。

```
C:\Documents and Settings\Administrator>ping 192.168.28.98 -t -l 2000

Pinging 192.168.28.98 with 2000 bytes of data:

Reply from 192.168.28.98: bytes=2000 time<1ms TTL=128
Reply from 192.168.28.98: bytes=2000 time<1ms TTL=128
Reply from 192.168.28.98: bytes=2000 time<1ms TTL=128
Reply from 192.168.28.98: bytes=2000 time<1ms TTL=128
Reply from 192.168.28.98: bytes=2000 time<1ms TTL=128
Reply from 192.168.28.98: bytes=2000 time<1ms TTL=128
Reply from 192.168.28.98: bytes=2000 time<1ms TTL=128
Reply from 192.168.28.98: bytes=2000 time<1ms TTL=128
Reply from 192.168.28.98: bytes=2000 time<1ms TTL=128
Reply from 192.168.28.98: bytes=2000 time<1ms TTL=128
Reply from 192.168.28.98: bytes=2000 time<1ms TTL=128
```

图 3-6　ping IP-t-l 的组合使用效果

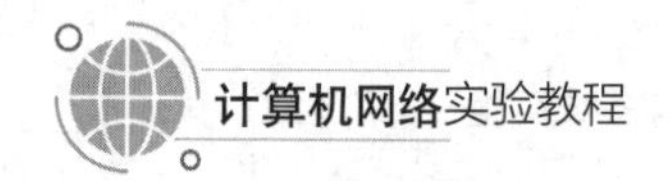

步骤 3　理解 netstat 命令的含义与使用方法。netstat 是显示协议统计信息和当前TCP/IP 网络连接的一个非常有用的命令，它可以显示路由表、实际的网络连接及每一个网络接口设备的状态信息。netstat 命令用于显示与 IP、TCP、UDP 和 ICMP（Internet control message protocol，互联网控制报文协议）相关的统计数据，一般用于检验本机各端口的网络连接情况。netstat 命令可以使用的相关参数如图 3-7 所示。

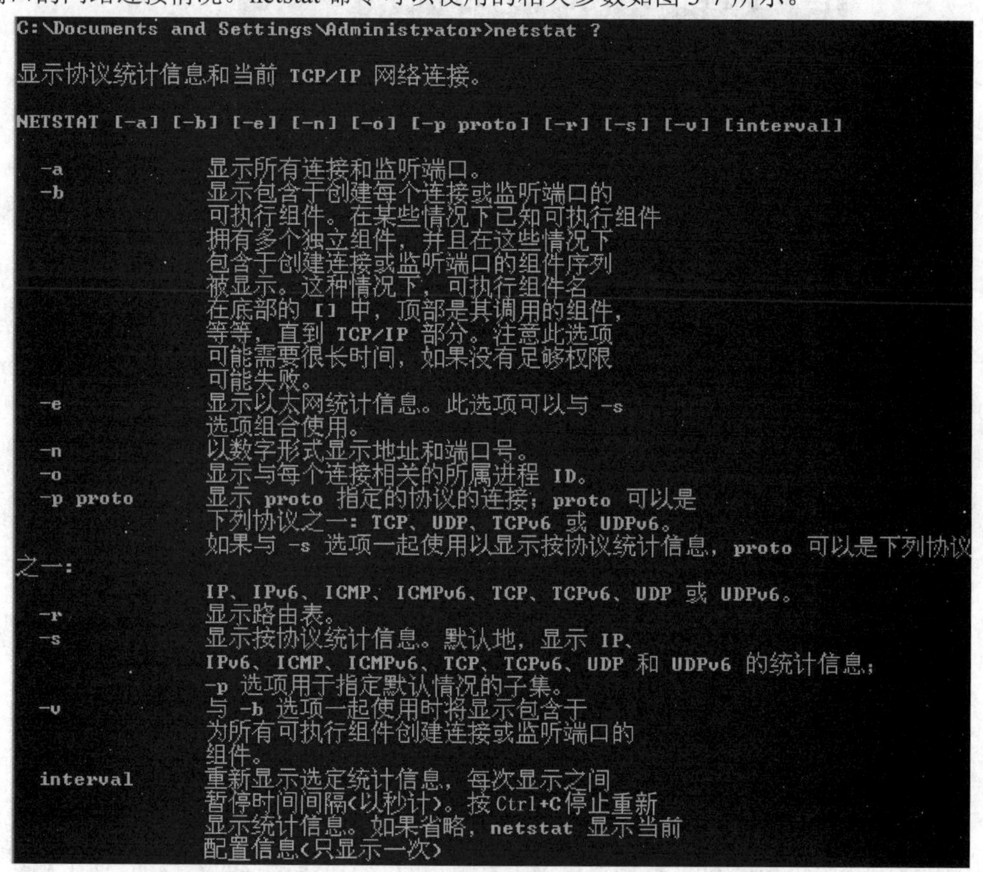

图 3-7　netstat 可以使用的相关参数

1）netstat-a 的使用。如图 3-8 所示，netstat-a 可以显示所有网络连接和监听端口。

2）netstat-e 的使用。如图 3-9 所示，netstat-e 可以显示以太网的统计数据，包括传输的字节数、数据包、错误等。

3）netstat-n 的使用。如图 3-10 所示，netstat-n 可以显示已创建的有效连接，并显示本地地址和端口号、连接地址和端口号。

```
C:\Documents and Settings\Administrator>netstat -a

Active Connections

  Proto  Local Address          Foreign Address        State
  TCP    LUOBO-1598F5D24:epmap  LUOBO-1598F5D24:0      LISTENING
  TCP    LUOBO-1598F5D24:microsoft-ds  LUOBO-1598F5D24:0      LISTENING
  TCP    LUOBO-1598F5D24:1025   LUOBO-1598F5D24:0      LISTENING
  TCP    LUOBO-1598F5D24:6059   LUOBO-1598F5D24:0      LISTENING
  TCP    LUOBO-1598F5D24:1025   localhost:2877         ESTABLISHED
  TCP    LUOBO-1598F5D24:1056   LUOBO-1598F5D24:0      LISTENING
  TCP    LUOBO-1598F5D24:2877   localhost:1025         ESTABLISHED
  TCP    LUOBO-1598F5D24:3458   localhost:1025         CLOSE_WAIT
  TCP    LUOBO-1598F5D24:3460   localhost:1025         CLOSE_WAIT
  TCP    LUOBO-1598F5D24:3464   localhost:1025         CLOSE_WAIT
  TCP    LUOBO-1598F5D24:3466   localhost:1025         CLOSE_WAIT
  TCP    LUOBO-1598F5D24:3470   localhost:1025         CLOSE_WAIT
  TCP    LUOBO-1598F5D24:3472   localhost:1025         CLOSE_WAIT
  TCP    LUOBO-1598F5D24:3473   localhost:1025         CLOSE_WAIT
  TCP    LUOBO-1598F5D24:3480   localhost:1025         CLOSE_WAIT
  TCP    LUOBO-1598F5D24:3482   localhost:1025         CLOSE_WAIT
  TCP    LUOBO-1598F5D24:3490   localhost:1025         CLOSE_WAIT
  TCP    LUOBO-1598F5D24:3492   localhost:1025         CLOSE_WAIT
  TCP    LUOBO-1598F5D24:3494   localhost:1025         CLOSE_WAIT
  TCP    LUOBO-1598F5D24:3496   localhost:1025         CLOSE_WAIT
  TCP    LUOBO-1598F5D24:3498   localhost:1025         CLOSE_WAIT
  TCP    LUOBO-1598F5D24:3586   localhost:1025         CLOSE_WAIT
  TCP    LUOBO-1598F5D24:netbios-ssn  LUOBO-1598F5D24:0      LISTENING
  TCP    LUOBO-1598F5D24:2878   reverse.gdsz.cncnet.net:http  ESTABLISHED
  UDP    LUOBO-1598F5D24:microsoft-ds  *:*
  UDP    LUOBO-1598F5D24:isakmp  *:*
  UDP    LUOBO-1598F5D24:1026   *:*
  UDP    LUOBO-1598F5D24:2442   *:*
  UDP    LUOBO-1598F5D24:2840   *:*
  UDP    LUOBO-1598F5D24:2841   *:*
```

图 3-8　netstat-a 的使用效果

```
C:\Documents and Settings\Administrator>netstat -e
Interface Statistics

                           Received            Sent

Bytes                      73341403        58185605
Unicast packets              150290          146052
Non-unicast packets             211             198
Discards                          0               0
Errors                            0               0
Unknown protocols                 0
```

图 3-9　netstat-e 的使用效果

```
C:\Documents and Settings\Administrator>netstat -n

Active Connections

  Proto  Local Address          Foreign Address        State
  TCP    127.0.0.1:1025         127.0.0.1:2877         ESTABLISHED
  TCP    127.0.0.1:2877         127.0.0.1:1025         ESTABLISHED
  TCP    127.0.0.1:3458         127.0.0.1:1025         CLOSE_WAIT
  TCP    127.0.0.1:3460         127.0.0.1:1025         CLOSE_WAIT
  TCP    127.0.0.1:3464         127.0.0.1:1025         CLOSE_WAIT
  TCP    127.0.0.1:3466         127.0.0.1:1025         CLOSE_WAIT
  TCP    127.0.0.1:3470         127.0.0.1:1025         CLOSE_WAIT
  TCP    127.0.0.1:3472         127.0.0.1:1025         CLOSE_WAIT
  TCP    127.0.0.1:3473         127.0.0.1:1025         CLOSE_WAIT
  TCP    127.0.0.1:3480         127.0.0.1:1025         CLOSE_WAIT
  TCP    127.0.0.1:3482         127.0.0.1:1025         CLOSE_WAIT
  TCP    127.0.0.1:3490         127.0.0.1:1025         CLOSE_WAIT
  TCP    127.0.0.1:3492         127.0.0.1:1025         CLOSE_WAIT
  TCP    127.0.0.1:3494         127.0.0.1:1025         CLOSE_WAIT
  TCP    127.0.0.1:3496         127.0.0.1:1025         CLOSE_WAIT
  TCP    127.0.0.1:3498         127.0.0.1:1025         CLOSE_WAIT
  TCP    127.0.0.1:3586         127.0.0.1:1025         CLOSE_WAIT
  TCP    192.168.28.98:2878     58.251.58.119:80       ESTABLISHED
```

图 3-10　netstat-n 的使用效果

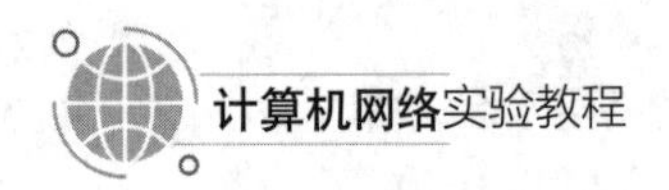

步骤 4　理解 tracert 命令的含义与使用方法。

1）tracert 是一个实现路由跟踪的实用命令，用于确定 IP 数据报访问目标路径。tracert 命令用 IP 生存时间 TTL 字段和 ICMP 错误消息来确定从一个主机到网络上其他主机的路由。tracert 命令后可以跟相关参数使用，各参数含义如图 3-11 所示。

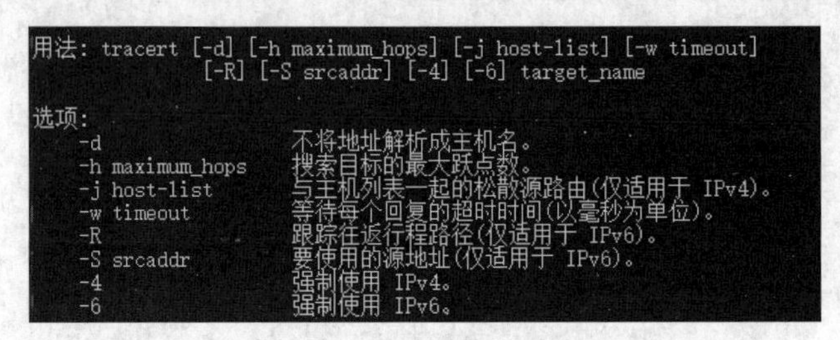

```
用法: tracert [-d] [-h maximum_hops] [-j host-list] [-w timeout]
               [-R] [-S srcaddr] [-4] [-6] target_name

选项:
    -d                 不将地址解析成主机名。
    -h maximum_hops    搜索目标的最大跃点数。
    -j host-list       与主机列表一起的松散源路由(仅适用于 IPv4)。
    -w timeout         等待每个回复的超时时间(以毫秒为单位)。
    -R                 跟踪往返行程路径(仅适用于 IPv6)。
    -S srcaddr         要使用的源地址(仅适用于 IPv6)。
    -4                 强制使用 IPv4。
    -6                 强制使用 IPv6。
```

图 3-11　tracert 命令后相关参数

2）tracert 命令是利用 ICMP 和 TTL 进行工作的。如图 3-12 所示，首先，tracert 命令会发出 TTL 值为 1 的 ICMP 数据包（包含 40 字节，包括源地址、目标地址和发出的时间标签，一般会连续发 3 个数据包），当到达路径上的第一个路由器时，路由器会将 TTL 的值减 1，此时 TTL 的值为 0，该路由器会将此数据包丢弃，并返回一个超时回应数据包（包括数据包的源地址、内容和路由器的 IP 地址）。当 tracert 命令收到该数据包时，它便获得了该路径上的第一个路由器的地址。其次，tracert 命令再发送另一个 TTL 为 2 的数据包，第一个路由器会将此数据包转发给第二个路由器，而第二个路由器收到数据包时，TTL 为 0。第二个路由器便会返回一个超时回应数据包，从而 tracert 命令便获得了第二个路由器的地址。

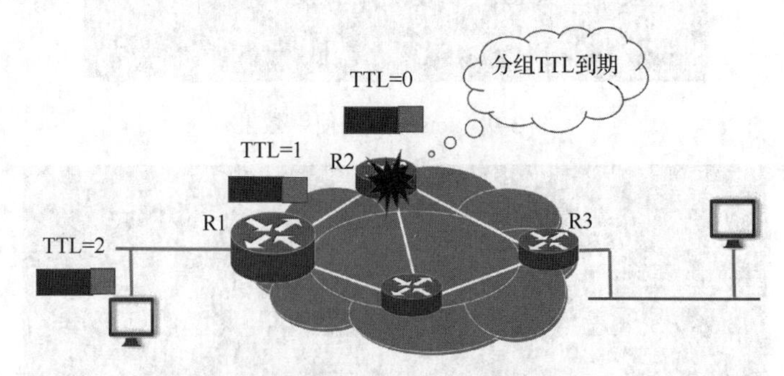

图 3-12　tracert 命令工作原理

tracert 命令每次发出数据包（一般每次发 3 个数据包）时便会将 TTL 加 1，以发现下一个路由器。如图 3-13 所示，该动作一直重复，直到到达目的地或者确定目标主机不可到达为止。当数据包到达目的地后，目标主机并不返回超时回应数据包。tracert 命令在发送数据包时，会选择一个一般应用程序不会使用的端口作为接收端口，所以当到达目的地后，目标主机会返回一条 ICMP port unreachable（端口不可达）的消息。tracert 命令收到该消息后，就知道目的地已经到达。

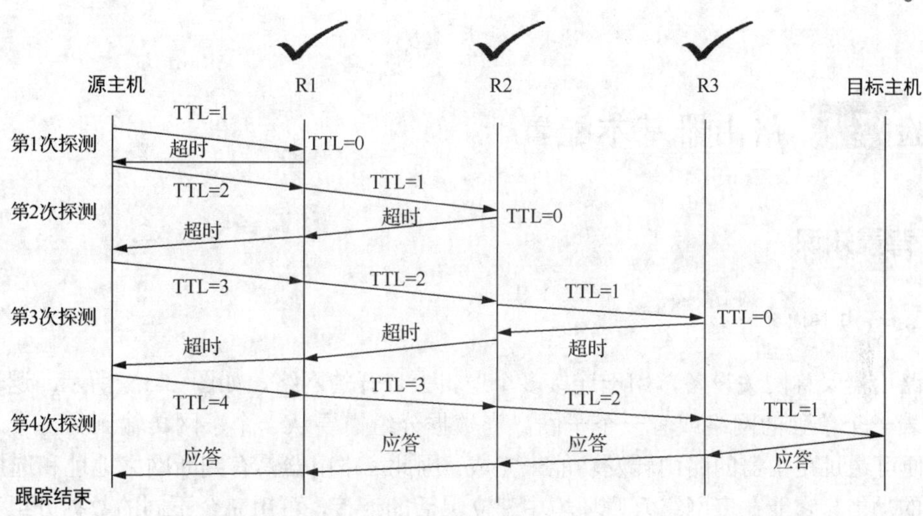

图 3-13　tracert 命令跟踪过程

tracert 命令会提取 ICMP 超时回应数据包中的 IP 地址并做主机名解析(用-d 参数表示不解析主机名，解析主机名会耽误一些时间)，并将所经过路由器的主机名及 IP 地址、数据包每次往返花费的时间显示出来。tracert 有一个固定的等待响应时间，如果超出这个时间，tracert 命令就会输出“*”号来表示某个设备没有在规定的时间内做出响应，并将 TTL 值加 1，继续进行检测。

通过 tracert 命令，可以知道源地址到目的地址经过的路径，如图 3-14 所示。虽然数据包传输时经过的路径并不是每次都一样，但是大部分时间是一样的。在目标主机响应时，tracert 命令会显示完整的经过的路由及到每个路由花费的时间。如果目标主机没有响应，tracert 命令仍会尝试寻找所经过的路径。

```
C:\Users\xyf>tracert www.baidu.com

通过最多 30 个跃点跟踪
到 www.a.shifen.com [220.181.38.149] 的路由:

  1    <1 毫秒   <1 毫秒   <1 毫秒 192.168.0.1
  2     2 ms      1 ms      1 ms  192.168.1.1
  3     7 ms      4 ms      4 ms  10.1.0.1
  4     5 ms      3 ms      3 ms  123.178.218.213
  5     4 ms      4 ms      4 ms  219.148.173.197
  6    12 ms     13 ms     12 ms  202.97.15.73
  7    17 ms     16 ms      *     36.110.247.226
  8     *         *         *     请求超时。
  9    16 ms     16 ms     20 ms  106.38.244.138
 10     *         *         *     请求超时。
 11     *         *         *     请求超时。
 12     *         *         *     请求超时。
 13     *         *         *     请求超时。
 14    18 ms     18 ms     18 ms  sp0.baidu.com [220.181.38.149]

跟踪完成。
```

图 3-14　tracert 命令跟踪实例

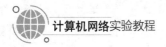

实验3.2 路由器基本配置

一、背景知识

1. 路由器简介

路由器又称网关设备，用于连接多个逻辑上分开的网络，如图 3-15 所示。逻辑网络代表一个单独的网络或者一个子网。当数据分组需要从一个子网传输到另一个子网时，便可通过路由器的路由转发功能来完成。因此，路由器具有判断网络地址和选择 IP 路径的功能，它能在多网络互联环境中建立灵活的连接，可用完全不同的数据分组和介质访问方法连接各种子网。路由器只接收源站或其他路由器的信息，属于网络层的一种互联设备。

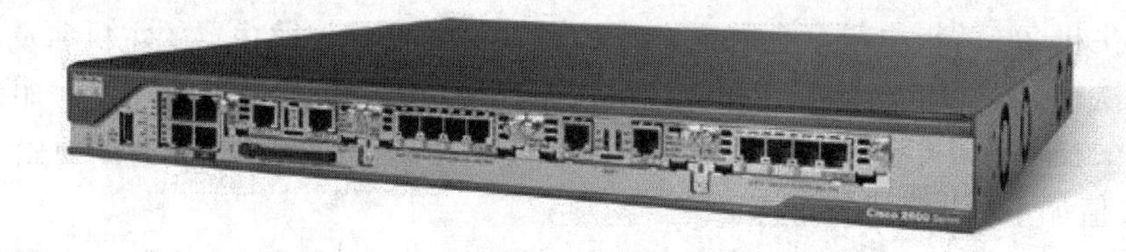

图 3-15　路由器

2. Packet Tracer 中路由器基础配置相关知识

（1）配置模式

与交换机相同，路由器也有 4 种配置模式，如图 3-16 所示。

用户执行模式
有限的路由器检查、远程访问

Switch>
Router>

全局配置模式
全局配置命令

Switch (config)#
Router (config)#

特权执行模式
详尽的路由器检查、调试和测试，文件操作，远程访问
Switch#
Router#

其他配置模式
特殊的服务或接口配置

Switch (config-*mode*)#
Router (config-*mode*)#

图 3-16　路由器的 4 种配置模式

（2）各模式间的转换

enable 和 disable 命令用于进行用户执行模式和特权执行模式间的转换。要访问特权执行模式，应使用 enable 命令：

```
Router>enable
```

此命令无须参数或关键字，按 Enter 键后，路由器提示符即变为：

```
Router#
```

提示符结尾处的“#”表明该路由器现在处于特权执行模式。

如果为特权执行模式配置了身份验证口令，则 IOS 会提示输入口令。

```
Router>enable
Password:
Router#
```

disable 命令用于从特权执行模式返回用户执行模式，如图 3-17 所示。

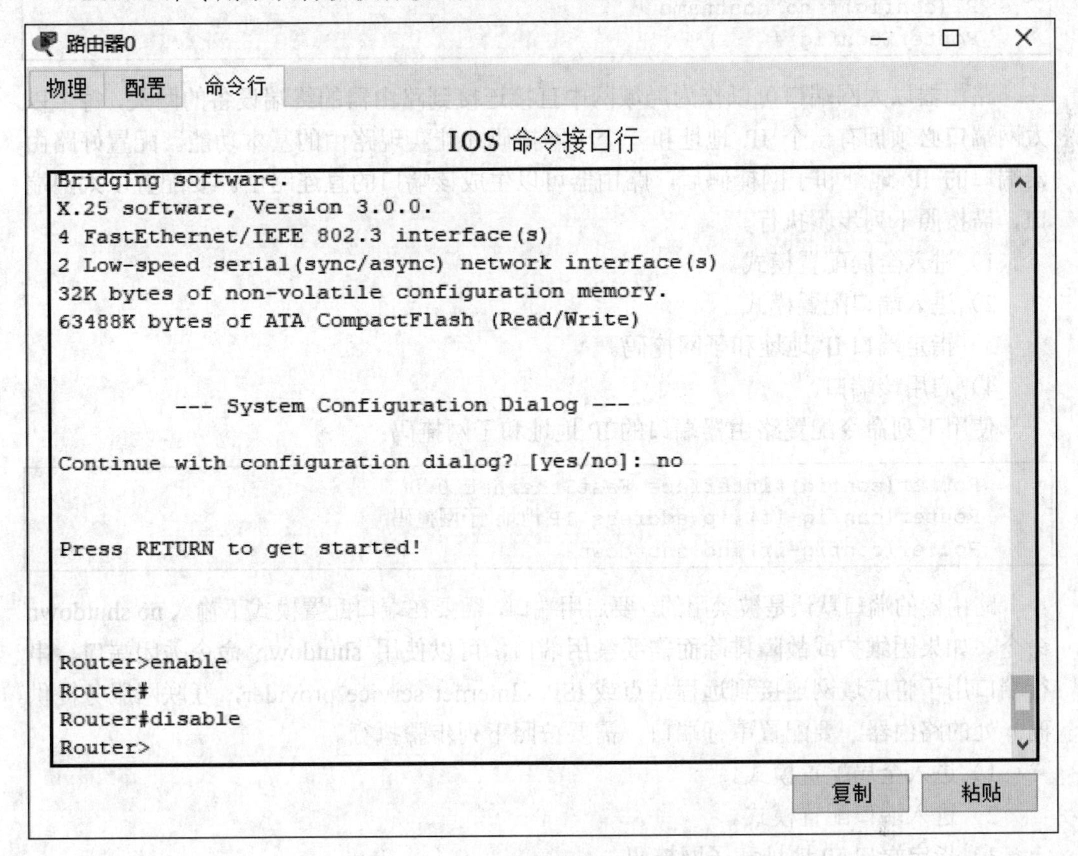

图 3-17　用户执行模式和特权执行模式间的切换

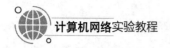

在特权执行模式中输入 configure terminal 命令，进入全局配置模式：

```
Router#configure terminal
```

命令执行后，提示符会变为：

```
Router(config)#
```

在全局配置模式下，可以更改路由器的名字。例如，将路由器的名字改为 R1：

```
Router(config)#hostname R1
```

命令执行后，提示符会变为：

```
R1(config)#
```

要退出全局配置模式，可以使用 exit 命令。如果想撤销执行过的命令，可以在该命令前面添加 no 关键字。例如，要删除路由器 R1 的名字，可以使用如下命令：

```
R1(config)# no hostname
Router(config)#
```

路由器以太网端口可以作为局域网中直接连接到路由器的终端设备的网关，每个以太网端口必须拥有一个 IP 地址和一个子网掩码才能实现路由的基本功能。配置好路由器端口的 IP 地址和子网掩码后，路由器可以生成该端口的直连路由。要配置以太网端口，需按照下列步骤执行。

1）进入全局配置模式。

2）进入端口配置模式。

3）指定端口 IP 地址和子网掩码。

4）启用该端口。

使用下列命令配置路由器端口的 IP 地址和子网掩码：

```
Router(config)#interface FastEthernet 0/0
Router(config-if)#ip address IP 地址 子网掩码
Router(config-if)#no shutdown
```

路由器的端口默认是被禁用的。要启用端口，需要在端口配置模式下输入 no shutdown 命令。如果因维护或故障排除而需要禁用端口，可以使用 shutdown 命令关闭端口。串行端口用于将广域网连接到远程站点或 ISP（Internet service provider，互联网服务提供商）处的路由器。要配置串行端口，需要按照下列步骤执行。

1）进入全局配置模式。

2）进入端口配置模式。

3）指定端口 IP 地址和子网掩码。

4）如果连接了 DCE（data communication equipment，数据通信设备）电缆，需要

设置时钟频率；如果连接了 DTE（data terminal equipment，数据终端设备）电缆，可以跳过此步骤。

5）打开该端口。

连接的每个以太网端口必须拥有一个 IP 地址和一个子网掩码才能实现路由功能。可通过下列命令配置 IP 地址和子网掩码：

```
Router(config)#interface Serial 0/1
Router(config-if)#ip address IP地址 子网掩码
```

串行端口需要时钟信号来控制通信定时。在大多数环境中，如 CSU/DSU 等 DCE 设备会提供时钟。默认情况下，Cisco 路由器是 DTE 设备，但它们可被配置为 DCE 设备。

在直接互联的串行链路上（如在实验设备中），其中一端必须作为 DCE 提供时钟信号。时钟功能的启用及其速度通过 clock rate 命令进行设定。特定串行端口可能不提供某些比特率，在实验中，如果需要为确定为 DCE 的端口设置时钟频率，可以使用 64000 的时钟频率。设置时钟频率及启用串行端口的命令如下：

```
Router(config)#interface Serial 0/1
Router(config-if)#clock rate 64000
Router(config-if)#no shutdown
```

（3）常用检查命令

一旦更改了路由器配置，便需要使用 show 命令验证更改的准确性，并将更改后的配置保存为启动配置。例如，show interfaces 命令用于显示设备上所有端口的统计信息。要查看某个具体端口的统计信息，可以输入 show interfaces 命令，后面跟上具体的端口号，如：

```
Router#show interfaces serial 0/1
```

show interfaces 命令用于显示与当前加载的软件版本及硬件和设备相关的信息，命令显示的部分信息如下：

```
软件版本— IOS 软件版本（存储在闪存中）
Bootstrap 版本— Bootstrap 版本（存储在引导 ROM 中）
系统持续运行时间—自上次重新启动以来的时间
系统重新启动信息—重新启动方法（例如，重新通电或崩溃）
软件映像名称—存储在闪存中的 IOS 文件名
路由器类型和处理器类型—型号和处理器类型
存储器类型和分配情况（共享/主）—主处理器内存和共享数据包输入/输出缓冲区
软件功能—支持的协议/功能集
硬件接口—路由器上提供的接口
配置寄存器—用于确定启动规范、控制台速度设置和相关参数
```

与 show interfaces 命令类似的还有如下命令：

1）show arp：用于显示设备的 ARP（address resolution protocol，地址解析协议）表。

2）show mac-address-table：仅适用于交换机，用于显示交换机的MAC表。

3）show startup-config：用于显示保存在NVRAM（non-volatile random access memory，非易失性随机存取存储器）中的配置。

4）show running-config：用于显示当前运行配置文件的内容、特定接口的配置或映射类别信息。

当命令返回的输出无法在一个屏幕内显示完全时，屏幕底部会出现“--More--”提示符。当出现“--More--”提示符时，按Space键可查看输出的下一部分。

二、实验目的

掌握路由器的基本配置命令及其含义。

三、实验准备

1）PC物理机1台。

2）Packet Tracer模拟器：Router 1台、PC 3台、连接线若干。

四、实验内容

根据图3-18所示拓扑连线，完成路由器和主机配置，测试并实现主机通信。

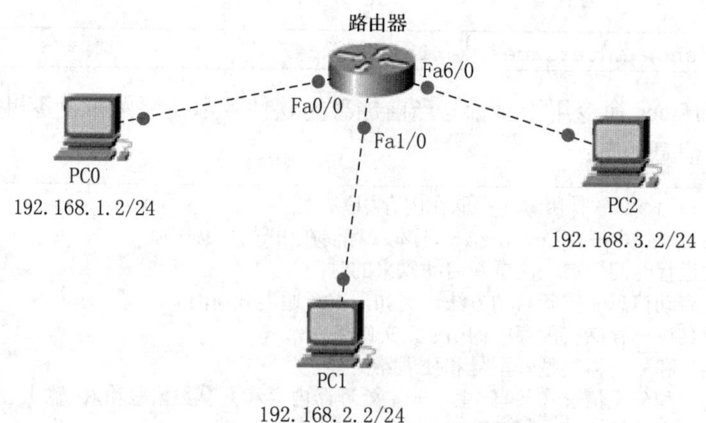

图3-18　路由器基本配置网络拓扑

五、实验步骤

步骤1　按照图3-18所示连线，配置完成主机基本信息后，进入路由器管理界面。

步骤2　路由器命令行操作模式及模式间的切换：

```
Router>enable                    //进入特权执行模式
Password:                        //输入密码
Router#configure terminal        //进入全局配置模式
Router(config)#interface fastEthernet 1/0 //进入路由器Fa1/0的接口模式
Router(config-if)#exit           //退回上一级全局配置模式
Router(config)#exit              //退回上一级特权执行模式
Router#disable
      //退回上一级用户执行模式。如果用exit命令，则路由器重启后进入用户执行模式
Router(config-if)#end            //在接口模式下直接退回特权执行模式
```

步骤3　配置路由器各端口：

```
Router>en
Router#conf t
Router(config)#interface fastEthernet 0/0 //进入路由器Fa0/0的接口模式
Router(config-if)#ip address 192.168.1.1 255.255.255.0
                                          //为端口配置IP地址和子网掩码
Router(config-if)#no shut                 //开启端口
%LINK-5-CHANGED: Interface FastEthernet0/0, changed state to up
%LINEPROTO-5-UPDOWN: Line protocol on Interface FastEthernet0/0,
changed state to up
Router(config-if)#exit
Router(config)#interface fastEthernet 1/0
Router(config-if)#ip address 192.168.2.1 255.255.255.0
Router(config-if)#no shut
%LINK-5-CHANGED: Interface FastEthernet1/0, changed state to up
%LINEPROTO-5-UPDOWN: Line protocol on Interface FastEthernet1/0,
changed state to up
Router(config-if)#exit
Router(config)#interface fastEthernet 6/0
Router(config-if)#ip address 192.168.3.1 255.255.255.0
Router(config-if)#no shut
%LINK-5-CHANGED: Interface FastEthernet6/0, changed state to up
%LINEPROTO-5-UPDOWN: Line protocol on Interface FastEthernet6/0,
changed state to up
Router(config-if)#end
Router#show running-config
```

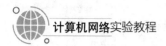

步骤 4 验证测试各主机 ping 情况，最终 3 台主机互相通信。

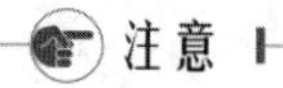

不要忘记配置主机的网关，网关为该主机连接路由器端口的 IP 地址。

实验 3.3 配置静态路由

一、背景知识

路由器的主要工作是为经过路由器的每个数据包寻找一条最佳传输路径，并将数据包有效地传送到目的站点。由此可见，选择最佳路径的策略即路由算法是路由器的关键所在。为了完成这项工作，在路由器中保存着各种传输路径的相关数据——路由表，供路由选择时使用。路由表可以由系统管理员固定设置好，也可以由系统根据路由选择协议动态生成。

1. 路由表的组成

1）目的网络地址：用于表述 IP 数据报要到达的目的逻辑网络或子网地址。

2）掩码：与目的地址一起标识目的主机或路由器所在网络的网络地址，将目的地址和网络掩码“逻辑与”后可得到目的主机或路由器所在网络的网络地址。

3）下一跳地址：与承载路由表的路由器相接、相邻的路由器端口地址。下一跳地址也被称为路由器的网关地址。

4）发送的物理端口：数据包离开本路由器去往目的地过程中经过的端口。

5）路由信息的来源：路由表可以由管理员手动建立（静态路由），也可以由路由选择协议自动建立并维护（动态路由）。

6）路由优先级：决定了来自不同路由的路由信息优先权。

7）度量值：表示选择一条路径可能需要付出的代价。

2. 路由表的产生方式

1）直连路由：给路由器端口直接配置 IP 地址和子网掩码后，路由器会自动产生本端口 IP 所在网段的直连路由信息。

2）静态路由：通过手动方式配置本路由器未知网段的路由信息，适用于网络拓扑结构简单的网络。此种方式的优点是路由的开销较小，缺点是不能实时适应网络拓扑变化。

3）动态路由：通过在路由器上运行动态路由协议，如 RIP（routing information protocol，路由信息协议）、OSPF（open shortest path first，开放式最短路径优先）协议等，使路由器之间互相自动学习，产生路由信息。动态路由适用于较大规模网络或网络拓扑相对复杂的情况，其优点是可以动态地适应网络拓扑的变化，缺点是路由的开销较大。

二、实验目的

1）掌握静态路由的配置方法。
2）理解路由表的作用和原理。

三、实验准备

1）PC 物理机 1 台。
2）Packet Tracer 模拟器：Router 2 台、PC 2 台、连接线若干。

四、实验内容

1）根据图 3-19 所示拓扑配置主机 IP、子网掩码、默认网关等信息。

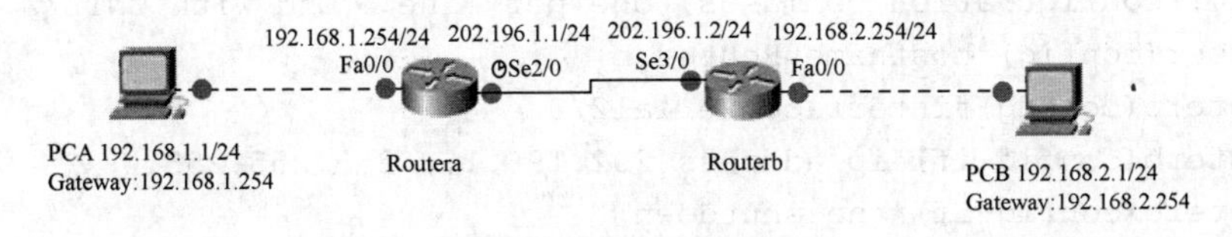

图 3-19 静态路由拓扑

2）配置路由端口 IP 地址等信息，完成 2 条静态路由配置，实现 2 台主机最终的互联通信。

五、实验步骤

在图 3-19 所示的网络中，Routera 和 Routerb 连接了 192.168.1.0/24、192.168.2.0/24 和 202.196.1.0/24 共 3 个网段，通过在 2 台路由器上配置静态路由，实现 3 个网段互通。对于 Routera，192.168.1.0、202.196.1.0 网段属于直连网段，不需要配置，只配置到达 192.168.2.0 网段的路由即可；同理，在 Routerb 上只配置到达 192.168.1.0 网段的路由即可。最后，PCA、PCB 两台主机使用 ping 命令验证通信。

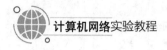

步骤 1 参照图 3-19 所示拓扑连线，配置 PCA 和 PCB 的 IP 地址、子网掩码和网关。

步骤 2 基本配置。

1）Routera 基本配置：

```
Router>enable
Router#configure terminal
Enter configuration commands, one per line.  End with CNTL/Z.
Router(config)#hostname Router a
Routera(config)#interface FastEthernet0/0
Routera(config-if)#ip address 192.168.1.254 255.255.255.0
Routera(config-if)#no shutdown
Routera(config-if)#exit
Routera(config)#interface Serial2/0
Routera(config-if)#ip address 202.196.1.1 255.255.255.0
Routera(config-if)#clock rate 64000
Routera(config-if)#no shutdown
Routera(config-if)#end
Routera#show ip interface brief         //参数brief表示查看端口IP的概况
```

2）Routerb 基本配置：

```
Router>enable
Router#configure terminal
Enter configuration commands, one per line.  End with CNTL/Z.
Router(config)#hostname Router b
Routerb(config)#interface Serial2/0
Routerb(config-if)#ip address 202.196.1.2 255.255.255.0
Routerb(config-if)# no shutdown
Routerb(config-if)#exit
Routerb(config)#interface FastEthernet0/0
Routerb(config-if)#ip address 192.168.2.254 255.255.255.0
Routerb(config-if)#no shutdown
Routerb(config-if)#end
Routerb# show ip interface brief        //参数brief表示查看端口IP的概况
```

步骤 3 静态路由配置。在 Routera 上配置到达 192.168.2.0 网段的静态路由：

```
Routera(config)#ip route 192.168.2.0 255.255.255.0 202.196.1.2
Routera(config)#end
Routera#show ip route                   //查看路由表
Codes: C - connected, S - static, I - IGRP, R - RIP, M - mobile, B - BGP
```

```
       D - EIGRP, EX - EIGRP external, O - OSPF, IA - OSPF inter area
       N1 - OSPF NSSA external type 1, N2 - OSPF NSSA external type 2
E1 - OSPF external type 1, E2 - OSPF external type 2, E - EGP
i - IS-IS, L1 - IS-IS level-1, L2 - IS-IS level-2, ia - IS-IS inter area
      * - candidate default, U - per-user static route, o - ODR
      P - periodic downloaded static route
Gateway of last resort is not set
C    192.168.1.0/24 is directly connected, FastEthernet0/0
S    192.168.2.0/24 [1/0] via 202.196.1.2
C    202.196.1.0/24 is directly connected, Serial2/0
```

在 Routerb 上配置到达 192.168.1.0 网段的静态路由：

```
Routerb#configure terminal
Routerb(config)#ip route 192.168.1.0 255.255.255.0 202.196.1.1
Routerb(config)#end
Routerb#show ip route                              //查看路由表
Codes: C - connected, S - static, I - IGRP, R - RIP, M - mobile, B - BGP
       D - EIGRP, EX - EIGRP external, O - OSPF, IA - OSPF inter area
       N1 - OSPF NSSA external type 1, N2 - OSPF NSSA external type 2
E1 - OSPF external ty pe 1, E2 - OSPF external type 2, E - EGP
i - IS-IS, L1 - IS-IS level-1, L2 - IS-IS level-2, ia - IS-IS inter area
      * - candidate default, U - per-user static route, o - ODR
      P - periodic downloaded static route
Gateway of last resort is not set
S    192.168.1.0/24 [1/0] via 202.196.1.1
C    192.168.2.0/24 is directly connected, FastEthernet0/0
C    202.196.1.0/24 is directly connected, Serial3/0
```

步骤 4　测试两台主机是否通信。PCA 与 PCB 可 ping 通，如图 3-20 所示，说明两台主机可通信。

```
Pinging 192.168.1.1 with 32 bytes of data:

Reply from 192.168.1.1: bytes=32 time=20ms TTL=126
Reply from 192.168.1.1: bytes=32 time=20ms TTL=126
Reply from 192.168.1.1: bytes=32 time=20ms TTL=126
Reply from 192.168.1.1: bytes=32 time=20ms TTL=126

Ping statistics for 192.168.1.1:
    Packets: Sent = 4, Received = 4, Lost = 0 (0% loss),
Approximate round trip times in milli-seconds:
    Minimum = 20ms, Maximum = 20ms, Average = 20ms
```

图 3-20　PCB 与 PCA 可 ping 通

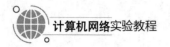

如需要删除静态路由，可使用如下命令：

```
Routera(config)# no ip route 192.168.2.0 255.255.255.0
```

实验 3.4 配置单臂路由

一、背景知识

单臂路由是指在路由器的一个端口上通过配置子端口（或“逻辑端口”，并不存在真正物理端口）的方式，实现原来相互隔离的不同 VLAN 之间的互联互通。

二、实验目的

掌握通过单臂路由的方式实现 VLAN 间通信配置的方法。

三、实验准备

1）PC 物理机 1 台。

2）Packet Tracer 模拟器：SW2960 交换机 1 台、Router 1 台、PC 4 台、连接线若干。

四、实验内容

1）根据图 3-21 所示拓扑构建网络，完成各设备基本信息配置。

2）在路由器 Fa1/0 端口上分别为两个 VLAN 配置管理子端口并分配 IP。

3）利用路由器的路由功能使它们之间可以通信。

五、实验步骤

步骤 1　根据图 3-21 所示拓扑构建网络，配置计算机的 IP 地址、子网掩码和网关，建立相应 VLAN。

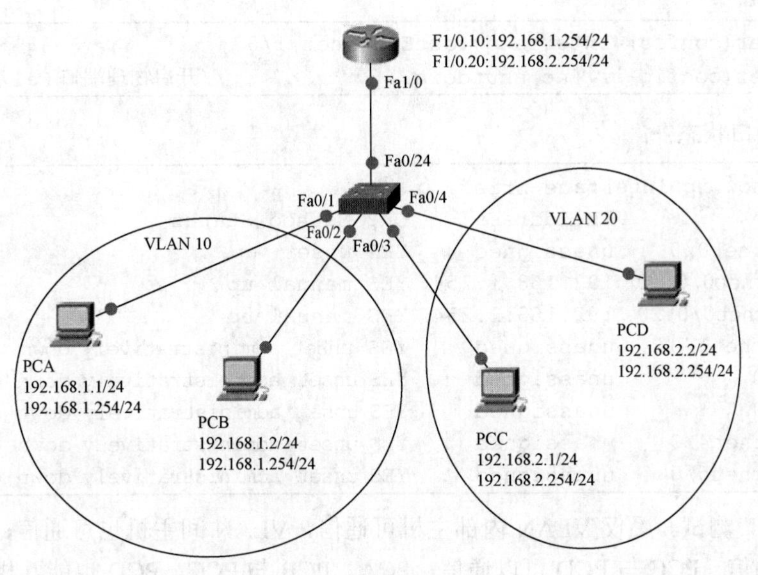

图 3-21 单臂路由拓扑

步骤 2 switch 基本配置：

```
switch(config)#interface range fastEthernet 0/1-2 //将Fa0/1-2口划为VLAN 10
switch(config-if)#switchport access vlan 10
switch(config-if)#exit
switch(config)#interface fastEthernet 0/3-4     //将Fa0/3-4口划为VLAN 20
switch(config-if)#switchport access vlan 20
switch(config-if)#exit
switch(config)#interface fastEthernet 0/24      //将Fa0/24口设为Trunk模式
switch(config-if)#switchport mode trunk
switch(config-if)#end
```

测试：只有同一个 VLAN 内的计算机可通信。

步骤 3 在路由器上配置子端口：

```
Router(config)#interface fastEthernet 1/0.10//进入子端口Fa1/0.10配置模式
Router(config-subif)#encapsulation dot1q 10 //封装802.1Q并指定VLAN号为10
Router(config-subif)#ip address 192.168.1.254 255.255.255.0
                                          //配置子端口Fa1/0.10的IP地址
Router(config-subif)#no shutdown
Router(config-subif)#exit
Router(config)#interface fastEthernet 1/0.20//进入子端口Fa1/0.20配置模式
Router(config-subif)#encapsulation dot1q 20//封装802.1Q并指定VLAN号为20
Router(config-subif)#ip address 192.168.2.254 255.255.255.0
                                          //配置子端口Fa1/0.20的IP地址
Router(config-subif)#no shutdown
Router(config-subif)#exit
```

```
Router(config)#interface fastEthernet 1/0
Router(config-if)#no shutdown                    //开启物理端口 Fa1/0
```

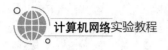

查看端口状态：

```
Router#show ip interface brief
Interface            IP-Address      OK? Method Status                Protocol
FastEthernet0/0      unassigned      YES unset  up                    up
FastEthernet0/0.10   192.168.1.254   YES manual up                    up
FastEthernet0/0.20   192.168.2.254   YES manual up                    up
FastEthernet1/0      unassigned      YES unset administratively down  down
Serial2/0            unassigned      YES unset administratively down  down
Serial3/0            unassigned      YES unset administratively down  down
FastEthernet4/0      unassigned      YES unset administratively down  down
FastEthernet5/0      unassigned      YES unset administratively down  down
```

步骤 4 测试。不仅 VLAN 内部主机可通信，VLAN 间主机也可通信，即 PCA 与 PCB 可以通信，PCC 与 PCD 可以通信，PCA、PCB 与 PCC、PCD 也能互相通信。

注意

删除子端口命令如下：

```
Router(config)#no interface fastEthernet 1/0.10
Router(config)#no interface fastEthernet 1/0.20
```

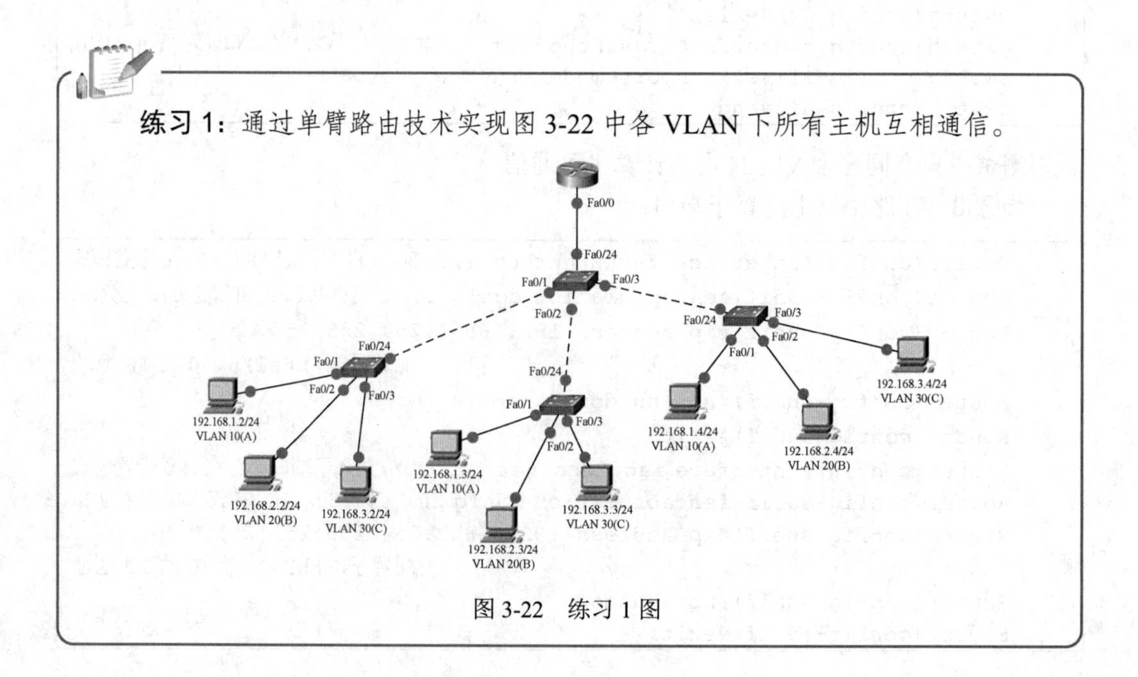

图 3-22 练习 1 图

练习2：通过单臂路由技术和静态路由技术实现图3-23中所有主机互相通信。

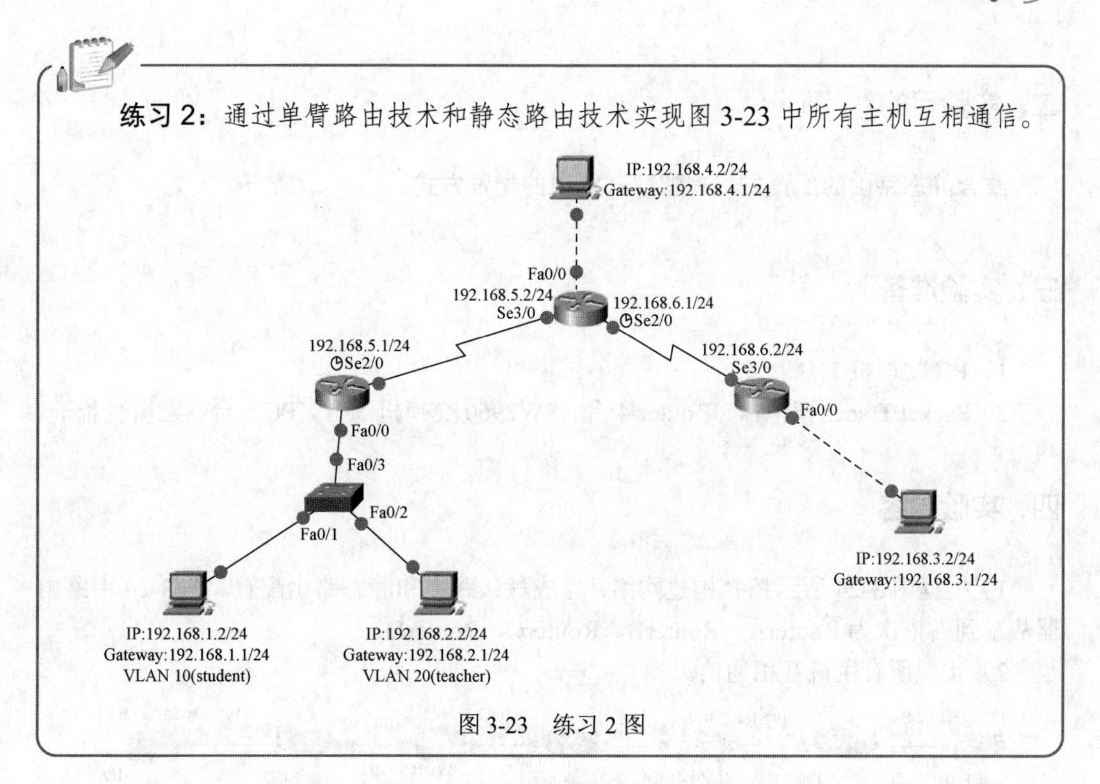

图3-23 练习2图

实验3.5 配置默认路由

一、背景知识

默认路由是路由器根据IP数据报中的目的地址找不到存在的其他路由时所选择的路由。目的地不在路由器的路由表里的所有数据包都会使用默认路由。这条路由一般会连接到另外一个路由器，而这个路由器的路由表中如果存在该数据包的目的地址匹配项，则数据包会被转发到该匹配项对应的路由下一跳；如果这个路由器也存在默认路由，数据包就会被转发到默认路由，从而到达另一个路由器。每次转发，路由都增加了一跳的距离。

默认路由的配置方式与静态路由相同，但需要将目标地址变为0.0.0.0，子网掩码也变为0.0.0.0，代表所有网络。在路由匹配时，只有路由表中的其他表项都不匹配时才选择默认路由。默认路由可手动配置，也可由路由协议产生。

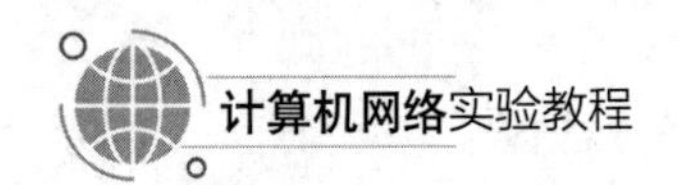

二、实验目的

结合静态路由的配置方式理解默认路由的配置方式。

三、实验准备

1）PC 物理机 1 台。

2）Packet Tracer 模拟器：Router 4 台、SW2960 交换机 5 台、PC 5 台、连接线若干。

四、实验内容

1）根据图 3-24 所示拓扑构建网络，完成默认路由和静态路由配置。图 3-24 中路由器从左到右依次为 RouterA、RouterB、RouterC、RouterD。

2）实现所有主机互相通信。

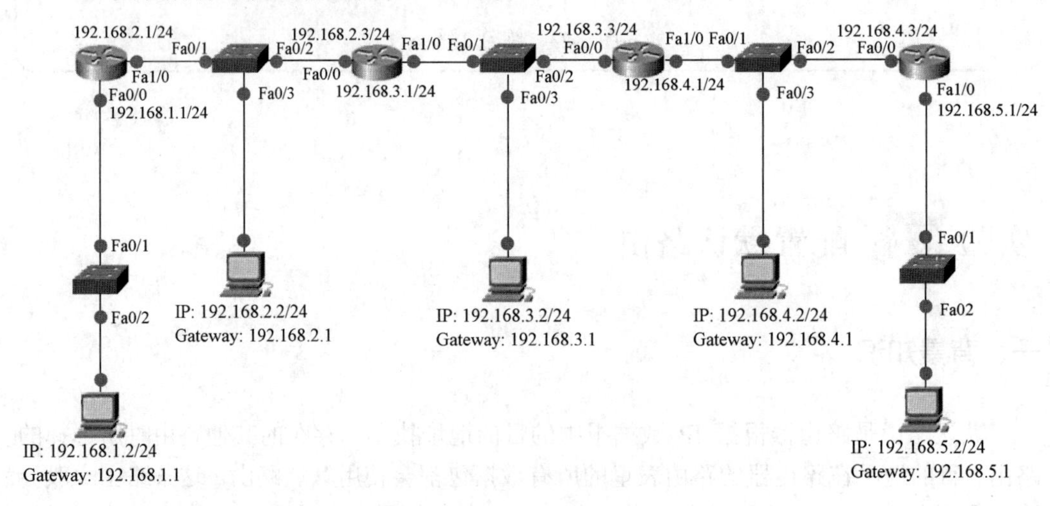

图 3-24　默认路由配置拓扑

五、实验步骤

步骤 1　根据图 3-24 所示拓扑构建网络，配置计算机的 IP 地址、子网掩码和网关等信息。

步骤 2　配置各静态路由与默认路由。

1）在 RouterA 上配置默认路由：

```
RouterA#conf t
RouterA(config)#ip route 0.0.0.0 0.0.0.0 192.168.2.3
RouterA(config)#end
RouterA#sh ip route
Codes: C - connected, S - static, I - IGRP, R - RIP, M - mobile, B - BGP
       D - EIGRP, EX - EIGRP external, O - OSPF, IA - OSPF inter area
       N1 - OSPF NSSA external type 1, N2 - OSPF NSSA external type 2
E1 - OSPF external type 1, E2 - OSPF external type 2, E - EGP
i - IS-IS, L1 - IS-IS level-1, L2 - IS-IS level-2, ia - IS-IS inter area
       * - candidate default, U - per-user static route, o - ODR
       P - periodic downloaded static route
Gateway of last resort is 192.168.2.3 to network 0.0.0.0
C    192.168.1.0/24 is directly connected, FastEthernet0/0
C    192.168.2.0/24 is directly connected, FastEthernet1/0
S*   0.0.0.0/0 [1/0] via 192.168.2.3
```

2）在 RouterB 上配置静态路由和默认路由：

```
RouterB>en
RouterB#conf t
RouterB(config)#ip route 192.168.1.0 255.255.255.0 192.168.2.1
RouterB(config)#ip route 0.0.0.0 0.0.0.0 192.168.3.3
RouterB(config)#end
RouterB#sh ip route
Codes: C - connected, S - static, I - IGRP, R - RIP, M - mobile, B - BGP
       D - EIGRP, EX - EIGRP external, O - OSPF, IA - OSPF inter area
       N1 - OSPF NSSA external type 1, N2 - OSPF NSSA external type 2
       E1 - OSPF external type 1, E2 - OSPF external type 2, E - EGP
       i - IS-IS,L1 - IS-IS level-1,L2 - IS-IS level-2,ia - IS-IS inter area
       * - candidate default, U - per-user static route, o - ODR
       P - periodic downloaded static route
Gateway of last resort is 192.168.3.3 to network 0.0.0.0
S    192.168.1.0/24 [1/0] via 192.168.2.1
C    192.168.2.0/24 is directly connected, FastEthernet0/0
C    192.168.3.0/24 is directly connected, FastEthernet1/0
S*   0.0.0.0/0 [1/0] via 192.168.3.3
```

3）在 RouterC 上配置静态路由和默认路由：

```
RouterC(config)#ip route 192.168.1.0 255.255.255.0 192.168.3.1
RouterC(config)#ip route 192.168.2.0 255.255.255.0 192.168.3.1
RouterC(config)#ip route 0.0.0.0 0.0.0.0 192.168.4.3
RouterC(config)#end
```

```
RouterC#sh ip route
Codes: C - connected, S - static, I - IGRP, R - RIP, M - mobile, B - BGP
       D - EIGRP, EX - EIGRP external, O - OSPF, IA - OSPF inter area
       N1 - OSPF NSSA external type 1, N2 - OSPF NSSA external type 2
       E1 - OSPF external type 1, E2 - OSPF external type 2, E - EGP
       i - IS-IS,L1 - IS-IS level-1,L2 - IS-IS level-2,ia - IS-IS inter area
       * - candidate default, U - per-user static route, o - ODR
       P - periodic downloaded static route
Gateway of last resort is 192.168.4.3 to network 0.0.0.0
S    192.168.1.0/24 [1/0] via 192.168.3.1
S    192.168.2.0/24 [1/0] via 192.168.3.1
C    192.168.3.0/24 is directly connected, FastEthernet0/0
C    192.168.4.0/24 is directly connected, FastEthernet1/0
S*   0.0.0.0/0 [1/0] via 192.168.4.3
```

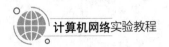

4）在 RouterD 上配置静态路由：

```
RouterD(config)#ip route 192.168.1.0 255.255.255.0 192.168.4.1
RouterD(config)#ip route 192.168.2.0 255.255.255.0 192.168.4.1
RouterD(config)#ip route 192.168.3.0 255.255.255.0 192.168.4.1
```

步骤 3 测试各网段主机是否能够互通。

练习

按照图 3-25 所示拓扑搭建并配置网络，使用默认路由和静态路由配置方式实现全部主机互相通信。

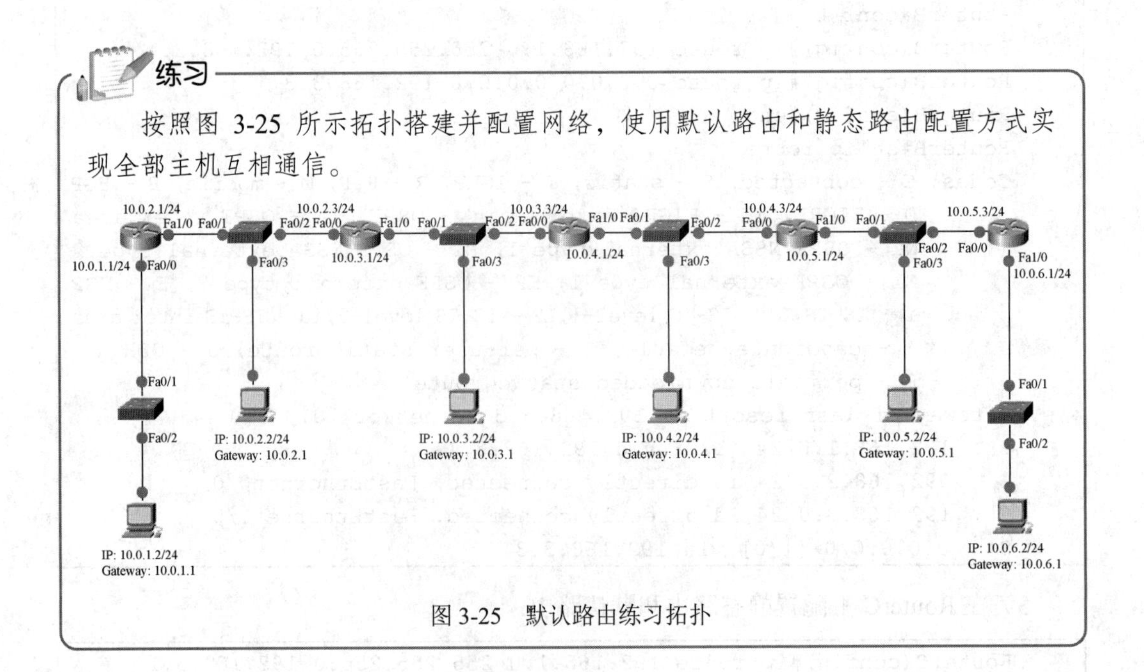

图 3-25 默认路由练习拓扑

实验3.6 配置RIP

一、背景知识

RIP是一种分布式的基于距离向量的路由选择协议，它的最大优点就是简单。

RIP要求网络中的每一个路由器都必须维护一个它自己到其他目的网络的距离记录，即距离向量。RIP规定从路由器可以直接到达的网络的距离为1；从路由器到其他网络，每经过一跳路由器，距离就加1，与TTL相似。RIP还规定一条路径最多只能经过15跳路由器，即距离为16的网络相当于不可到达。从这里可以看出，RIP只能在小型互联网中使用。

RIP不能在两个网络之间使用多条路由，即到某个网络只能存在一条路径，而且要求这条路径经过的路由器最少。RIP是根据距离来判断到某一个网络的路径的，所以即使存在一条高速但距离长的路径，RIP也不会选择它，这是RIP的缺点。

1. RIP的工作特点

1）只和相邻的路由器交换信息，不相邻的路由器不交换信息。

2）路由器交换的信息指的是当前路由器所知道的全部信息，即路由表。RIP的路由表项包括目的网络、到某个网络的最短路径及下一跳地址。

3）路由器按固定的时间交换信息，如每隔30s交换一次信息。

2. RIP的工作原理

如图3-26所示，当某一路由器收到相邻路由器（其地址为X）的一个RIP报文时，它将按如下流程进行更新。

1）修改此RIP报文中的所有项目：把“下一跳”字段中的地址都改为X，并把所有“距离”字段的值加1。

2）对修改后的RIP报文中的每一个项目重复以下步骤：若项目中的目的网络不在路由表中，则把该项目加到路由表中。若下一跳字段给出的路由器地址是同样的，则用收到的项目替换原路由表中的项目。若收到项目中的距离小于路由表中的距离，则进行更新；否则，什么也不做。

3）若过了3min还没有收到相邻路由器的更新路由表，则把此相邻路由器记为不可达路由器，即将距离配置为16。

4）返回。

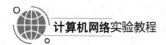

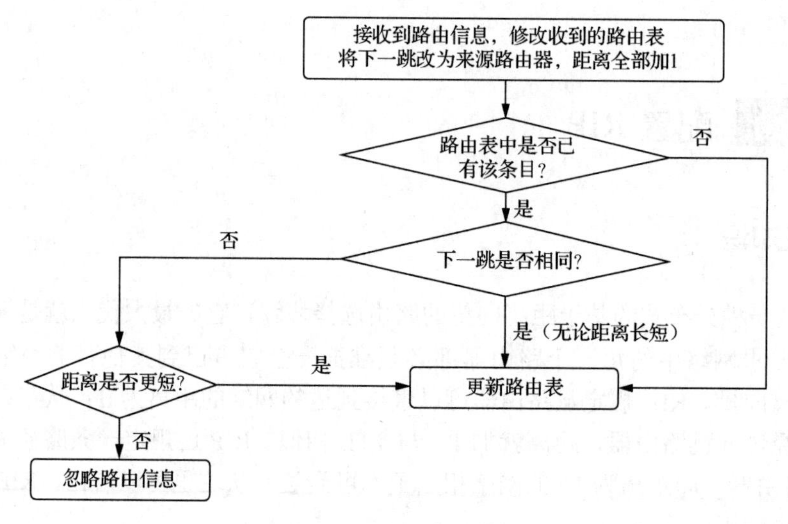

图 3-26 RIP 工作原理

二、实验目的

掌握 RIP 的基本配置。

三、实验准备

1）PC 物理机 1 台。

2）Packet Tracer 模拟器：Router 2 台、PC 2 台、连接线若干。

四、实验内容

1）根据图 3-27 所示拓扑构建网络，配置主机及路由基本信息。

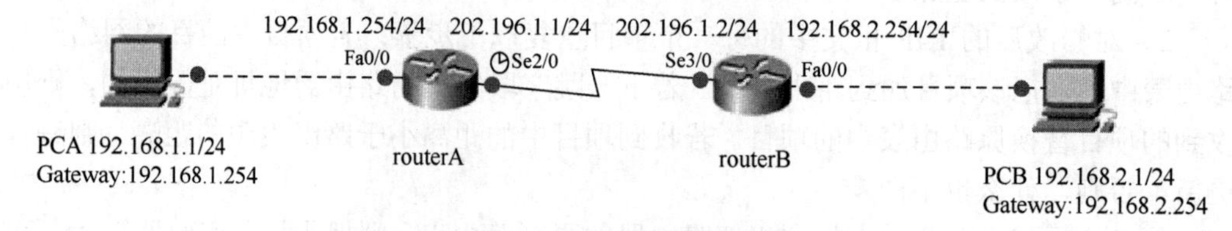

图 3-27 RIP 路由协议拓扑

2）配置 RIP，实现主机互相通信。

五、实验步骤

步骤1 参照图3-27所示拓扑连线，配置PCA和PCB的IP地址、子网掩码和网关。

步骤2 基本配置。

1）routerA的基本配置：

```
routerA(config)#int fa0/0
routerA(config-if)#ip add 192.168.1.254 255.255.255.0
                                           //在端口 Fa0/0 上配置 IP
routerA(config-if)#no shutdown            //开启端口
routerA(config-if)#exit
routerA(config)#int s2/0
routerA(config-if)#ip add 202.196.1.1 255.255.255.0//在端口 s2/0 上配置 IP
routerA(config-if)#clock rate 64000       //在 DCE 端配置时钟速率
routerA(config-if)#no shutdown            //开启端口
routerA(config-if)#end
routerA#show ip interface brief           //查看端口 IP 信息
Interface          IP-Address      OK? Method Status                Protocol
FastEthernet0/0    192.168.1.254   YES manual up                    up
FastEthernet1/0    unassigned      YES unset  administratively down down
Serial2/0          202.196.1.1     YES manual up                    up
Serial3/0          unassigned      YES unset  administratively down down
FastEthernet4/0    unassigned      YES unset  administratively down down
FastEthernet5/0    unassigned      YES unset  administratively down down
```

2）routerB的基本配置：

```
routerB(config)#int s3/0
routerB(config-if)#ip add 202.196.1.2 255.255.255.0
                                   //在端口 s3/0 上配置 IP
routerB(config-if)#no shutdown     //开启端口
routerB(config-if)#exit
routerB(config)#int fa0/0
routerB(config-if)#ip add 192.168.2.254 255.255.255.0
                                   //在端口 Fa0/0 上配置 IP
routerB(config-if)# no shutdown    //开启端口
routerB(config-if)#end
routerB#show ip interface brief    //查看端口 IP 信息
Interface          IP-Address      OK? Method Status                Protocol
FastEthernet0/0    192.168.2.254   YES manual up                    up
FastEthernet1/0    unassigned      YES unset  administratively down down
Serial2/0          unassigned      YES unset  administratively down down
Serial3/0          202.196.1.2     YES manual up                    up
FastEthernet4/0    unassigned      YES unset  administratively down down
FastEthernet5/0    unassigned      YES unset  administratively down down
```

步骤 3 RIP 配置。

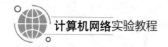

1）在 routerA 上配置 RIPv2：

```
routerA(config)# router rip                        //开启 RIP 进程
routerA(config-router)#network 192.168.1.0         //声明 routerA 的直连网段
routerA(config-router)#network 202.196.1.0
routerA(config-router)#version 2                   //定义 RIP v2
routerA(config-router)#end
```

2）在 routerB 上配置 RIPv2：

```
routerB(config)# router rip                        //开启 RIP 进程
routerB(config-router)#version 2                   //定义 RIP v2
routerB(config-router)#network 192.168.2.0         //声明 routerB 的直连网段
routerB(config-router)#network 202.196.1.0
```

3）查看路由表：

```
routerA#show ip route                                   //查看 routerA 的路由表
Codes: C - connected, S - static, I - IGRP, R - RIP, M - mobile, B - BGP
       D - EIGRP, EX - EIGRP external, O - OSPF, IA - OSPF inter area
       N1 - OSPF NSSA external type 1, N2 - OSPF NSSA external type 2
E1 - OSPF external type 1, E2 - OSPF external type 2, E - EGP
i - IS-IS, L1 - IS-IS level-1, L2 - IS-IS level-2, ia - IS-IS inter area
       * - candidate default, U - per-user static route, o - ODR
       P - periodic downloaded static route
Gateway of last resort is not set
C    192.168.1.0/24 is directly connected, FastEthernet0/0
R    192.168.2.0/24 [120/1] via 202.196.1.2, 00:00:19, Serial2/0
C    202.196.1.0/24 is directly connected, Serial2/0
routerB#show ip route                                   //查看 routerB 的路由表
Codes: C - connected, S - static, I - IGRP, R - RIP, M - mobile, B - BGP
       D - EIGRP, EX - EIGRP external, O - OSPF, IA - OSPF inter area
       N1 - OSPF NSSA external type 1, N2 - OSPF NSSA external type 2
E1 - OSPF external type 1, E2 - OSPF external type 2, E - EGP
i - IS-IS, L1 - IS-IS level-1, L2 - IS-IS level-2, ia - IS-IS inter area
       * - candidate default, U - per-user static route, o - ODR
       P - periodic downloaded static route
Gateway of last resort is not set
R    192.168.1.0/24 [120/1] via 202.196.1.1, 00:00:02, Serial3/0
C    192.168.2.0/24 is directly connected, FastEthernet0/0
C    202.196.1.0/24 is directly connected, Serial3/0
```

步骤 4 验证测试。PCA 与 PCB 可互相 ping 通。

在路由器上删除 RIP 可以使用如下命令：

```
no router rip
```

注意

RIP 在声明网段时要声明本路由器的直连网段，不要声明非直连网段。

练习

按图 3-28 所示拓扑连线，用 RIP 实现网络互联功能。

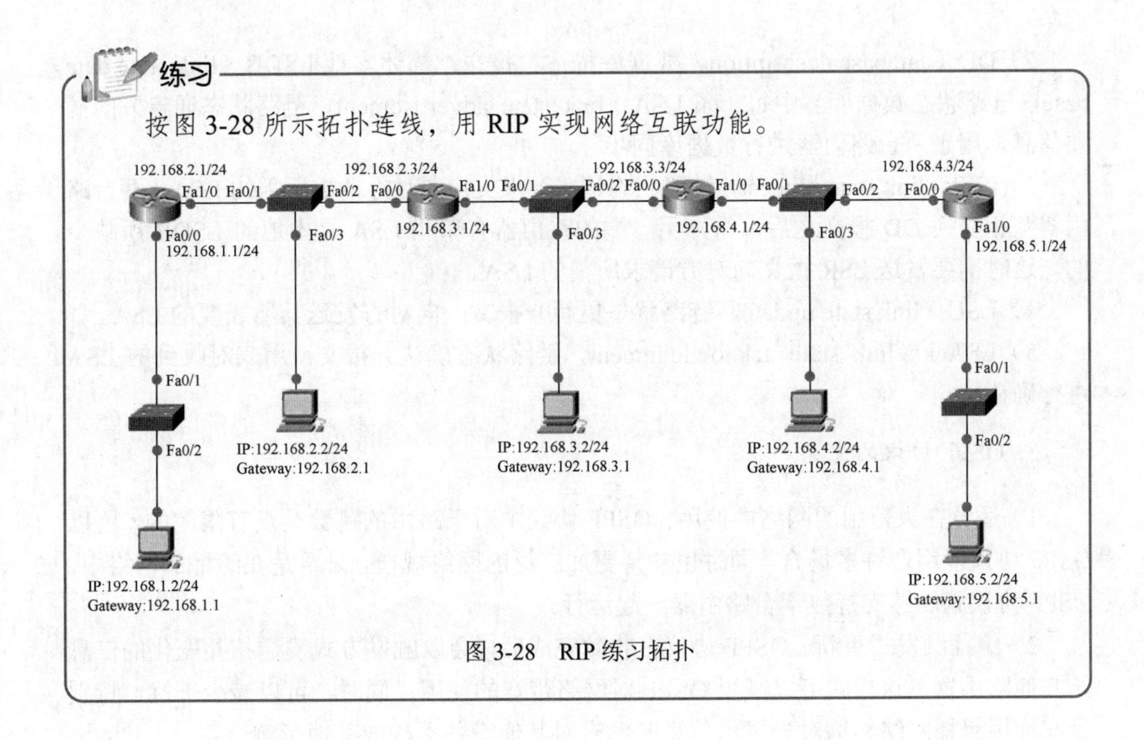

图 3-28 RIP 练习拓扑

实验 3.7 配置单区域 OSPF 协议

一、背景知识

1. OSPF 协议概念

OSPF 协议是一个内部网关协议（interior gateway protocol，IGP），用于在单一自治系统（autonomous system，AS）内决策路由。OSPF 协议是对链路状态路由协议的一种实现，隶属内部网关协议，故运作于自治系统内部。OSPF 协议支持负载均衡和基于服务类型的选路，也支持多种路由形式。

2. OSPF 协议类型

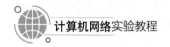

1）Hello 报文：周期性发送，用来发现和维持 OSPF 协议邻居关系，以及进行 DR（designated router，指定路由器）/BDR（backup designated router，备份指定路由器）的选举。

2）DD（database description，数据库描述）报文：描述本地 LSDB（link state data base，链路状态数据库）中每一条 LSA（link state advertisement，链路状态通告）的摘要信息，用于两台路由器进行数据库同步。

3）LSR（link state request，链路状态请求）报文：向对方请求所需的 LSA。两台路由器互相交换 DD 报文之后，得知另一端的路由器有哪些 LSA 是本地的 LSDB 所缺少的，这时需要发送 LSR 报文向对方请求所需的 LSA。

4）LSU（link state update，链路状态更新）报文：向对方发送其所需要的 LSA。

5）LSAck（link state acknowledgment，链路状态确认）报文：用来对收到的 LSA 进行确认。

3. OSPF 协议的优点

1）适合在大范围的网络中使用。OSPF 协议中对于路由的跳数是没有限制的，所以 OSPF 协议能用在许多场合，同时也支持更加广泛的网络规模。只要是在组播的网络中，OSPF 协议就能够支持数十台路由器一起运行。

2）组播触发式更新。OSPF 协议在收敛完成后，会以触发方式发送拓扑变化的信息给其他路由器，这样就可以减少 OSPF 对网络带宽的使用；同时，可以减少干扰，特别是在使用组播网络结构对外发出信息时，它对其他设备不构成其他影响。

3）收敛速度快。如果网络结构出现改变，OSPF 协议的系统会以最快的速度发出新的报文，从而使新的拓扑情况很快扩散到整个网络。另外，OSPF 协议采用周期较短的 Hello 报文来维护邻居状态。

4）以开销作为度量值。OSPF 协议在设计时，就考虑到了链路带宽对路由度量值的影响。OSPF 协议以开销值作为标准，而链路开销和链路带宽正好形成了反比关系，带宽越高，开销就会越小，这样一来，OSPF 协议选路就主要基于带宽因素。

5）避免路由环路。在使用最短路径的算法下，收到路由中的链路状态后生成路径，这样不会产生环路。

6）应用广泛。OSPF 协议广泛应用于互联网，是使用非常广泛的 IGP 之一。当 OSPF 协议路由域规模较大时，一般采用分层结构，即将 OSPF 协议路由域分割成几个区域，区域之间通过一个骨干区域互联，每个非骨干区域都需要直接与骨干区域连接，每个区域都有一个标识号，其中主干区域的标识号为 0（0.0.0.0）。

二、实验目的

理解和掌握单区域 OSPF 协议配置方法。

三、实验准备

1）PC 物理机 1 台。

2）Packet Tracer 模拟器：Router 2 台、PC 2 台、连接线若干。

四、实验内容

1）根据图 3-29 所示拓扑构建网络，配置主机及路由基本信息。

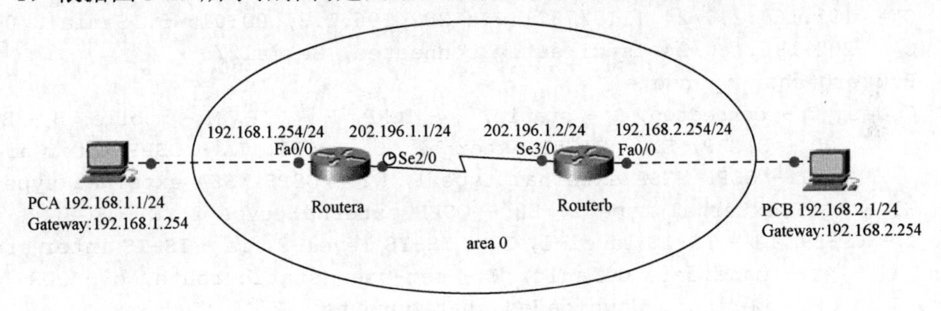

图 3-29　OSPF 单区域配置拓扑

2）配置单区域 OSPF 协议，实现主机互相通信。

五、实验步骤

步骤 1　参照图 3-29 所示拓扑连线，配置各主机的 IP 地址、子网掩码、网关，以及各路由器端口 IP 地址、子网掩码等基本信息。

步骤 2　配置 OSPF 协议。

1）在 Routera 上配置：

```
Routera(config)#router ospf 1                    //开启 OSPF 协议
Routera(config-router)#network 192.168.1.0 0.0.0.255 area 0
Routera(config-router)#network 202.196.1.0 0.0.0.255 area 0
Routera(config-router)#end
```

2）在 Routerb 上配置：

```
Routerb(config)#router ospf 1
Routerb(config-router)#network 192.168.2.0 0.0.0.255 area 0
Routerb(config-router)#network 202.196.1.0 0.0.0.255 area 0
Routerb(config-router)#end
```

3）查看路由表：

```
Routera#show ip route
Codes: C - connected, S - static, I - IGRP, R - RIP, M - mobile, B - BGP
       D - EIGRP, EX - EIGRP external, O - OSPF, IA - OSPF inter area
       N1 - OSPF NSSA external type 1, N2 - OSPF NSSA external type 2
E1 - OSPF external type 1, E2 - OSPF external type 2, E - EGP
i - IS-IS, L1 - IS-IS level-1, L2 - IS-IS level-2, ia - IS-IS inter area
       * - candidate default, U - per-user static route, o - ODR
       P - periodic downloaded static route
Gateway of last resort is not set
C    192.168.1.0/24 is directly connected, FastEthernet0/0
O    192.168.2.0/24 [110/782] via 202.196.1.2, 00:01:45, Serial2/0
C    202.196.1.0/24 is directly connected, Serial2/0
Routerb#show ip route
Codes: C - connected, S - static, I - IGRP, R - RIP, M - mobile, B - BGP
       D - EIGRP, EX - EIGRP external, O - OSPF, IA - OSPF inter area
       N1 - OSPF NSSA external type 1, N2 - OSPF NSSA external type 2
E1 - OSPF external type 1, E2 - OSPF external type 2, E - EGP
i - IS-IS, L1 - IS-IS level-1, L2 - IS-IS level-2, ia - IS-IS inter area
       * - candidate default, U - per-user static route, o - ODR
       P - periodic downloaded static route
Gateway of last resort is not set
O    192.168.1.0/24 [110/782] via 202.196.1.1, 00:00:01, Serial3/0
C    192.168.2.0/24 is directly connected, FastEthernet0/0
C    202.196.1.0/24 is directly connected, Serial3/0
```

步骤 3　测试两台主机，可以互相 ping 通。

实验 3.8　配置多区域 OSPF 协议

一、背景知识

1. 使用 OSPF 协议经常遇到的问题

1）在大型网络中，网络结构的变化是时常发生的，因此 OSPF 协议路由器就会经常运行 SPF（shortest path first，最短路径优先）算法来重新计算路由信息，大量消耗路由器的 CPU 和内存资源。

2）在 OSPF 协议网络中，随着多条路径的增加，路由表会变得越来越庞大，每一次路径的改变都使路由器不得不花大量时间和资源去重新计算路由表，路由器会变得越来越低效。

3）包含完整网络结构信息的链路状态数据库会变得越来越大，这将有可能使路由器的 CPU 和内存资源彻底耗尽，从而导致路由器崩溃。

为了解决这些问题，OSPF 协议允许把大型区域划分成多个小区域，这些小区域可以交换路由汇总信息，而不是每个路由器的详细信息。这样一来，路由表会更容易管理，OSPF 协议的工作也会更加流畅。

划分区域之后，每个 OSPF 协议区域中支持的路由器的个数最多为 30～200 个。但是，一个区域中实际加入的路由器的数量要小于单个区域所能容纳路由器的最大数量，这受到很多因素的影响，如一个区域内链路的数量、网络拓扑的稳定性、路由器的内存大小和 CPU 性能等。

2. 和区域相关的通信量的类型

1）域内通信量：由单个区域内的路由器之间交换的数据包构成的通信量。

2）域间通信量：由不同区域的路由器之间交换的数据包构成的通信量。

3）外部通信量：由 OSPF 协议区域内的路由器与 OSPF 协议区域外或两个自治系统内的路由器之间交换的数据包构成的通信量。

OSPF 协议被分为多区域的能力是依照分层路由实现的。划分成小区域以后，像重新计算拓扑数据库这样的操作就被限定在该小区域内，区域间则只需通告一些汇总信息。

3. 分层路由的优势

1）降低了 SPF 算法运算的频率。

2）减少了路由表。

3）降低了链路状态更新报文的流量。

二、实验目的

理解和掌握多区域 OSPF 协议配置方法。

三、实验准备

1）PC 物理机 1 台。

2）Packet Tracer 模拟器：Router 3 台、PC 4 台、SW2960 交换机 3 台、连接线若干。

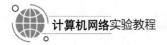

四、实验内容

1）根据图 3-30 所示拓扑构建网络，配置主机及路由基本信息。

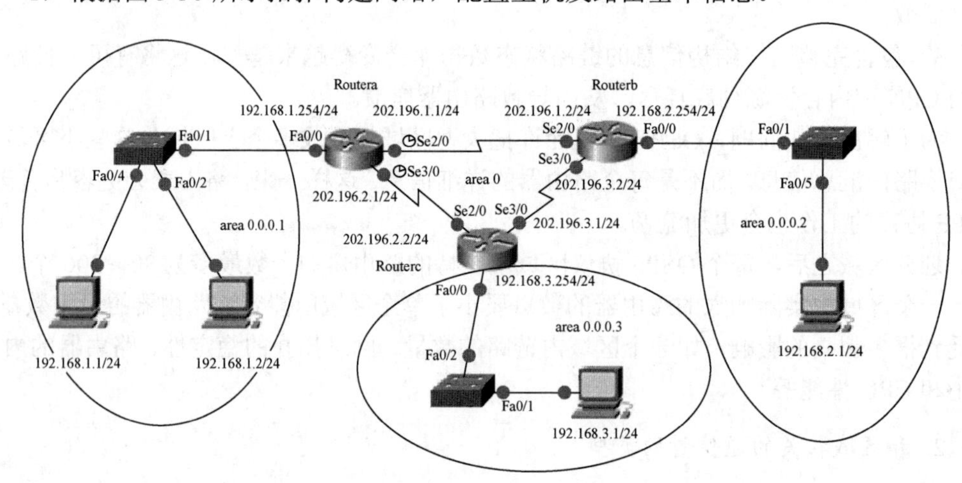

图 3-30　OSPF 协议多区域配置拓扑

2）配置多区域 OSPF 协议实现主机互相通信。

五、实验步骤

步骤 1　参照图 3-30 所示拓扑连线，配置各主机的 IP 地址、子网掩码、网关，以及各路由器端口 IP 地址、子网掩码等基本信息。

步骤 2　配置 OSPF 协议多区域。

1）在 Routera 上配置：

```
Routera(config)#router ospf 1                              //开启 ospf
Routera(config-router)#network 192.168.1.0 0.0.0.255 area 0.0.0.1
Routera(config-router)#network 202.196.1.0 0.0.0.255 area 0.0.0.0
Routera(config-router)#network 202.196.2.0 0.0.0.255 area 0.0.0.0
Routera(config-router)#end
```

2）在 Routerb 上配置：

```
Routerb(config)#router ospf  1
Routerb(config-router)#network 192.168.2.0 0.0.0.255 area 0.0.0.2
Routerb(config-router)#network 202.196.1.0 0.0.0.255 area 0.0.0.0
Routerb(config-router)#network 202.196.3.0 0.0.0.255 area 0.0.0.0
Routerb(config-router)#end
```

3）在 Routerc 上配置：

```
Routerc(config)#router ospf  1
Routerc(config-router)#network 192.168.3.0 0.0.0.255 area 0.0.0.3
Routerc(config-router)#network 202.196.2.0 0.0.0.255 area 0.0.0.0
Routerc(config-router)#network 202.196.3.0 0.0.0.255 area 0.0.0.0
Routerc(config-router)#end
```

步骤 3 测试，各主机间能互相 ping 通。

练习 1：按照图 3-31 所示拓扑配置各设备的 IP 地址、子网掩码和网关，使用多区域 OSPF 协议配置实现各主机间互相通信。

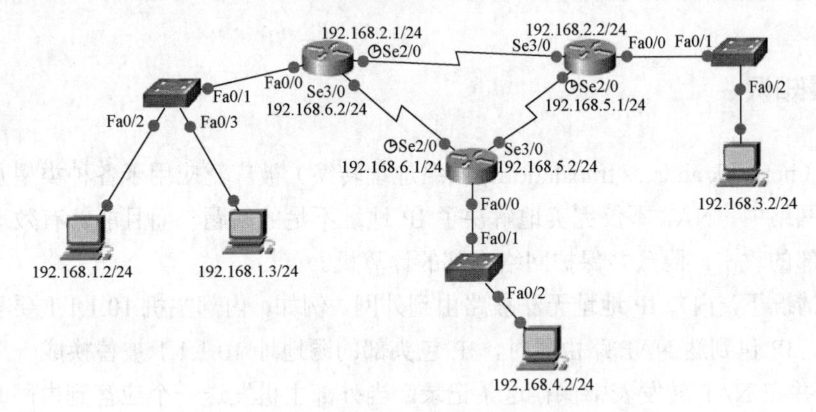

图 3-31 多区域 OSPF 协议配置练习 1 拓扑

练习 2：按照图 3-32 所示拓扑配置各设备的 IP 地址、子网掩码和网关，使用多区域 OSPF 协议配置实现各主机间互相通信（各主机和路由所处网段的前缀均为 192.168）。

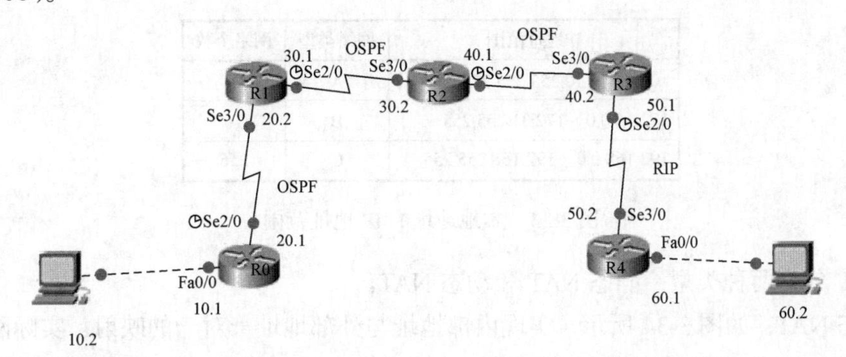

图 3-32 多区域 OSPF 协议配置练习 2 拓扑

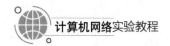

注：练习 2 中的 RIP 与 OSPF 协议间信息交流可采用下面的方法：

```
    R3(config)#router ospf 1
    //开启 OSPF 协议，进程号为 1
    R3(config-router)#redistribute rip metric 1000 metric-type 1 subnets
    //将 RIP 路由重新发布到 OSPF 协议区域，此处进入的是 OSPF 协议进程 1，即发布到进程 1
中。其中，重发布 RIP。路由的开销为 1000，指定为类型 1，subnets 表示连同子网一同发布
    R3(config)#router rip
    R3(config-router)#redistribute ospf 1 metric 5
    //将 OSPF 协议进程 1 的路由发布到 RIP 区域，发布的路由开销为 5
```

实验 3.9 配置静态 NAT

一、背景知识

NAT（network address translation，网络地址转换）被广泛应用于各种类型互联网接入方式和网络中。NAT 不仅完美地解决了 IP 地址不足的问题，而且能够有效地避免来自网络外部的攻击，隐藏并保护网络内部的计算机。

默认情况下，内部 IP 地址无法被路由到外网。例如，内部主机 10.1.1.1 要与外部互联网通信，IP 包到达 NAT 路由器时，IP 包头部的源地址 10.1.1.1 被替换成一个合法的外网 IP，并在 NAT 转发表中保存这条记录。当外部主机发送一个应答到内网时，NAT 路由器收到后，查看当前 NAT 转换表，用 10.1.1.1 替换该外网地址。

NAT 将网络划分为内部网络和外部网络两部分，局域网主机利用 NAT 访问网络时，是将局域网内部的本地地址转换为全局地址（互联网合法的 IP 地址）后转发数据包。图 3-33 给出了本地地址的 IP 地址范围。

IP地址范围	网络类型	网络个数
10.0.0.0～10.255.255.255	A	1
172.16.0.0～172.31.255.255	B	16
192.168.0.0～192.168.255.255	C	256

图 3-33　本地地址的 IP 地址范围

NAT 分为两种类型：静态 NAT 和动态 NAT。

静态 NAT：如图 3-34 所示，实现内部地址与外部地址一对一的映射。实际网络中，静态 NAT 一般用于服务器与外网的通信。

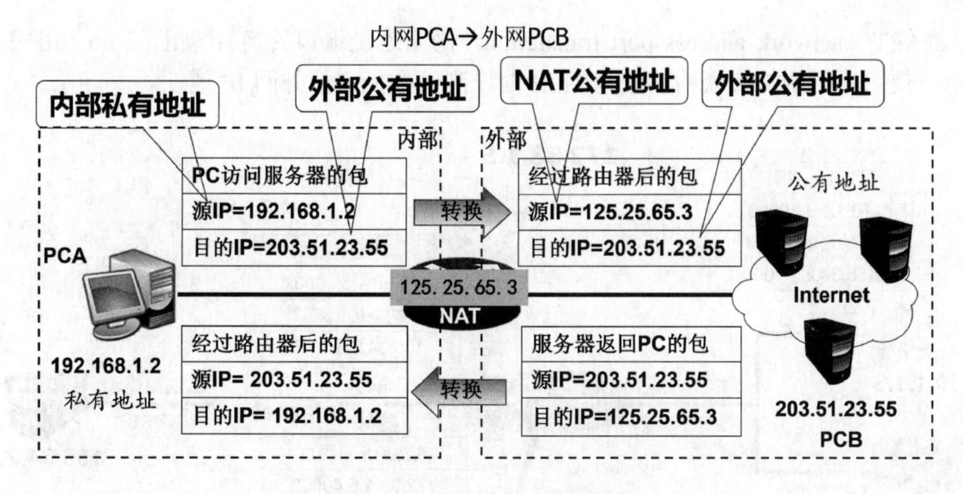

图 3-34 静态 NAT 转换过程

动态 NAT：如图 3-35 所示，动态 NAT 地址转换本质上与静态 NAT 一致，只是先定义了一个转换地址池，当 PC 有一个向外的连接请求时，从地址池中取出一个 IP 地址。当连接断开时，把之前取出的 IP 地址重新放入地址池中，以供其他 PC 向外连接时使用。动态 NAT 转换的效率非常高，因为一个外网 IP 可以被不同的站点使用多次。这比静态 NAT 只能被一个特定站点使用更高效。

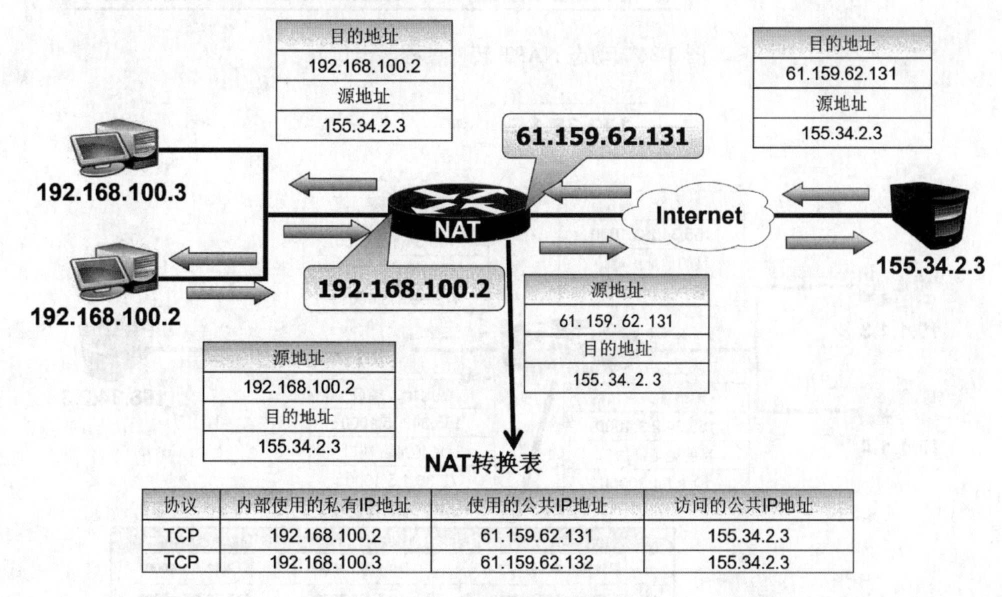

协议	内部使用的私有IP地址	使用的公共IP地址	访问的公共IP地址
TCP	192.168.100.2	61.159.62.131	155.34.2.3
TCP	192.168.100.3	61.159.62.132	155.34.2.3

图 3-35 动态 NAT 转换过程

虽然动态地址转换高效且利于管理，但外部用户不能访问内部特定的地址，因为它们之间没有静态映射。每个会话结束后，主机再次发起连接，很可能分配不同于上次的本地全局地址。所以，不可能用一个本地全局地址访问内部特定的地址。

NAPT（network address port translation，网络地址端口转换）：如图 3-36 和图 3-37 所示，使用不同的端口映射多个内网 IP 地址到一个指定的外网 IP 地址。

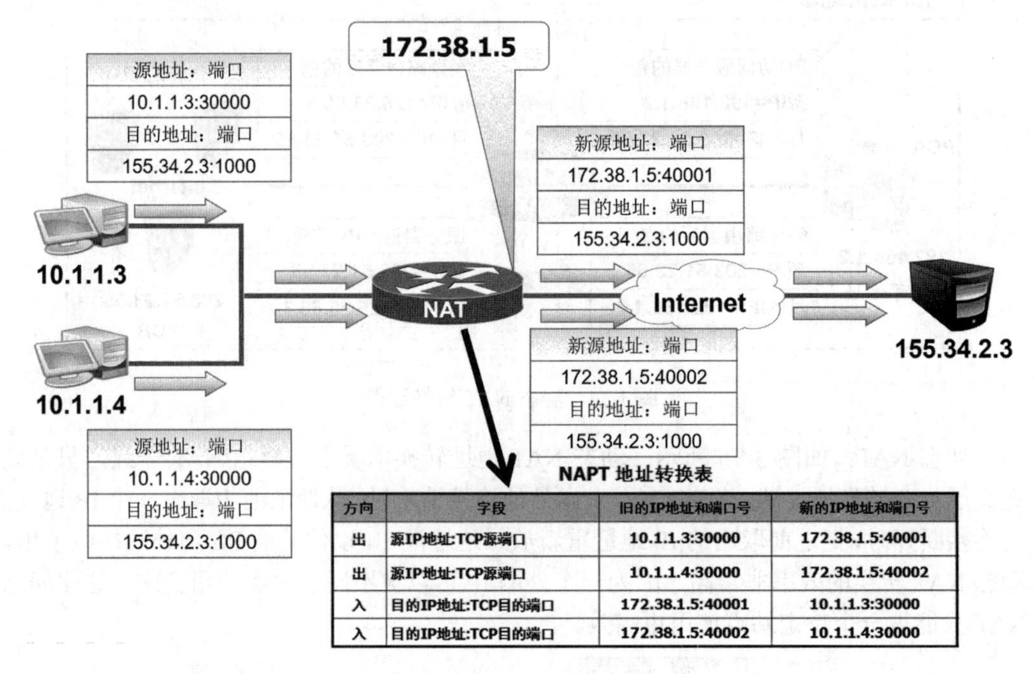

方向	字段	旧的IP地址和端口号	新的IP地址和端口号
出	源IP地址:TCP源端口	10.1.1.3:30000	172.38.1.5:40001
出	源IP地址:TCP源端口	10.1.1.4:30000	172.38.1.5:40002
入	目的IP地址:TCP目的端口	172.38.1.5:40001	10.1.1.3:30000
入	目的IP地址:TCP目的端口	172.38.1.5:40002	10.1.1.4:30000

图 3-36　动态 NAPT 转换过程（出口）

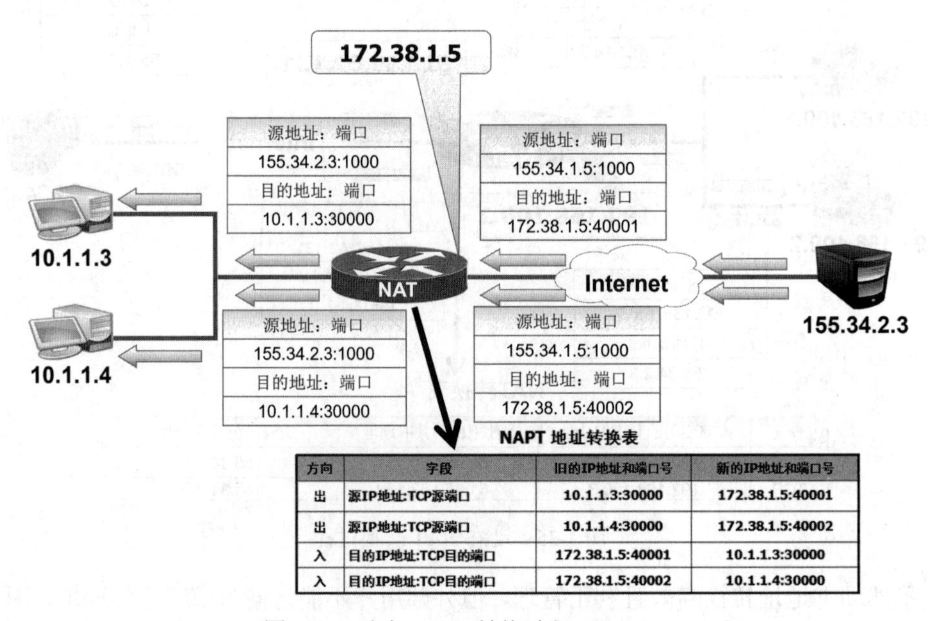

方向	字段	旧的IP地址和端口号	新的IP地址和端口号
出	源IP地址:TCP源端口	10.1.1.3:30000	172.38.1.5:40001
出	源IP地址:TCP源端口	10.1.1.4:30000	172.38.1.5:40002
入	目的IP地址:TCP目的端口	172.38.1.5:40001	10.1.1.3:30000
入	目的IP地址:TCP目的端口	172.38.1.5:40002	10.1.1.4:30000

图 3-37　动态 NAPT 转换过程（入口）

二、实验目的

1）理解 NAT 网络地址转换的原理及功能。

2）掌握静态 NAT 的配置，实现局域网访问互联网。

三、实验准备

1）PC 物理机 1 台。

2）Packet Tracer 模拟器：Server-PT 1 台、SW2950 交换机 1 台、PC 1 台、Router 2 台、连接线若干。

四、实验内容

将内网 Web 服务器 IP 地址映射为全局 IP 地址，实现外部网络可以访问公司内部 Web 服务器。

五、实验步骤

步骤 1 使用 Packet Tracer 构建图 3-38 所示的网络拓扑，完成主机和服务器的 IP 地址等信息的配置及各路由器端口的基本 IP 地址和子网掩码的配置。

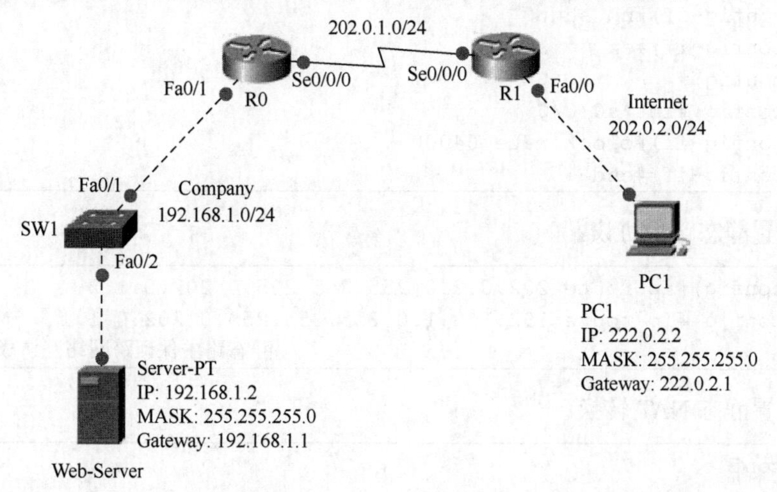

图 3-38 静态 NAT 拓扑

步骤 2 完成路由器的基础配置。

1）配置路由器 R0：

```
Router>en
Router#conf t
Router(config)#hostname R0
R0(config)#conf t
R0(config)#int fa0/1
R0(config-if)#ip add 192.168.1.1 255.255.255.0
R0(config-if)#no shut
R0(config-if)#ex
R0(config)#
R0(config)#int serial 0/0/0
R0(config-if)#ip add 202.0.1.1 255.255.255.0
R0(config-if)#no shut
R0(config-if)#end
```

2）配置路由器 R1：

```
Router>en
Router#conf t
Router(config)#hostname R1
R1(config)#int fa0/0
R1(config-if)#ip add 202.0.2.1 255.255.255.0
R1(config-if)#no shut
R1(config-if)#ex
R1(config)#
R1(config)#int s0/0/0
R1(config-if)#ip add 202.0.1.2 255.255.255.0
R1(config-if)#no shut
R1(config-if)#ex
R1(config)#
R1(config)#int s0/0/0
R1(config-if)#clock rate 64000
R1(config-if)#end
```

3）配置静态路由协议：

```
R0(config)#ip route 202.0.2.0 255.255.255.0 202.0.1.2
R1(config)#ip route 192.168.1.0 255.255.255.0 202.0.1.1
                                        //静态路由保证跨网络互访成为可能
```

4）配置静态 NAT 转换：

```
R0#conf t
R0(config)#int fa0/0
R0(config-if)#ip nat inside                    //定义入向端口
R0(config-if)#ex
R0(config)#int s0/0/0
```

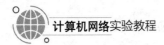

```
R0(config-if)#ip nat outside              //定义出向端口
R0(config-if)#ex
R0(config)#
R0(config)#ip nat inside source static 192.168.1.2 202.0.1.3
                                          //定义静态转换表项
R0(config)#end
```

步骤3　如图3-39和图3-40所示，进行测试。

```
PC>ipconfig

FastEthernet0 Connection:(default port)
Link-local IPv6 Address.........: FE80::209:7CFF:FE4D:728
IP Address......................: 202.0.2.2
Subnet Mask.....................: 255.255.255.0
Default Gateway.................: 202.0.2.1

PC>ping 192.168.1.2

Pinging 192.168.1.2 with 32 bytes of data:

Reply from 192.168.1.2: bytes=32 time=2ms TTL=126
Reply from 192.168.1.2: bytes=32 time=3ms TTL=126
Reply from 192.168.1.2: bytes=32 time=3ms TTL=126
Reply from 192.168.1.2: bytes=32 time=3ms TTL=126

Ping statistics for 192.168.1.2:
    Packets: Sent = 4, Received = 4, Lost = 0 (0% loss),
Approximate round trip times in milli-seconds:
    Minimum = 2ms, Maximum = 3ms, Average = 2ms
```

图3-39　PC1 ping Web-Server

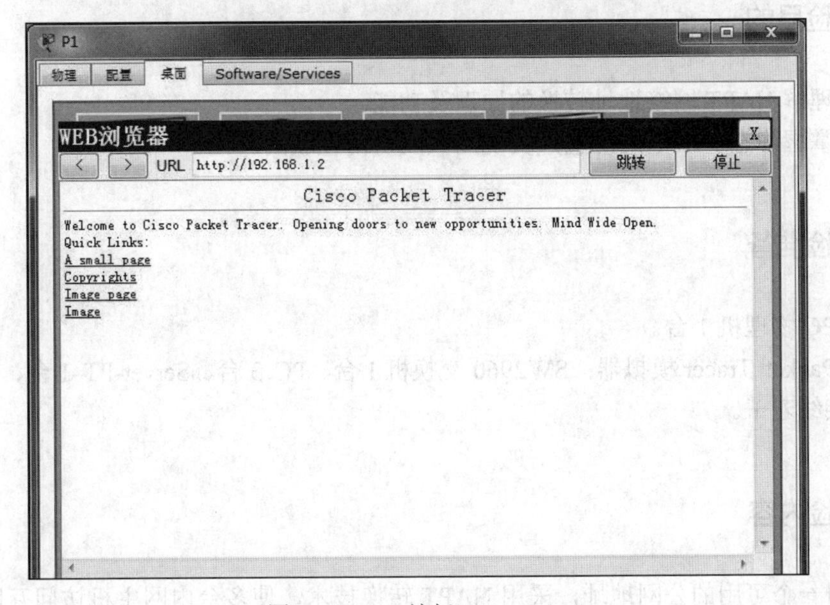

图3-40　PC1 访问 Web-Server

步骤 4 查看 NAT 转换表项内容：

```
R0#sho ip nat translations
```

NAT 转换表结果如图 3-41 所示。

Pro	Inside global	Inside local	Outside local	Outside global
---	202.0.1.3	192.168.1.2	---	---

图 3-41 NAT 转换表结果

实验 3.10 配置 NAPT

一、背景知识

NAPT 是指改变外出数据包的源端口并进行端口转换。采用 NAPT，内部网络的所有主机均可共享一个合法的外部 IP 地址，实现对互联网的访问，从而可以最大限度地节约 IP 地址资源；同时，又可隐藏网络内部的所有主机，有效避免来自互联网的攻击。因此，目前网络中应用最多的就是 NAPT 方式。

二、实验目的

1）理解 NAPT 网络地址转换的原理及功能。
2）掌握静态 NAPT 的配置，实现局域网访问互联网。

三、实验准备

1）PC 物理机 1 台。
2）Packet Tracer 模拟器：SW2960 交换机 1 台、PC 3 台、Server-PT 1 台、Router 2 台、连接线若干。

四、实验内容

使用一个可用的公网地址，采用 NAPT 转换技术，使多台内网主机访问互联网。

五、实验步骤

步骤 1 使用 Packet Tracer 构建如图 3-42 所示的网络拓扑，完成主机和 Server0 的 IP 地址配置。

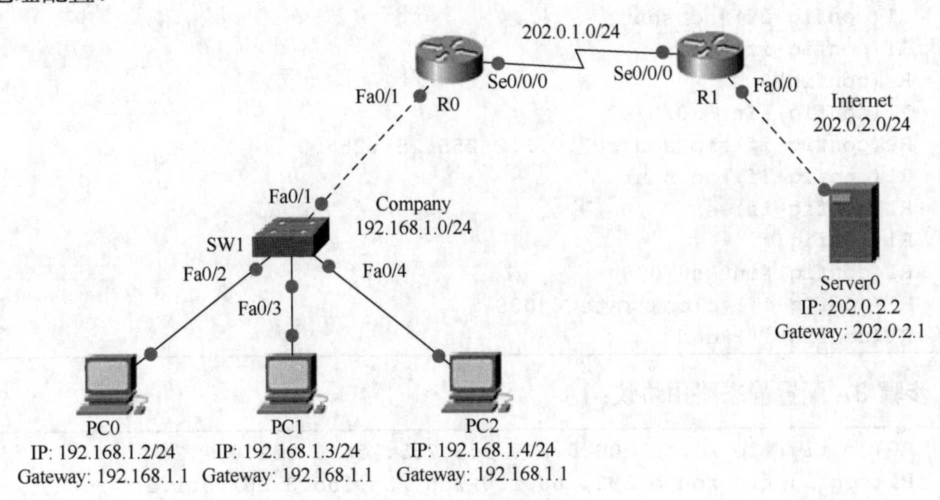

图 3-42 NAPT 配置拓扑

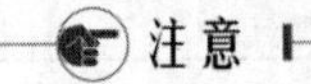

步骤 1 中需为路由器添加串行口模块。

步骤 2 完成路由器的基础配置。

1）配置路由器 R0：

```
Router>en
Router#conf t
Router(config)#hostname R0
R0(config)#conf t
R0(config)#int fa0/1
R0(config-if)#ip add 192.168.1.1 255.255.255.0
R0(config-if)#no shut
R0(config-if)#ex
R0(config)#
R0(config)#int serial 0/0/0
R0(config-if)#ip add 202.0.1.1 255.255.255.0
R0(config-if)#no shut
R0(config-if)#end
```

2）配置路由器 R1：

```
Router>en
Router#conf t
Router(config)#hostname R1
R1(config)#int fa0/0
R1(config-if)#ip add 202.0.2.1 255.255.255.0
R1(config-if)#no shut
R1(config-if)#ex
R1(config)#
R1(config)#int s0/0/0
R1(config-if)#ip add 202.0.1.2 255.255.255.0
R1(config-if)#no shut
R1(config-if)#ex
R1(config)#
R1(config)#int s0/0/0
R1(config-if)#clock rate 64000
R1(config-if)#end
```

步骤 3 配置静态路由协议：

```
R0(config)#ip route 202.0.2.0 255.255.255.0 202.0.1.2
R1(config)#ip route 192.168.1.0 255.255.255.0 202.0.1.1
//静态路由保证跨网络互访成为可能
```

步骤 4 在 R0 上配置 NAPT 转换：

```
R0#conf t
R0(config)#int fa0/0
R0(config-if)#ip nat inside            //定义入向端口
R0(config-if)#ex
R0(config)#int s0/0/0
R0(config-if)#ip nat outside           //定义出向端口
R0(config-if)#ex
R0(config)#
R0(config)#access-list 1 permit 192.168.1.0 0.0.0.255
//定义允许转换的网段
R0(config)#ip nat pool napt-pool 202.0.1.1 202.0.1.1 netmask
255.255.255.0
//定义转换的公网地址，这里仅有一个，即 202.0.1.1
R0(config)#ip nat inside source list 1 pool napt-pool overload
//定义端口地址转换关系
R0(config)#end
```

步骤 5 测试，如图 3-43 所示，使用 PC0、PC1、PC2 ping 公网的 Server0 服务器。

```
PC>ipconfig

FastEthernet0 Connection:(default port)
Link-local IPv6 Address.........: FE80::210:11FF:FE7C:D4B
IP Address......................: 192.168.1.2
Subnet Mask.....................: 255.255.255.0
Default Gateway.................: 192.168.1.1

PC>ping 202.0.2.2

Pinging 202.0.2.2 with 32 bytes of data:

Reply from 202.0.2.2: bytes=32 time=1ms TTL=126
Reply from 202.0.2.2: bytes=32 time=1ms TTL=126
Reply from 202.0.2.2: bytes=32 time=1ms TTL=126
Reply from 202.0.2.2: bytes=32 time=1ms TTL=126

Ping statistics for 202.0.2.2:
    Packets: Sent = 4, Received = 4, Lost = 0 (0% loss),
Approximate round trip times in milli-seconds:
    Minimum = 1ms, Maximum = 1ms, Average = 1ms
```

图 3-43　使用 ping 测试与公网 Server0 服务器的连通性

步骤 6　如图 3-44 所示，使用 show ip nat translations 命令查看 NAPT 地址转换表。

```
Pro  Inside global       Inside local       Outside local      Outside global
icmp 202.0.1.1:5         192.168.1.2:5      202.0.2.2:5        202.0.2.2:5
icmp 202.0.1.1:6         192.168.1.2:6      202.0.2.2:6        202.0.2.2:6
icmp 202.0.1.1:7         192.168.1.2:7      202.0.2.2:7        202.0.2.2:7
icmp 202.0.1.1:8         192.168.1.2:8      202.0.2.2:8        202.0.2.2:8
//针对内部主机会形成一个NAPT的转换表项
```

图 3-44　NAPT 地址转换表

实验 3.11　抓包分析网络层首部

一、背景知识

IP 数据报由报头和数据两部分组成，其中 IP 数据报的报头组成如图 3-45 所示。首部各字段的含义如下。

1）版本：占 4 位，指 IP 协议的版本。

2）首部长度：占 4 位。

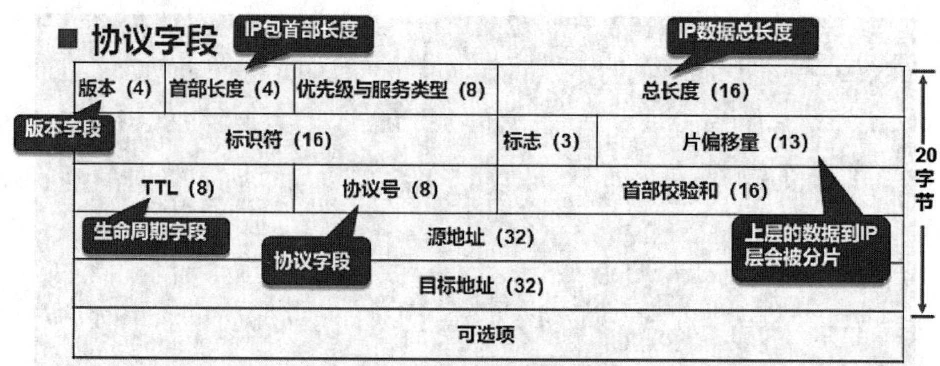

图 3-45　IP 数据报的报头组成

3）优先级与服务类型：占 8 位，在通常状况下不使用该字段。

4）总长度：报头和数据之和的长度，单位是字节。总长度字段为 16 位，故 IP 数据报的最大长度为 65535。在 IP 层下面的每一种数据链路层都有自己的帧格式，其中包括帧格式中的数据字段的最大长度，即最大传送单元 MTU（maximum transmission unit）。当 IP 数据报封装成数据链路层的帧时，此 IP 数据报的总长度不能超过对应 MTU 的值；若数据报长度超过对应 MTU 的值，就将数据报进行分片处理，此时数据报首部中的"总长度"字段是指分片后的每个分片的报头长度和数据长度之和。

5）标识符：占 16 位，IP 软件在存储器中维持一个计数器，每产生一个数据报，计数器就加 1，并赋给"标识符"字段。数据报进行分片处理后，若每一个分片的标识值都与原数据报的标识值相同，则在接收端具备相同标识值的分片就能最终正确地重装成为原来的数据报。

6）标志：占 3 位，但目前只有 2 位有意义。

① 最低位记为 MF。MF=1 表示后面还有分片的数据包，MF=0 表示这是若干数据包片中的最后一个。

② 中间位记为 DF，意思是不能分片。只有当 DF=0 时才允许分片。

7）片偏移量：占 13 位，表示每一个数据报的分片在原数据报中的相对位置。片偏移以 8 字节为偏移单位，即每一个分片的长度必定是 8 字节的整数倍。

8）生命周期字段（time to live，TTL）：占 8 位，表示数据报在网络中的寿命。最初 TTL 值以秒为单位，如今以跳数为单位，目前的最大数据为 255。

9）协议号：占 8 位，指出此数据报携带的数据使用何种协议，以便使目的主机的 IP 层将数据部分上交给运输层的相应进程。TCP 对应协议字段值 6，UDP 对应协议字段值 17。

10）首部校验和：占 16 位，该字段只校验数据报的报头。

11）源地址：发送数据包主机的 IPv4 地址，占 32 位。

12）目标地址：接收数据包的目标主机的 IPv4 地址，占 32 位。

二、实验目的

1）通过抓获的数据包分析网络层首部各个字段。

2）查看网络层协议版本、首部长度、区分服务、总长度。

3）使用 ping 命令发送大于 1500 字节的大数据包，观察数据包分片。

4）使用 ping 命令指定发送的数据包 TTL，观察 TTL 字段。

5）查看数据包中的源 IP 地址和目标 IP 地址。

三、实验准备

1）PC 物理机 1 台。

2）Ethereal 抓包工具。

四、实验内容

1）抓获数据包，分析网络层首部各个字段。

2）通过 ping 命令观察数据包分片、TTL 字段。

五、实验步骤

步骤 1 如图 3-46 所示，抓获访问互联网网站的数据包网络层首部。

步骤 2 以太网数据帧数据部分最大为 1500 字节，但是 IP 数据报最大可以为 65535 字节。当数据包超过 1500 字节时，就会将数据包在数据链路层分成多个数据帧，产生数据包分片。可以使用 ping 命令到一个 IP 地址，同时使用参数自定义数据包大小，当定义的数据包超过 1500 字节时，就会产生数据包分片，使用抓包工具可以抓取到分片后的数据。

步骤 3 在图 3-47 所示的 Ethereal: Capture Interfaces 窗口中单击 Prepare 按钮，准备抓包。

步骤 4 如图 3-48 所示，在 Ethereal: Capture Options 窗口中单击 Capture Filter 按钮，设置筛选器。

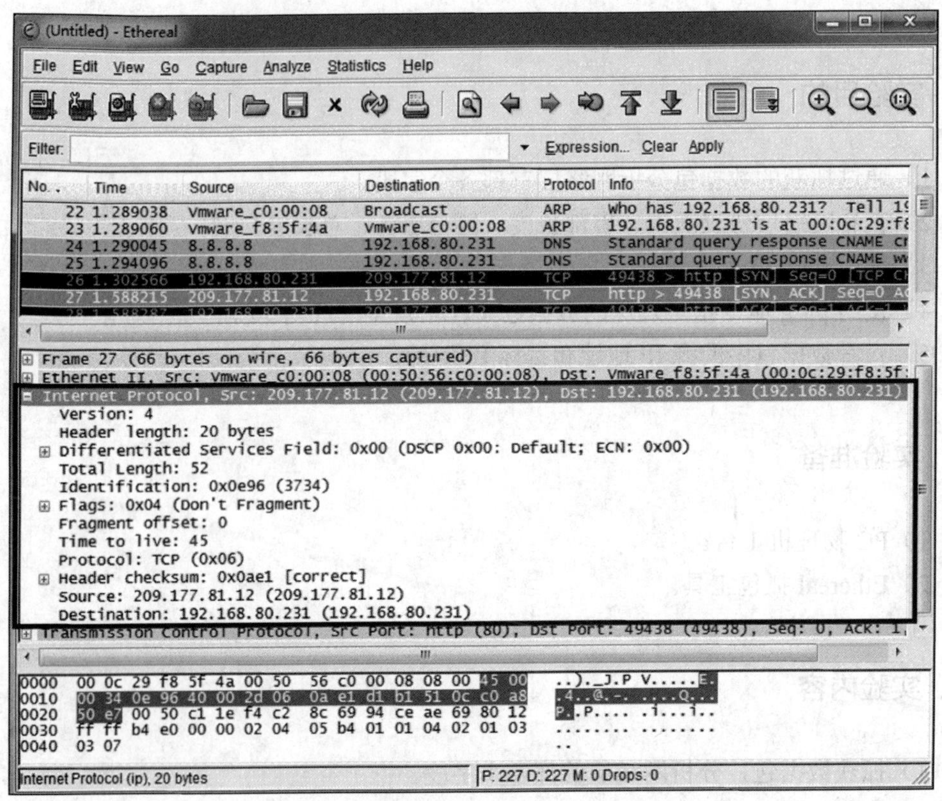

图 3-46 抓获网络层首部

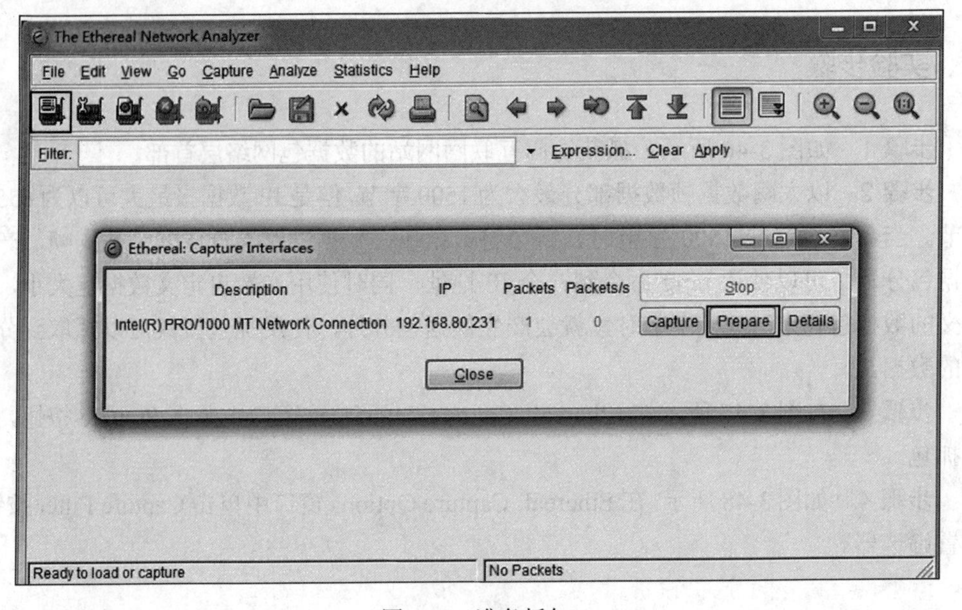

图 3-47 准备抓包

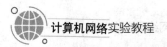

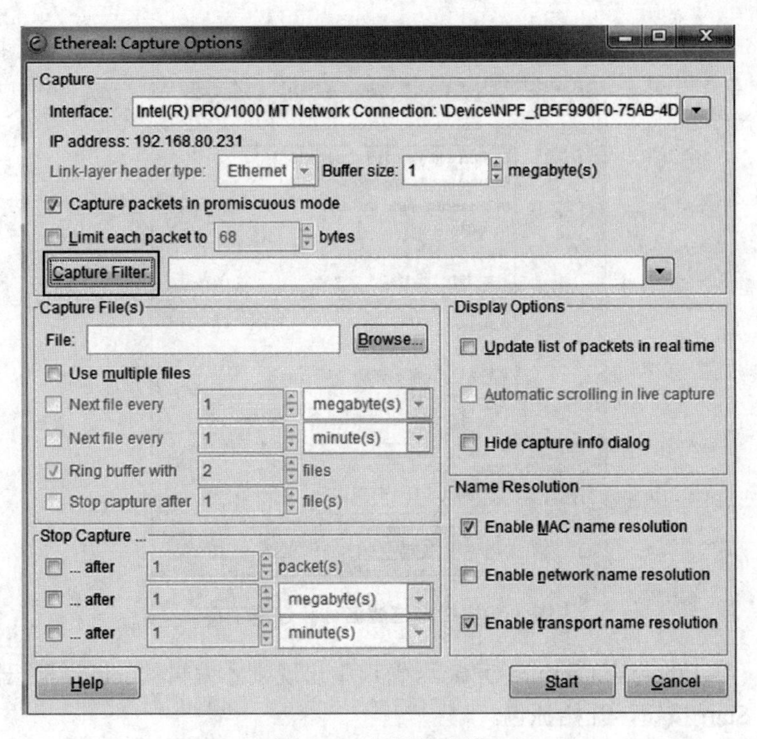

图 3-48　设置筛选器

步骤 5　如果没有合适的筛选器，可以手动创建一个。在 Ethereal: Capture Filter 窗口中单击 New 按钮，如图 3-49 所示。

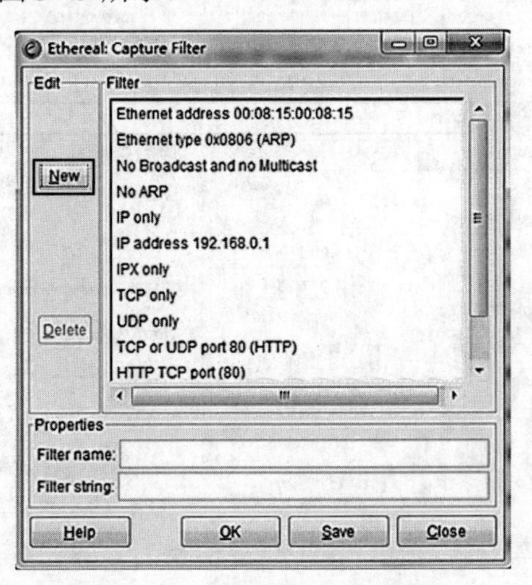

图 3-49　手动创建筛选器

步骤 6　在 Filter name 文本框中输入 ICMP，在 Filter string 文本框中输入 icmp，此处要注意字母大小写。

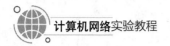

步骤 7 如图 3-50 所示，指定 Filter name 和 Filter string 后，单击 OK 按钮生效。

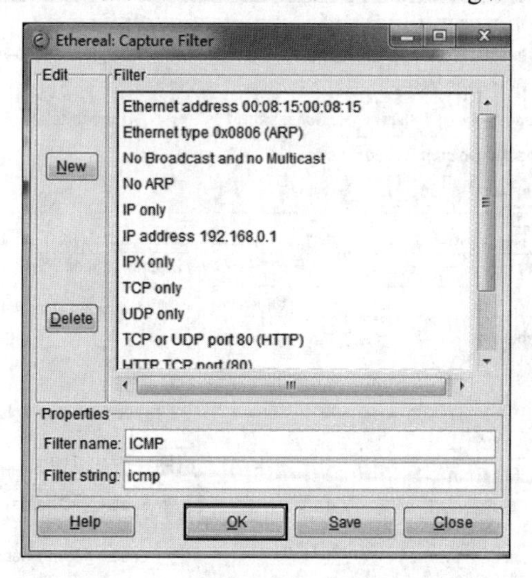

图 3-50　指定过滤名称和过滤字符

步骤 8 在 Ethereal: Capture Options 窗口中出现刚才编辑的 icmp 筛选器，如图 3-51 所示，单击 Start 按钮，开始抓包。

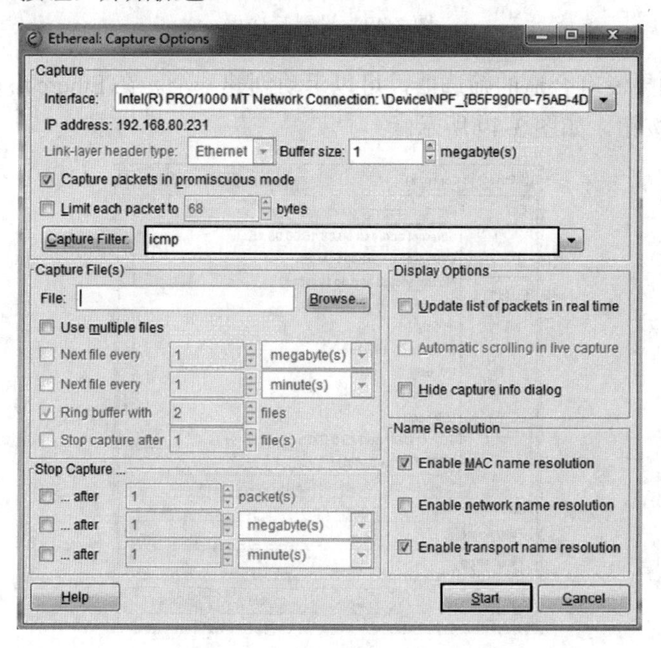

图 3-51　开始抓包

步骤 9 如图 3-52 所示，在命令提示符下使用 ping 10.7.1.53 -l 1200 命令，其中参数“-l”指定数据包的大小为 1200 字节，数据链路层最大传输单元为 1500 字节，因此该数据不会被分片；再使用 ping 10.7.1.53 -l 2800 命令，其中参数“-l”指定 2800 字节，网络层的数据包要在数据链路层被分成 2 个分片；再使用 ping 10.7.1.53 -l 4200 命令，其中参数“-l”指定 4200 字节，网络层的数据包要在数据链路层被分成 3 个分片。

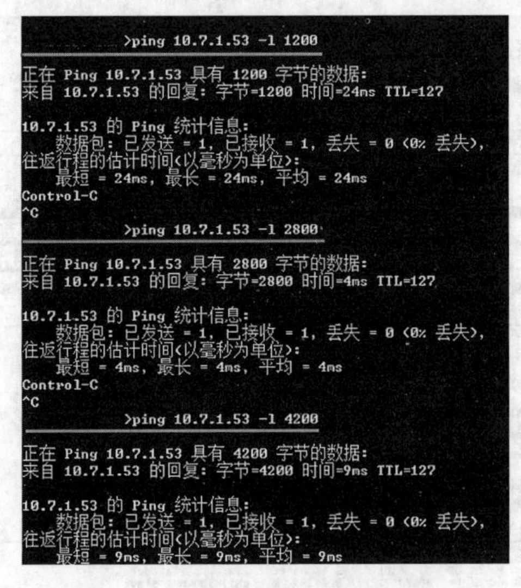

图 3-52　发送不同数据大小模拟分片

步骤 10　停止抓包，由于指定了过滤筛选器，因此抓获的都是 ICMP 的数据包。选择第一个 ICMP 数据包内容，如图 3-53 所示，因为数据未被分片，所以 Flag 中分片标记为 0。

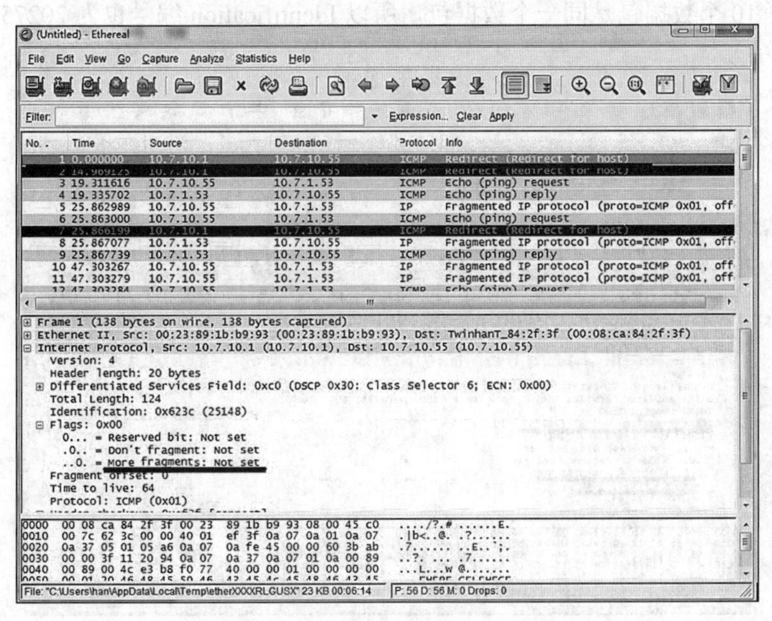

图 3-53　未被分片数据 Flag 标记为 0

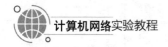

步骤 11 如图 3-54 所示，选择第 10 个数据包数据，Flag 标记中 More fragments 为 1，说明该帧是分片数据帧，Identification 编号为 20275，同一个数据包 Identification 是一样的。

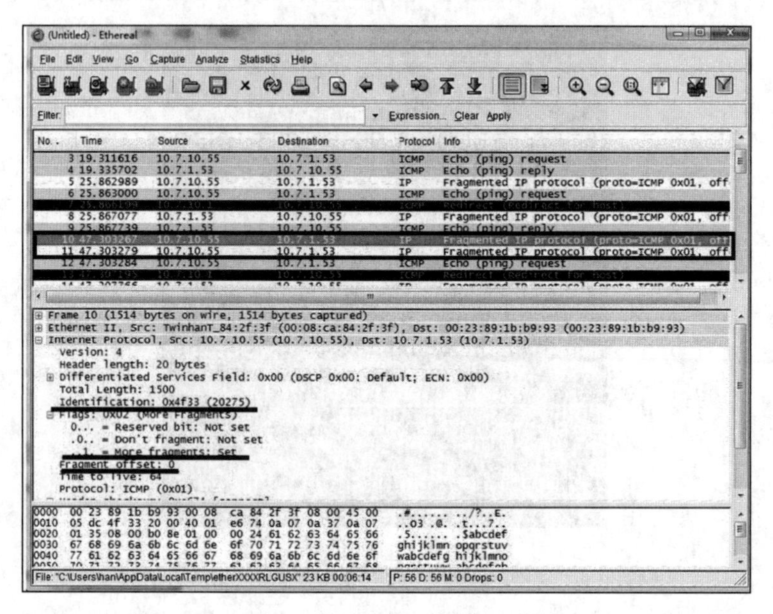

图 3-54 分片数据 Flag 标记为 1

步骤 12 如图 3-55 所示，可以看到同一个数据包的另外一个分片的标记也为 1，因为其与第 10 个数据包是同一个数据包，所以 Identification 编号也为 20275。

```
(Untitled) - Ethereal
File Edit View Go Capture Analyze Statistics Help
Filter: Expression... Clear Apply
No. Time Source Destination Protocol Info
3 19.311616 10.7.10.55 10.7.1.53 ICMP Echo (ping) request
4 19.335702 10.7.1.53 10.7.10.55 ICMP Echo (ping) reply
5 25.862989 10.7.10.55 10.7.1.53 IP Fragmented IP protocol (proto=ICMP 0x01, off
6 25.863000 10.7.10.55 10.7.1.53 ICMP Echo (ping) request
8 25.867077 10.7.1.53 10.7.10.55 IP Fragmented IP protocol (proto=ICMP 0x01, off
9 25.867739 10.7.1.53 10.7.10.55 ICMP Echo (ping) reply
10 47.303267 10.7.10.55 10.7.1.53 IP Fragmented IP protocol (proto=ICMP 0x01, off
11 47.303279 10.7.10.55 10.7.1.53 IP Fragmented IP protocol (proto=ICMP 0x01, off
12 47.303284 10.7.10.55 10.7.1.53 ICMP Echo (ping) request
Frame 11 (1514 bytes on wire, 1514 bytes captured)
Ethernet II, Src: TwinhanT_84:2f:3f (00:08:ca:84:2f:3f), Dst: 00:23:89:1b:b9:93 (00:23:89:1b:b9:93)
Internet Protocol, Src: 10.7.10.55 (10.7.10.55), Dst: 10.7.1.53 (10.7.1.53)
Version: 4
Header length: 20 bytes
Differentiated Services Field: 0x00 (DSCP 0x00: Default; ECN: 0x00)
Total Length: 1500
Identification: 0x4f33 (20275)
Flags: 0x02 (More Fragments)
0... = Reserved bit: Not set
.0.. = Don't fragment: Not set
..1. = More fragments: Set
Fragment offset: 1480
Time to live: 64
Protocol: ICMP (0x01)
0000 00 23 89 1b b9 93 00 08 ca 84 2f 3f 08 00 45 00 .#...... ../?..E.
0010 05 dc 4f 33 20 b9 40 01 e5 bb 0a 07 0a 37 0a 07 ..O3 .@. .....7..
0020 01 35 61 62 63 64 65 66 67 68 69 6a 6b 6c 6d 6e .5abcdef ghijklmn
0030 6f 70 71 72 73 74 75 76 77 61 62 63 64 65 66 67 opqrstuv wabcdefg
0040 68 69 6a 6b 6c 6d 6e 6f 70 71 72 73 74 75 76 77 hijklmno pqrstuvw
File: "C:\Users\han\AppData\Local\Temp\etherXXXXRLGUSX" 23 KB 00:06:14
P: 56 D: 56 M: 0 Drops: 0
```

图 3-55 同一个数据包的另一个分片

步骤 13　单击 Capture Interfaces 按钮，在打开的 Ethereal: Capture Interfaces 窗口中单击 Capture 按钮，如图 3-56 所示。

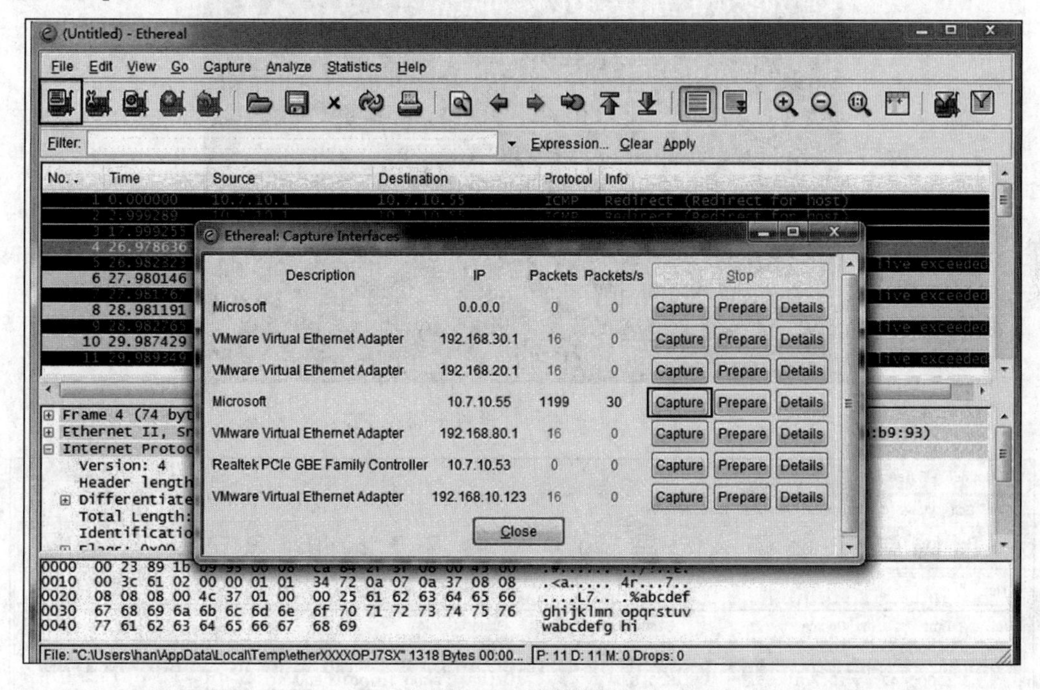

图 3-56　开始新的抓包

步骤 14　如图 3-57 所示，在打开的 Ethereal 对话框中单击 Continue without Saving 按钮，不保存此次数据并继续抓包。

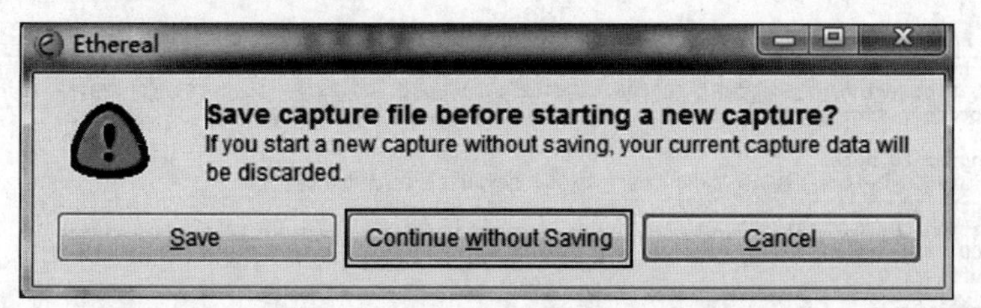

图 3-57　不保存此次数据并继续抓包

步骤 15　如图 3-58 所示，在命令提示符下输入 ping 8.8.8.8 -i 1 命令，其中参数“-i”指定数据包的 TTL 为 1，数据包在第一个路由器就被回复 TTL 传输中过期；再次输入 ping 8.8.8.8 -i 2 命令，其中参数“-i”指定数据包的 TTL 为 2，数据包在第二个路由器就被回复 TTL 传输中过期。

步骤 16　如图 3-59 所示，结束抓包，选择第 9 号数据，该数据是刚刚第二次 ping 时的数据，可以看到数据网络层首部的 TTL 字段值为 2。用户也可以查找第一次 ping 时的数据。

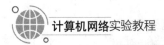

```
>ping 8.8.8.8 -i 1

正在 Ping 8.8.8.8 具有 32 字节的数据:
来自 10.7.10.1 的回复: TTL 传输中过期。
来自 10.7.10.1 的回复: TTL 传输中过期。
来自 10.7.10.1 的回复: TTL 传输中过期。
来自 10.7.10.1 的回复: TTL 传输中过期。

8.8.8.8 的 Ping 统计信息:
    数据包: 已发送 = 4, 已接收 = 4, 丢失 = 0 (0% 丢失),


>ping 8.8.8.8 -i 2

正在 Ping 8.8.8.8 具有 32 字节的数据:
来自 211.82.244.1 的回复: TTL 传输中过期。

8.8.8.8 的 Ping 统计信息:
    数据包: 已发送 = 1, 已接收 = 1, 丢失 = 0 (0% 丢失),
```

图 3-58　ping 的同时设置不同的 TTL

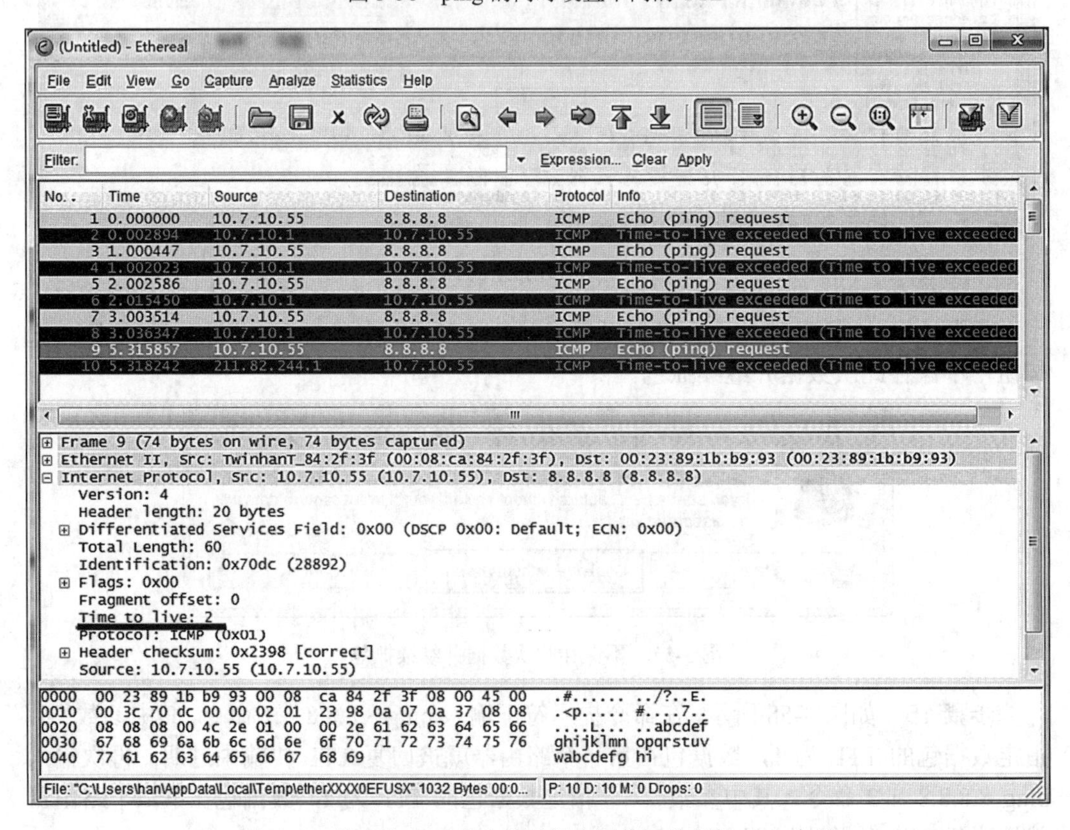

图 3-59　第二次 ping 产生的数据中网络层首部的 TTL 字段

步骤 17　从图 3-60 中可以看到网络层首部中的源 IP 地址（10.7.10.55）和目标 IP 地址（8.8.8.8）。

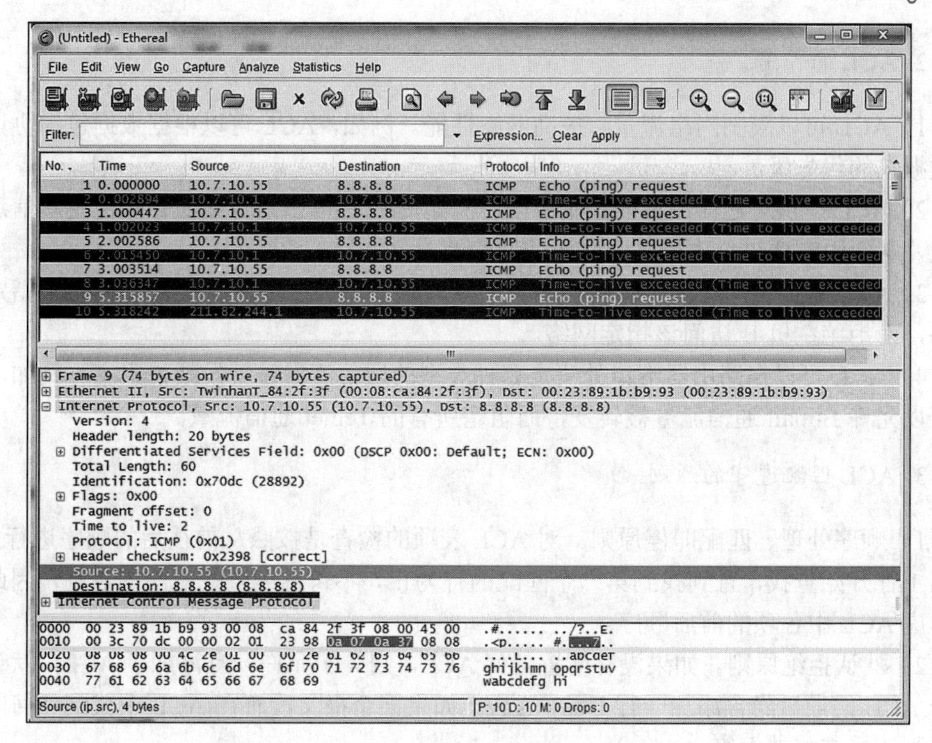

图 3-60　网络层首部中的源 IP 地址和目的 IP 地址

实验 3.12　配置 ACL

一、背景知识

1. ACL 概述

ACL（access control list），即访问控制列表，主要用于过滤网络中的流量，是网络设备进行控制访问的一种重要的技术手段。网络设备为了过滤报文，需要配置一系列的匹配条件对报文进行分类。将 ACL 应用在端口上，可以根据预先设定的策略，对特定端口的流量起到控制作用。ACL 由一组规则组成，在规则中定义允许或拒绝通过路由器的条件，利用 ACL 可以对经过路由器的数据包按照设定的规则进行过滤，使数据包有选择地通过路由器，起到防火墙的作用。

ACL 一般只在以下路由器上配置。

1）内部网和外部网的边界路由器。

2）两个功能网络交界的路由器。

2. ACL 的作用

1）ACL 可以限制网络流量，提高网络性能。例如，ACL 可以根据数据包的协议指定数据包的优先级。

2）ACL 提供对通信流量的控制手段。例如，ACL 可以限定或简化路由更新信息的长度，从而限制通过路由器某一网段的通信流量。

3）ACL 是提供网络安全访问的基本手段。例如，ACL 允许主机 A 访问某一指定的网络，而拒绝主机 B 访问该指定网络。

4）ACL 可以在路由器端口处决定哪种类型的通信流量被转发或被阻塞。例如，用户可以允许 E-mail 通信流量被转发，而阻塞所有的 Telnet 通信流量。

3. ACL 匹配遵守的原则

1）顺序处理、匹配即停原则。对 ACL 表项的检查是按照从前往后的顺序进行的，从第 1 行开始查找，直到找到第一个匹配的行为止，不再继续查找后面的规则，因此必须考虑 ACL 中各项的前后顺序。

2）默认拒绝原则。如果没有配置任何 ACL，则等于允许一旦添加了 ACL，默认在每个 ACL 的最后隐含添加一行 Deny Any。如果某个报文没有在 ACL 中找到任何匹配项，则该报文将被拒绝。

二、实验目的

1）掌握利用路由器 ACL 保护内网主机安全的基本方法。

2）通过实验理解分组过滤防火墙的功能和基本原理。

三、实验准备

1）PC 物理机 1 台。

2）Packet Tracer 模拟器：PC 2 台、Server-PT 1 台、SW2960 交换机 1 台、Router 2 台、连接线若干。

四、实验内容

1）在 Packet Tracer 中构建模拟网络环境，并设计分组过滤条件。

2）为路由器、主机配置网络连接属性，并测试连通性。

3）为路由器配置标准 ACL 和扩展 ACL 并进行测试。

五、实验步骤

步骤1 配置网络拓扑。按照图3-61配置网络拓扑，为路由器设置静态路由表，使网络连通。在Server0中启动WWW服务。用ping测试PC1和PC2到Server0的连通性。分别测试PC1和PC2的Web浏览器是否可以访问Server0的WWW服务。

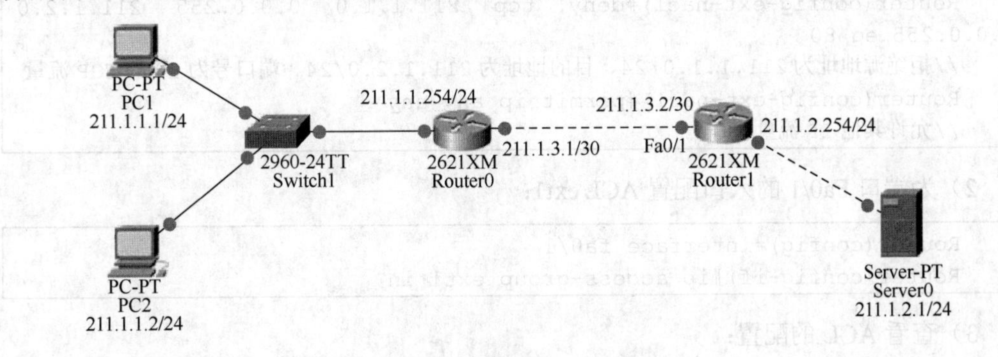

图3-61 配置ACL拓扑

步骤2 配置标准ACL。为路由器Router1的端口Fa0/1配置标准ACL，拒绝网络211.1.1.0/24中的主机访问，但允许主机211.1.1.1访问。

1）设置标准ACL：

```
Router(config)#access-list1 permit host 211.1.1.1
Router(config)#access-list1 deny 211.1.1.0 0.0.0.255
Router(config)#access-list1 permit any
```

注意

ACL使用反地址掩码0.0.0.255。

2）为端口Fa0/1的入口配置ACL 1：

```
Router(config)#interface fa0/1
Router(config-if)#ip access-group 1 in
```

3）查看ACL的配置：

```
Router#show access-lists
Router#show ip interface fa0/1
```

4）测试网络连通性。用ping测试PC2到Server0和Router1各端口的连通性，以及PC1到Server0和Router1各端口的连通性。分别测试PC1和PC2的Web浏览器是否可以访问 Server0 的 WWW 服务。

步骤 3 为路由器 Router1 的端口 Fa0/1 配置扩展 ACL，拒绝网络 211.1.1.0/24 中的主机访问 211.1.2.0/24 中的 WWW 服务，但允许其他主机访问。

1）创建扩展 ACL：

```
Router(config)#ip access-list extended ext1
//创建扩展 ACL：ext1
Router(config-ext-nacl)#deny  tcp  211.1.1.0  0.0.0.255  211.1.2.0 0.0.0.255 eq 80
//拒绝源地址为 211.1.1.0/24、目的地址为 211.1.2.0/24、端口号为 80 的 TCP 流量
Router(config-ext-nacl)#permit ip any any
//允许其他 IP 流量
```

2）为端口 Fa0/1 的入口配置 ACL ext1：

```
Router(config)#interface fa0/1
Router(config-if)#ip access-group ext1 in
```

3）查看 ACL 的配置：

```
Router#show access-lists
Router#show ip interface fa0/1
```

4）测试网络连通性。使用 ping 命令测试 PC2 到 Server0 和 Router1 各个端口的连通性，以及 PC1 到 Server0 和 Router1 各个端口的连通性。分别测试 PC1 和 PC2 的 Web 浏览器是否可以访问 Server0 的 WWW 服务。

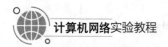

第 4 章　运输层实验

实验 4.1　抓包分析 TCP 首部

一、背景知识

TCP 提供一种面向连接的、可靠的字节流服务，它的首部格式如图 4-1 所示。

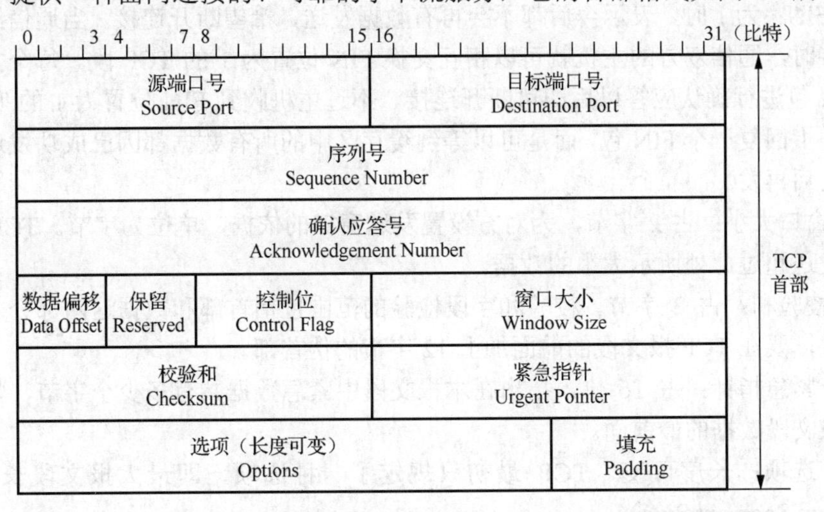

图 4-1　TCP 首部格式

TCP 首部中各部分的含义如下。

1）源端口号：发送端端口号，字段长度 16 位。

2）目标端口号：接收端端口号，字段长度 16 位。

3）序列号：简称序号，发送数据的位置，字段长度 32 位。每发送一次数据，就累加一次该数据字节数的大小。

4）确认应答号：简称确认号，下一次应该收到的数据的序列号，字长 32 位。发送端接收到该确认应答号后，就可以认为在该序号以前的数据均已经被正常接收。

5）数据偏移：确定 TCP 传输的数据部分从 TCP 包开始计算的位置，字段长度 4 位，单位为字节。也可以将该字段当成 TCP 的首部长度。

6）保留：为以后扩展使用，一般设置为0。

7）控制位。

① CWR：ECE位为1时，CWR则通知对方已将拥塞窗口缩小。

② ECE：当收到数据包的IP首部中ECN为1时，将TCP首部中的ECE设置为1，表示从对方到这边的网络有拥塞。

③ URG：为1时，表示包中有需要紧急处理的数据。

④ ACK：为1时，确认应答的字段变为有效。TCP规定，除了在最初建立连接时的SYN包之外，该位必须设置为1。

⑤ PSH：为1时，表示需要将收到的数据立刻上传给上层应用协议；为0时，则不需要立即传，而是先进行缓存。

⑥ RST：为1时，表示TCP连接出现异常，必须强制断开连接。

⑦ SYN：用于建立连接。SYN为1时，表示希望建立连接，并在其序列号的字段上进行序列号初始值的设定。

⑧ FIN：为1时，表示今后都不会再有数据发送，希望断开连接。当通信结束希望断开连接时，通信双方的主机就可以相互交换FIN位置为1的TCP段。每个主机对对方的FIN包进行确认应答以后即可断开连接。不过主机收到FIN位置为1的TCP段以后不必马上回复一个FIN包，而是可以等到缓存区中的所有数据都因已成功发送而被自动删除之后再发。

8）窗口大小：占2字节，为对方设置发送窗口的依据，单位为字节。TCP不允许发送端发送超过此处所示大小的数据。

9）校验和：占2字节。校验和字段检验的范围包括首部和数据这两部分。在计算校验和时，要在TCP报文段的前面加上12字节的伪首部。

10）紧急指针：占16位，指出在本报文段中紧急数据共有多少个字节，紧急数据放在本报文段数据的最前面。

11）选项：长度可变。TCP最初只规定了一种选项，即最大报文段长度MSS（Maximum Segment Size）。

12）填充：由于选项的长度可变，因此使用填充来确保报文段首部能被4整除。

二、实验目的

1）使用抓包工具抓获访问互联网网站的数据包。

2）分析运输层TCP首部。

3）理解TCP首部各字段的含义。

4）观察运输层首部的源端口、目标端口、序号、确认号。

三、实验准备

1）PC 物理机 1 台。
2）Ethereal 抓包工具。

四、实验内容

1）使用 Ethereal 抓包工具捕获访问互联网网站的数据包后进行分析。
2）观察运输层 TCP 首部，理解 TCP 首部各字段的含义。
3）通过实验深入理解源端口、目标端口、序号、确认号。

五、实验步骤

步骤 1　如图 4-2 所示，单击 Capture Interfaces 按钮，打开 Ethereal: Capture Interfaces 窗口，单击 Capture 按钮，进行抓包。

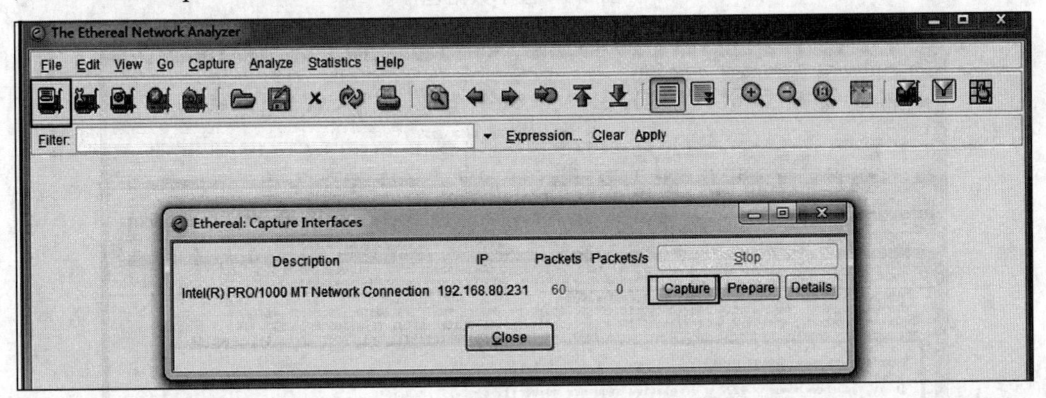

图 4-2　进行抓包

步骤 2　打开浏览器，访问一个互联网网站，开始抓包。

步骤 3　如图 4-3 所示，选择 SYN=1，seq=0 的数据包。该类数据包只有 TCP 的选项，没有数据，是计算机通信前和服务器之间建立会话协商通信参数的握手数据包。

步骤 4　如图 4-4 所示，选择第 19 号数据，展开 Transmission Control Protocol 部分，可以看到运输层的首部和数据。

步骤 5　如图 4-5 所示，在 Flags 部分可以看到运输层首部对应的控制位字段。

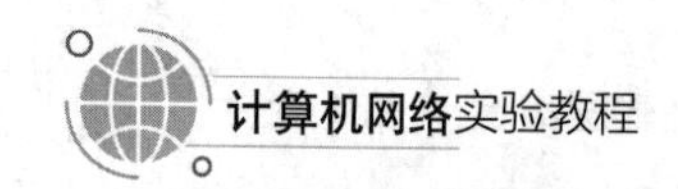

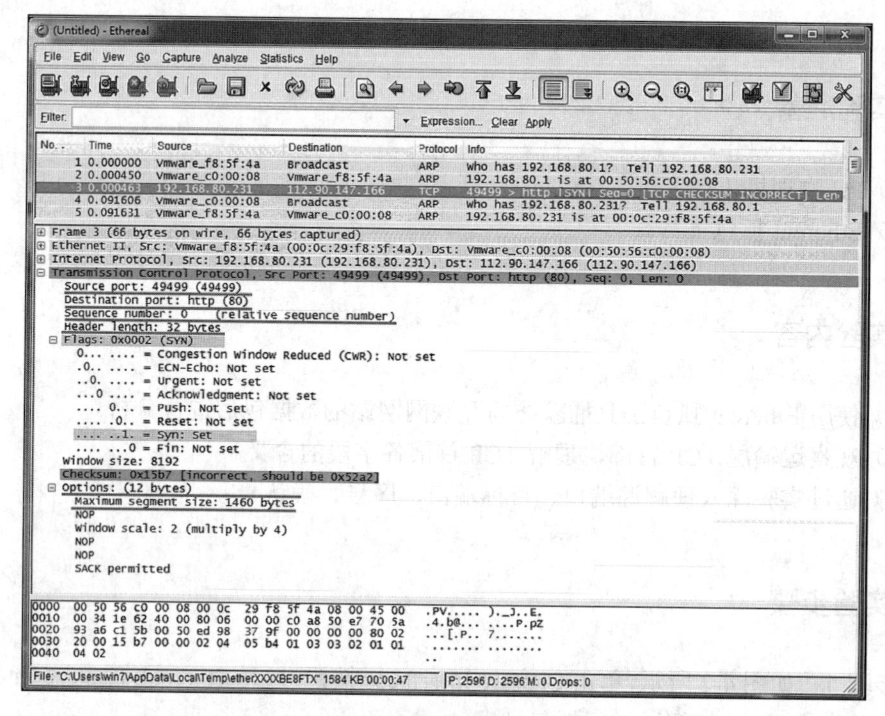

图 4-3 握手数据包

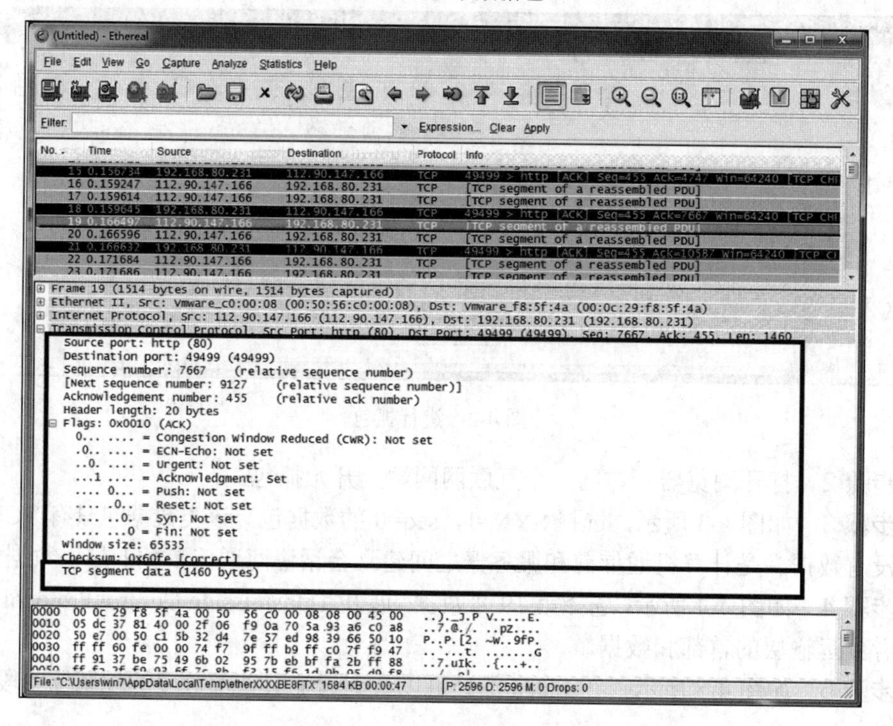

图 4-4 运输层的首部和数据

```
⊞ Frame 19 (1514 bytes on wire, 1514 bytes captured)
⊞ Ethernet II, Src: Vmware_c0:00:08 (00:50:56:c0:00:08), Dst: Vmware_f8:5f:4a (00:0c:29:
⊞ Internet Protocol, Src: 112.90.147.166 (112.90.147.166), Dst: 192.168.80.231 (192.168.
⊟ Transmission Control Protocol, Src Port: http (80), Dst Port: 49499 (49499), Seq: 7667
    Source port: http (80)
    Destination port: 49499 (49499)
    Sequence number: 7667    (relative sequence number)
    [Next sequence number: 9127    (relative sequence number)]
    Acknowledgement number: 455    (relative ack number)
    Header length: 20 bytes
  ⊟ Flags: 0x0010 (ACK)
      0... .... = Congestion Window Reduced (CWR): Not set
      .0.. .... = ECN-Echo: Not set
      ..0. .... = Urgent: Not set
      ...1 .... = Acknowledgment: Set
      .... 0... = Push: Not set
      .... .0.. = Reset: Not set
      .... ..0. = Syn: Not set
      .... ...0 = Fin: Not set
    Window size: 65535
    Checksum: 0x60fe [correct]
    TCP segment data (1460 bytes)
```

图 4-5 运输层首部对应的控制位字段

实验 4.2 抓包分析 TCP 三次握手过程

一、背景知识

TCP 是一个面向连接的协议，具备三次握手建立连接和四次挥手释放连接的过程。

1. 三次握手过程

TCP 三次握手建立连接过程如图 4-6 所示。

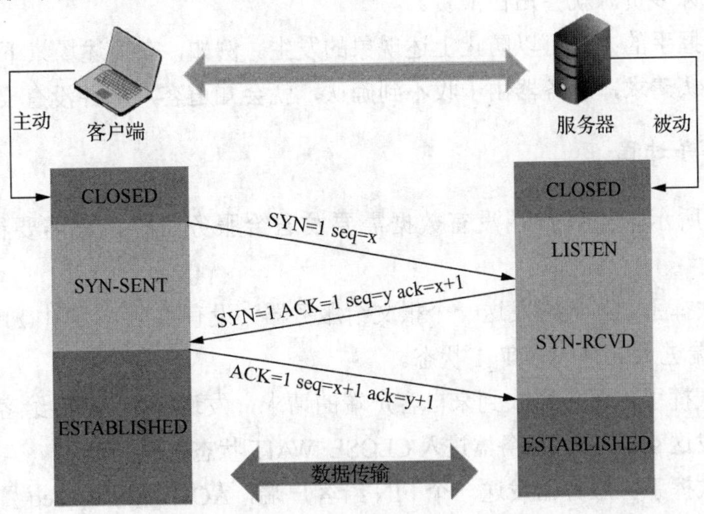

图 4-6 TCP 三次握手建立连接过程

1）第一次握手。客户端主动打开，发送连接请求报文段，将 SYN 标识位置为 1，seq 置为 x（TCP 规定 SYN=1 时不能携带数据，x 为随机产生的一个值），然后进入 SYN_SENT 状态。

2）第二次握手。服务器收到 SYN 报文段进行确认，将 SYN 标识位置为 1，ACK 置为 1，seq 置为 y，ack 置为 x+1，然后进入 SYN_RCVD 状态，该状态称为半连接状态。

3）第三次握手。客户端再进行一次确认，将 ACK 置为 1（此时不用 SYN），seq 置为 x+1，ack 置为 y+1 发向服务器，最后客户端与服务器都进入 ESTABLISHED 状态。

客户端需要进行第二次确认的原因主要是防止已经失效的连接请求报文段突然又传回服务器而产生错误。已经失效的连接请求报文段是这样产生的：正常情况下，客户端发出连接请求，但因为连接请求报文丢失而未收到确认；于是客户端再次发出连接请求，服务器收到了确认，建立了连接。数据传输完毕后，释放了连接。客户端一共发送了两个连接请求报文段，其中第一个丢失，第二个到达了服务器，没有已失效的连接请求报文段。现在假定一种异常情况，即客户端发出的第一个连接请求报文段并没有丢失，只是在某些网络节点长时间滞留了，以至于延误到连接释放以后的某个时间点才到达服务器。本来该连接请求已经失效了，但是服务器收到此失效的连接请求报文段后，就误认为这是客户端又发出的一次新的连接请求。于是服务器又向客户端发出请求报文段，同意建立连接，假定不采用三次握手，那么只要服务器发出确认，连接就建立了。由于现在客户端并没有发出连接建立的请求，因此不会理会服务器的确认，也不会向服务器发送数据；但是服务器却以为新的传输连接已经建立了，并一直等待客户端发来数据，这样服务器的许多资源就会白白浪费。

采用三次握手的办法可以防止上述现象的发生。例如，在上述场景下，客户端不向服务器发出确认请求，服务器由于收不到确认，就会知道客户端并没有要求建立连接。

2. *四次挥手过程*

如图 4-7 所示，当客户端没有数据需要发送给服务器时，就需要释放客户端的连接。

1）第一次挥手。客户端发送一个报文给服务器（没有数据），其中 FIN 置为 1，seq 置为 u，客户端进入 FIN_WAIT_1 状态。

2）第二次挥手。服务器收到来自客户端的请求，发送一个 ACK 给客户端，ack 置为 u+1，同时发送 seq 为 v，服务器进入 CLOSE_WAIT 状态。

3）第三次挥手。服务器发送一个 FIN 给客户端，ACK 置为 1，seq 置为 w，ack 置为 u+1，用来关闭服务器到客户端的数据传送，服务器进入 LAST_ACK 状态。

4）第四次挥手。客户端收到 FIN 后，进入 TIME_WAIT 状态，接着发送一个 ACK 给服务器，ack 置为 w+1，seq 置为 u+1，最后客户端和服务器都进入 CLOSED 状态。

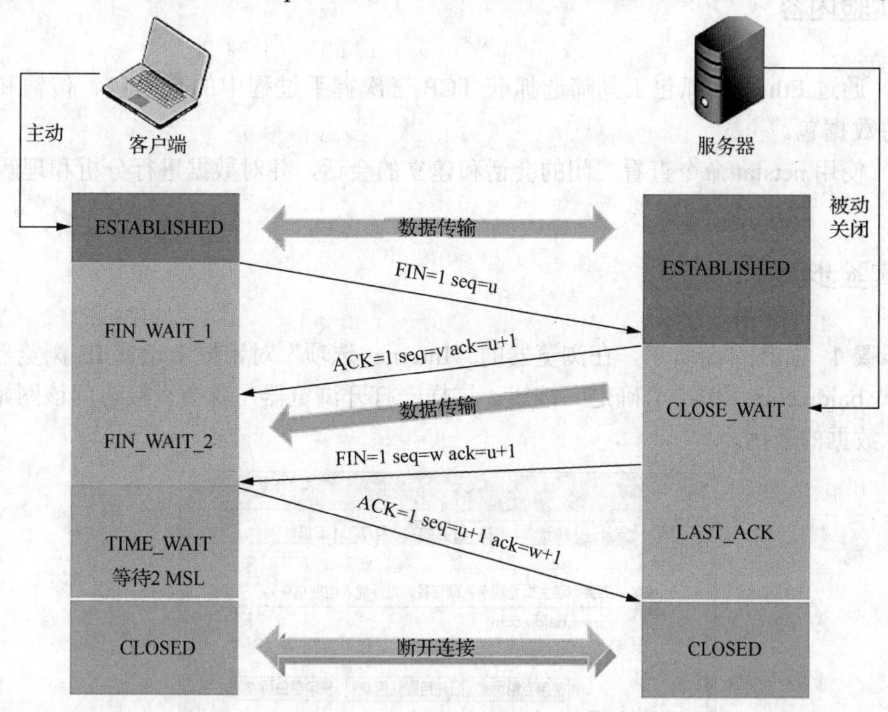

图 4-7　TCP 四次挥手释放连接过程

二、实验目的

1）通过抓获的数据包，观察打开网站产生的流量。

2）找出 TCP 建立会话的三次握手数据包。

3）查看传输数据的数据包和释放连接的数据包。

4）使用 netstat 命令查看关闭的会话和建立的会话。

三、实验准备

1）PC 物理机 1 台。

2）Ethereal 抓包工具。

四、实验内容

1）通过 Ethereal 抓包工具筛选抓获 TCP 三次握手过程中的数据包、传输和释放连接的数据包。

2）使用 netstat 命令查看关闭的会话和建立的会话，并对数据进行分析和理解。

五、实验步骤

步骤 1 如图 4-8 所示，在浏览器的“Internet 选项”对话框中设置 IE 浏览器首页为 www.baidu.com，单击“确定”按钮。这样一打开浏览器，就会直接访问该网站，防止其他数据的干扰。

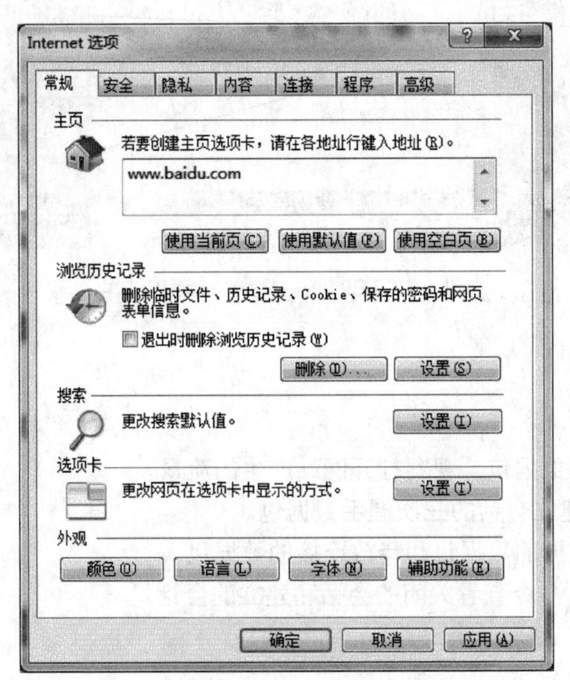

图 4-8 设置浏览器首页

步骤 2 如图 4-9 所示，开始抓包后，打开 IE 浏览器，抓包一段时间后关闭，这样就能够抓到 TCP 建立、传输、释放连接的数据包。

步骤 3 停止抓包后，可以看到 4、5、6 号这三个数据包就是刚刚和网站建立会话的三次握手数据包，如图 4-10 所示。

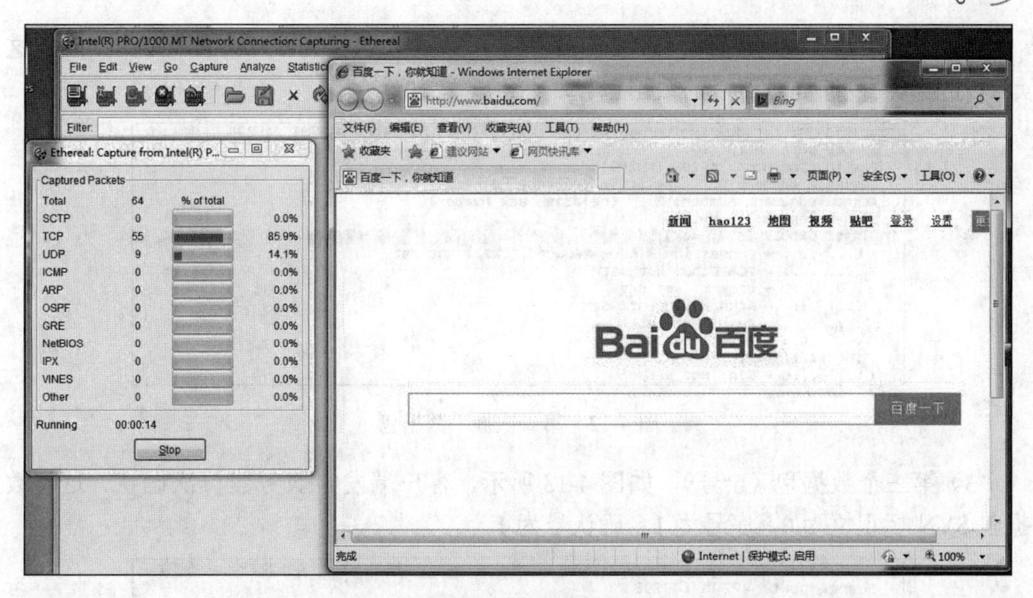

图 4-9　抓取连接互联网网站的数据包

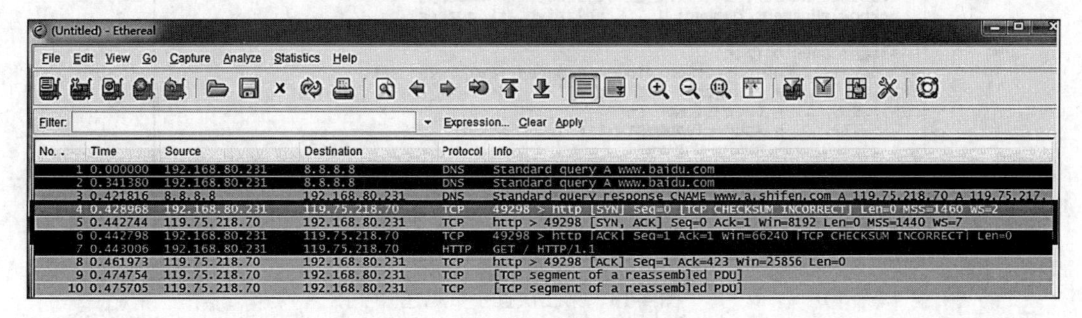

图 4-10　抓取的三次握手数据包

1）第一个数据包（4 号）是计算机和网站请求连接数据包，如图 4-11 所示，请求建立会话的数据包的特点是 SYN 标识位是 1，ACK 标识位是 0。

```
⊟ Transmission Control Protocol, Src Port: 49298 (49298), Dst Port: http (80), Seq: 0
    Source port: 49298 (49298)
    Destination port: http (80)
    Sequence number: 0    (relative sequence number)
    Header length: 32 bytes
  ⊟ Flags: 0x0002 (SYN)
      0... .... = Congestion Window Reduced (CWR): Not set
      .0.. .... = ECN-Echo: Not set
      ..0. .... = Urgent: Not set
      ...0 .... = Acknowledgment: Not set
      .... 0... = Push: Not set
      .... .0.. = Reset: Not set
      .... ..1. = Syn: Set
      .... ...0 = Fin: Not set
    Window size: 32768 (scaled)
```

图 4-11　第一次握手数据包

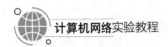

2）第二个数据包（5 号），如图 4-12 所示，SYN 标识位为 1，ACK 标识位为 1，这是对方主机回复的同意连接的数据包。

```
Transmission Control Protocol, Src Port: http (80), Dst Port: 49298 (49298), Seq: 0,
  Source port: http (80)
  Destination port: 49298 (49298)
  Sequence number: 0    (relative sequence number)
  Acknowledgement number: 1    (relative ack number)
  Header length: 32 bytes
⊟ Flags: 0x0012 (SYN, ACK)
    0... .... = Congestion Window Reduced (CWR): Not set
    .0.. .... = ECN-Echo: Not set
    ..0. .... = Urgent: Not set
    ...1 .... = Acknowledgment: Set
    .... 0... = Push: Not set
    .... .0.. = Reset: Not set
    .... ..1. = Syn: Set
    .... ...0 = Fin: Not set
```

图 4-12　第二次握手数据包

3）第三个数据包（6 号），如图 4-13 所示，客户端发给服务器再次确认，这类数据包 SYN 标识位为 0，序号为 1，确认号为 1。

```
Transmission Control Protocol, Src Port: 49298 (49298), Dst Port: http (80),
  Source port: 49298 (49298)
  Destination port: http (80)
  Sequence number: 1    (relative sequence number)
  Acknowledgement number: 1    (relative ack number)
  Header length: 20 bytes
⊟ Flags: 0x0010 (ACK)
    0... .... = Congestion Window Reduced (CWR): Not set
    .0.. .... = ECN-Echo: Not set
    ..0. .... = Urgent: Not set
    ...1 .... = Acknowledgment: Set
    .... 0... = Push: Not set
    .... .0.. = Reset: Not set
    .... ..0. = Syn: Not set
    .... ...0 = Fin: Not set
  Window size: 66240 (scaled)
  Checksum: 0x633c [incorrect, should be 0x5eb2]
```

图 4-13　第三次握手数据包

步骤 4　建立会话后，就可以观察到从网站下载内容的数据包。

1）如图 4-14 所示，选择 9 号数据，可以看到这是一个从网站下载的数据包，序号为 1，数据大小为 578 字节。下一个数据包从第 579 字节的数据开始，确认号是 579。

```
 9 0.474754  119.75.218.70   192.168.80.231  TCP  [TCP segment of a reassembled PDU]
10 0.475705  119.75.218.70   192.168.80.231  TCP  [TCP segment of a reassembled PDU]
11 0.475722  192.168.80.231  119.75.218.70   TCP  49298 > http [ACK] Seq=423 Ack=2019 Win=6624
12 0.476828  119.75.218.70   192.168.80.231  TCP  [TCP segment of a reassembled PDU]
13 0.476829  119.75.218.70   192.168.80.231  TCP  [TCP segment of a reassembled PDU]
14 0.476853  192.168.80.231  119.75.218.70   TCP  49298 > http [ACK] Seq=423 Ack=4899 Win=6624
15 0.483062  119.75.218.70   192.168.80.231  TCP  [TCP segment of a reassembled PDU]
16 0.483709  119.75.218.70   192.168.80.231  TCP  [TCP segment of a reassembled PDU]
17 0.483729  192.168.80.231  119.75.218.70   TCP  49298 > http [ACK] Seq=423 Ack=7779 Win=6624
18 0.487884  119.75.218.70   192.168.80.231  TCP  [TCP segment of a reassembled PDU]
19 0.488775  119.75.218.70   192.168.80.231  TCP  [TCP segment of a reassembled PDU]

⊞ Frame 9 (632 bytes on wire, 632 bytes captured)
⊞ Ethernet II, Src: Vmware_c0:00:08 (00:50:56:c0:00:08), Dst: Vmware_f8:5f:4a (00:0c:29:f8:5f:4a)
⊞ Internet Protocol, Src: 119.75.218.70 (119.75.218.70), Dst: 192.168.80.231 (192.168.80.231)
⊟ Transmission Control Protocol, Src Port: http (80), Dst Port: 49298 (49298), Seq: 1, Ack: 423, Len: 578
    Source port: http (80)
    Destination port: 49298 (49298)
    Sequence number: 1    (relative sequence number)
    [Next sequence number: 579    (relative sequence number)]
    Acknowledgement number: 423    (relative ack number)
    Header length: 20 bytes
  ⊞ Flags: 0x0018 (PSH, ACK)
    Window size: 25856 (scaled)
    Checksum: 0xd883 [correct]
    [Reassembled PDU in frame: 34]
    TCP segment data (578 bytes)
```

图 4-14　第一个从网站下载的数据包

2）选择图 4-14 中的第 10 号数据，可以看到这是第二个从网站下载的数据包，序号为 579。因为报文段长度为 1440，所以新的确认号为序号 579 加上 TCP 报文段的长度 1440，为 2019，从图 4-15 中可以得到验证。

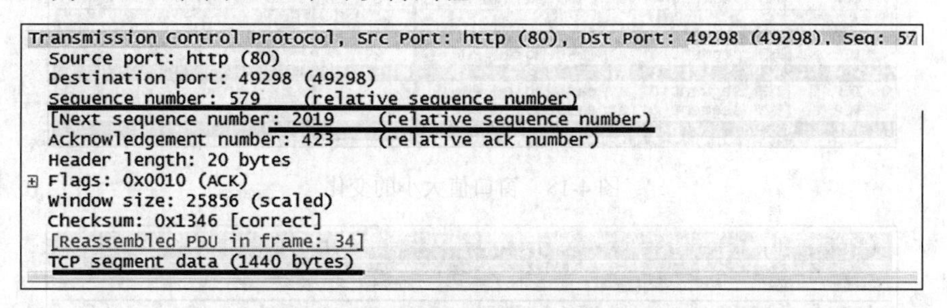

图 4-15　第二个从网站下载的数据包

步骤 5　如图 4-16 所示，可以看到数据传输的数据包和确认数据包。当计算机从网站收到两个数据包后，就会发给网站一个确认数据包。黑底色数据包是确认数据包，如图 4-17 所示。确认数据包中没有数据，只有 TCP 的一些选项，如设置接收窗口大小等信息。

```
 7 0.443006  192.168.80.231  119.75.218.70   HTTP  GET / HTTP/1.1
 8 0.461973  119.75.218.70   192.168.80.231  TCP   http > 49298 [ACK] Seq=1 Ack=423 Win=25856 Len=0
 9 0.474754  119.75.218.70   192.168.80.231  TCP   [TCP segment of a reassembled PDU]
10 0.475705  119.75.218.70   192.168.80.231  TCP   [TCP segment of a reassembled PDU]
11 0.475722  192.168.80.231  119.75.218.70   TCP   49298 > http [ACK] Seq=423 Ack=2019 Win=66240 [TC
12 0.476828  119.75.218.70   192.168.80.231  TCP   [TCP segment of a reassembled PDU]
13 0.476829  119.75.218.70   192.168.80.231  TCP   [TCP segment of a reassembled PDU]
14 0.476853  192.168.80.231  119.75.218.70   TCP   49298 > http [ACK] Seq=423 Ack=4899 Win=66240 [TC
15 0.483062  119.75.218.70   192.168.80.231  TCP   [TCP segment of a reassembled PDU]
16 0.483709  119.75.218.70   192.168.80.231  TCP   [TCP segment of a reassembled PDU]
17 0.483729  192.168.80.231  119.75.218.70   TCP   49298 > http [ACK] Seq=423 Ack=7779 Win=66240 [TC
18 0.487884  119.75.218.70   192.168.80.231  TCP   [TCP segment of a reassembled PDU]
19 0.488775  119.75.218.70   192.168.80.231  TCP   [TCP segment of a reassembled PDU]
```

图 4-16　数据传输数据包和确认数据包

```
26 0.501186  192.168.80.231  119.75.218.70   TCP   49298 > http [ACK] Seq=423 Ack=16419 Win=63360 [TCP
27 0.506899  119.75.218.70   192.168.80.231  TCP   [TCP segment of a reassembled PDU]
28 0.506900  119.75.218.70   192.168.80.231  TCP   [TCP segment of a reassembled PDU]
29 0.506927  192.168.80.231  119.75.218.70   TCP   49298 > http [ACK] Seq=423 Ack=19299 Win=60480 [TCP
30 0.510747  119.75.218.70   192.168.80.231  TCP   [TCP segment of a reassembled PDU]
31 0.511728  119.75.218.70   192.168.80.231  TCP   [TCP segment of a reassembled PDU]
32 0.511759  192.168.80.231  119.75.218.70   TCP   49298 > http [ACK] Seq=423 Ack=22179 Win=57600 [TCP
33 0.518844  119.75.218.70   192.168.80.231  TCP   [TCP segment of a reassembled PDU]

⊞ Frame 26 (54 bytes on wire, 54 bytes captured)
⊞ Ethernet II, Src: Vmware_f8:5f:4a (00:0c:29:f8:5f:4a), Dst: Vmware_c0:00:08 (00:50:56:c0:00:08)
⊞ Internet Protocol, Src: 192.168.80.231 (192.168.80.231), Dst: 119.75.218.70 (119.75.218.70)
⊟ Transmission Control Protocol, Src Port: 49298 (49298), Dst Port: http (80), Seq: 423, Ack: 16419, Len: 0
    Source port: 49298 (49298)
    Destination port: http (80)
    Sequence number: 423    (relative sequence number)
    Acknowledgement number: 16419    (relative ack number)
    Header length: 20 bytes
  ⊞ Flags: 0x0010 (ACK)
    Window size: 63360 (scaled)
    Checksum: 0x633c [incorrect, should be 0x1fba]
```

图 4-17　确认数据包中的内容

步骤 6　如图 4-18 所示，可以看到客户端给服务器发送确认数据时窗口值大小的变化。

步骤 7　如图 4-19 所示，可以看到释放连接的数据包，其 FIN 标识位为 1，表示是释放连接的数据包。

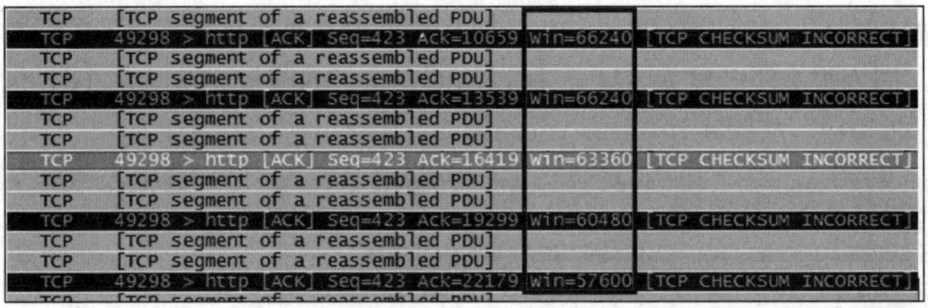

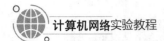

```
TCP    [TCP segment of a reassembled PDU]
TCP    49298 > http [ACK] Seq=423 Ack=10659 Win=66240 [TCP CHECKSUM INCORRECT]
TCP    [TCP segment of a reassembled PDU]
TCP    [TCP segment of a reassembled PDU]
TCP    49298 > http [ACK] Seq=423 Ack=13539 Win=66240 [TCP CHECKSUM INCORRECT]
TCP    [TCP segment of a reassembled PDU]
TCP    [TCP segment of a reassembled PDU]
TCP    49298 > http [ACK] Seq=423 Ack=16419 Win=63360 [TCP CHECKSUM INCORRECT]
TCP    [TCP segment of a reassembled PDU]
TCP    [TCP segment of a reassembled PDU]
TCP    49298 > http [ACK] Seq=423 Ack=19299 Win=60480 [TCP CHECKSUM INCORRECT]
TCP    [TCP segment of a reassembled PDU]
TCP    [TCP segment of a reassembled PDU]
TCP    49298 > http [ACK] Seq=423 Ack=22179 Win=57600 [TCP CHECKSUM INCORRECT]
```

图 4-18 窗口值大小的变化

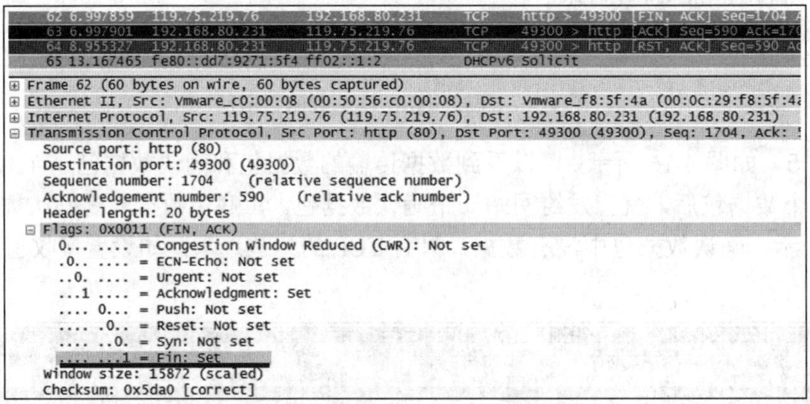

```
62 6.997859  119.75.219.76   192.168.80.231  TCP  http > 49300 [FIN, ACK] Seq=1704 A
63 6.997901  192.168.80.231  119.75.219.76   TCP  49300 > http [ACK] Seq=590 Ack=170
64 8.955327  192.168.80.231  119.75.219.76   TCP  49300 > http [RST, ACK] Seq=590 Ac
65 13.167465 fe80::dd7:9271:5f4 ff02::1:2    DHCPv6 Solicit
⊞ Frame 62 (60 bytes on wire, 60 bytes captured)
⊞ Ethernet II, Src: Vmware_c0:00:08 (00:50:56:c0:00:08), Dst: Vmware_f8:5f:4a (00:0c:29:f8:5f:4a
⊞ Internet Protocol, Src: 119.75.219.76 (119.75.219.76), Dst: 192.168.80.231 (192.168.80.231)
⊟ Transmission Control Protocol, Src Port: http (80), Dst Port: 49300 (49300), Seq: 1704, Ack: 5
    Source port: http (80)
    Destination port: 49300 (49300)
    Sequence number: 1704    (relative sequence number)
    Acknowledgement number: 590    (relative ack number)
    Header length: 20 bytes
  ⊟ Flags: 0x0011 (FIN, ACK)
      0... .... = Congestion Window Reduced (CWR): Not set
      .0.. .... = ECN-Echo: Not set
      ..0. .... = Urgent: Not set
      ...1 .... = Acknowledgment: Set
      .... 0... = Push: Not set
      .... .0.. = Reset: Not set
      .... ..0. = Syn: Not set
      .... ...1 = Fin: Set
    Window size: 15872 (scaled)
    Checksum: 0x5da0 [correct]
```

图 4-19 释放连接数据包

步骤 8 如图 4-20 所示，使用浏览器访问若干网站，同时在命令提示符下输入 netstat-n 命令，查看 TCP 当前建立的会话，其状态为 ESTABLISHED；然后关闭几个网页，可以看到当前释放的会话，其状态为 CLOSE_WAIT。一段时间后，CLOSE_WAIT 会话就会消失。

活动连接

协议	本地地址	外部地址	状态
TCP	10.7.10.55:54129	182.254.34.29:80	LAST_ACK
TCP	10.7.10.55:54450	58.205.221.240:80	CLOSE_WAIT
TCP	10.7.10.55:54461	14.17.33.221:80	CLOSE_WAIT
TCP	10.7.10.55:54462	203.90.249.162:80	CLOSE_WAIT
TCP	10.7.10.55:54463	101.227.169.19:80	CLOSE_WAIT
TCP	10.7.10.55:54464	58.205.220.33:80	CLOSE_WAIT
TCP	10.7.10.55:54467	101.227.169.47:80	CLOSE_WAIT
TCP	10.7.10.55:54469	101.227.169.20:80	CLOSE_WAIT
TCP	10.7.10.55:54471	202.205.6.33:80	CLOSE_WAIT
TCP	10.7.10.55:54472	202.205.6.33:80	CLOSE_WAIT
TCP	10.7.10.55:54473	202.205.6.33:80	CLOSE_WAIT
TCP	10.7.10.55:54497	182.254.34.29:80	ESTABLISHED
TCP	10.7.10.55:55569	113.108.16.42:8080	ESTABLISHED
TCP	127.0.0.1:443	127.0.0.1:49965	ESTABLISHED
TCP	127.0.0.1:49668	127.0.0.1:49669	ESTABLISHED
TCP	127.0.0.1:49669	127.0.0.1:49668	ESTABLISHED
TCP	127.0.0.1:49965	127.0.0.1:443	ESTABLISHED
TCP	127.0.0.1:49966	127.0.0.1:49967	ESTABLISHED
TCP	127.0.0.1:49967	127.0.0.1:49966	ESTABLISHED
TCP	127.0.0.1:49970	127.0.0.1:49971	ESTABLISHED
TCP	127.0.0.1:49971	127.0.0.1:49970	ESTABLISHED
TCP	[::1]:8307	[::1]:49972	ESTABLISHED
TCP	[::1]:49972	[::1]:8307	ESTABLISHED

图 4-20 netstat-n 命令显示的会话信息

第 5 章 应用层实验

实验 5.1 配置 FTP 服务器

一、背景知识

1. FTP 简介

FTP（file transfer protocol，文件传输协议）是互联网中使用最广泛的文件传输协议。FTP 使用交互式的访问方式，允许客户指定文件的类型和格式（如指明是否使用 ASCII 码），并允许文件具有存取权限（如访问文件的用户必须经过授权，并输入有效的口令）。FTP 基于 TCP 实现。

2. FTP 基本工作原理

FTP 屏蔽了各计算机系统的细节，因此适合在异构网络中任意计算机之间传送文件。FTP 只提供文件传送的一些基本服务，主要功能是减小或消除在不同系统下处理文件的不兼容性，它使用 TCP 实现了可靠的传输服务。

FTP 使用客户端/服务器（client/server，C/S）模型，一个 FTP 服务器进程可以为多个客户进程提供服务。FTP 服务器由两大部分组成：一个是主进程，负责接收新的请求；另一个是若干从属进程，负责处理单个请求。主进程的工作步骤如下。

1）打开熟知端口（21），使客户进程能够连接上。

2）等待客户进程发送连接请求。

3）启动从属进程，处理客户进程发送的连接请求，从属进程处理完请求后结束。从属进程在运行期间可能会根据需要创建其他一些子进程。

4）回到等待状态，继续接收其他客户进程发起的请求，主进程与从属进程的处理是并发进行的。

FTP 的控制连接在整个会话期间都保持打开状态，只用来发送连接与传送请求。当客户进程向服务器发送连接请求时，寻找连接服务器进程的 21 号熟知端口，同时还要告诉服务器进程自己的另一个端口号码，用于建立数据传送连接。接着，服务器进程用自己传送数据的 20 号熟知端口与客户进程所提供的端口号码建立数据传送连接，FTP 使用了 2 个不同的端口号，所以数据连接和控制连接不会混乱。

3. FTP 的数据格式

在使用 FTP 进行文件传输时，针对不同的文件类型，FTP 提供了两种文件传输模式，分别为 ASCII 和二进制。

1）ASCII：用于传输简单的文本文件，为默认类型。

2）二进制：用于传输程序文件、字处理文档、可执行文件或图片。

4. FTP 连接模式

（1）主动模式

主动模式（PORT）是 FTP 的默认模式。在主动模式下，客户端会开启 N 和 N+1 两个端口，其中 N 为客户端的命令端口，N+1 为客户端的数据端口。在这里需要注意，客户端的命令端口与数据端口的 N 和 N+1 在实际中表示的意思是两个端口比较接近。

主动模式工作过程如下。

1）客户端使用端口 N 连接 FTP 服务器的命令端口 21，建立控制连接并告诉服务器自己开启了数据端口 N+1。

2）控制连接建立成功后，服务器使用数据端口 20 主动连接客户端的 N+1 端口，以建立数据连接。

在 FTP 主动模式的数据连接建立的过程中，服务器是主动连接客户端的，所以称这种模式为主动模式。

图 5-1 所示为通过 netstat-n 命令查看到的 FTP 主动模式下 TCP 的连接信息。首先客户端使用 49195 端口连接服务器 21 端口，建立控制连接；然后服务器使用 20 端口连接客户端 49197 端口，建立数据连接。

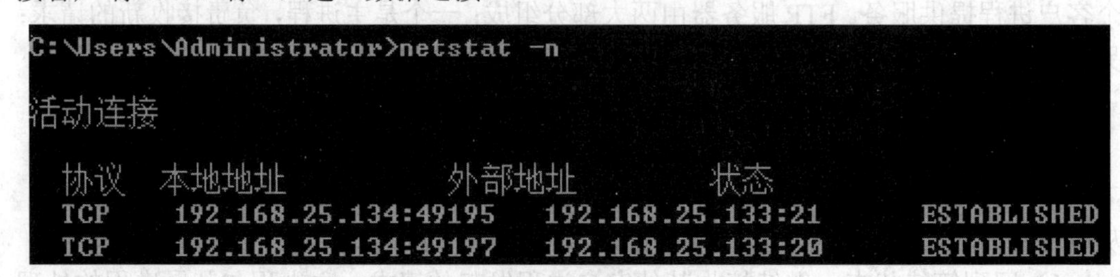

图 5-1　FTP 主动模式建立连接状态

主动模式对 FTP 服务器的管理有利，因为 FTP 服务器只需要开启 21 端口的“准入”和 20 端口的“准出”即可；但这种模式对客户端的管理不利，因为当 FTP 服务器 20

端口连接客户端的数据端口时，有可能被客户端的防火墙拦截。

（2）被动模式

为了解决主动模式中数据连接的建立有可能被客户端防火墙拦截这一问题，衍生出了另外一种连接模式，即FTP被动模式（PASV）。

被动模式工作过程如下。

1）客户端的命令端口N主动连接服务器命令端口21，并发送PASV命令，告诉服务器用被动模式。控制连接建立成功后，服务器开启一个数据端口P，通过PORT命令将P端口告诉客户端。

2）客户端的数据端口N+1连接服务器的数据端口P，建立数据连接。

在FTP被动模式的数据连接建立过程中，服务器被动地等待客户端来连接，所以称这种模式为被动模式。

图5-2所示为通过netstat-n命令查看到的FTP被动模式下的TCP连接情况。首先客户端49222端口连接服务器的21端口，建立控制连接；然后客户端的49224端口连接服务器的6008端口，建立数据连接。需要注意的是，服务器的数据端口P是随机的，该客户端连接过来用的是6008端口，另外一个客户端连接过来可能用的就是7009，P端口的范围是可以设置的。

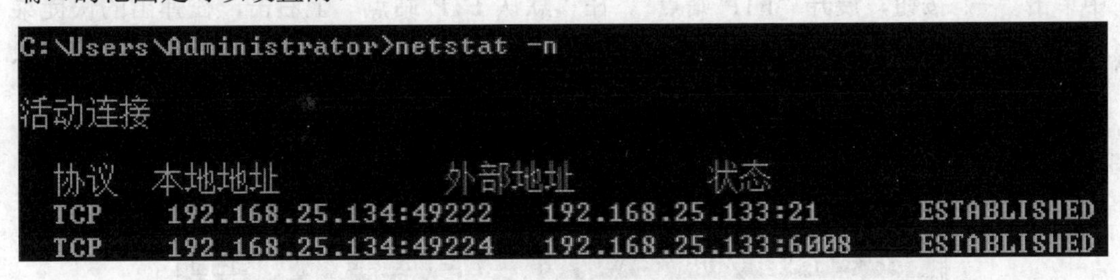

图5-2 FTP被动模式建立连接状态

被动模式对FTP客户端的管理有利，因为客户端的命令端口和数据端口都是“准出”，Windows防火墙对“准出”一般是不拦截的，所以客户端不需要任何多余的配置就可以连接FTP服务器；但对服务器的管理不利，因为当客户端数据端口连到FTP服务器的数据端口P时，很有可能被服务器的防火墙拦截。

二、实验目的

1）搭建配置FTP服务器。

2）使用客户端访问FTP服务器。

3）通过访问FTP服务器建立的会话确认是主动模式还是被动模式。更改客户端，使用主动模式访问FTP服务器。

三、实验准备

1）PC 物理机 1 台。

2）在 PC 物理机上安装 Windows Server 的两台虚拟机：一台为服务器，另一台为客户端。

四、实验内容

搭建并配置、访问 FTP 服务器。

五、实验步骤

步骤 1 如图 5-3 所示，打开“Internet 信息服务（IIS）管理器”窗口，在左侧树中单击“+”按钮，展开“FTP 站点”。在“默认 FTP 站点”上右击，在弹出的快捷菜单中选择“删除”命令，在弹出的“IIS 管理器”对话框中单击“是”按钮，删除默认 FTP 站点。

图 5-3 删除默认 FTP 站点

步骤 2　如图 5-4 所示，在计算机 C 盘下新建空白文件夹 homeWork，作为 FTP 站点根目录。

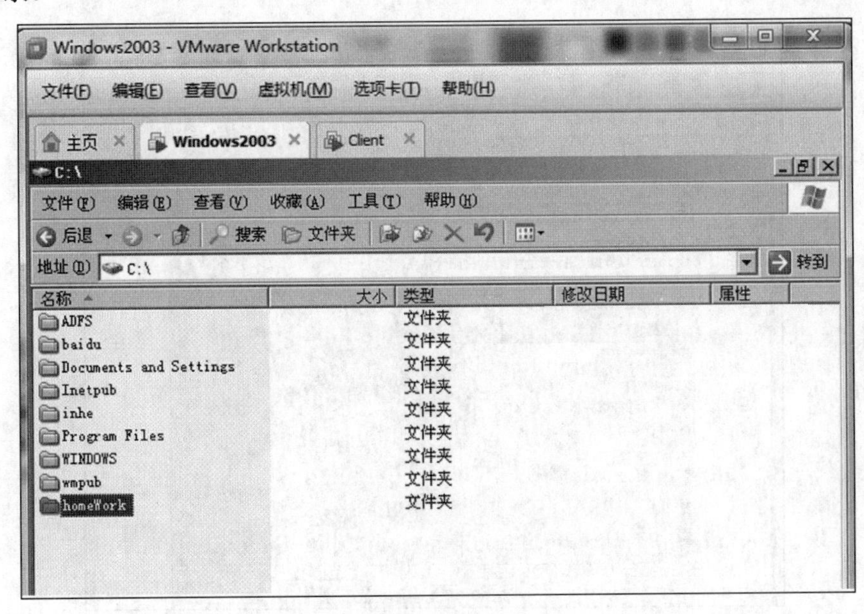

图 5-4　创建 FTP 站点根目录

步骤 3　如图 5-5 所示，在“FTP 站点”文件夹上右击，在弹出的快捷菜单中选择“新建”→“FTP 站点”命令。

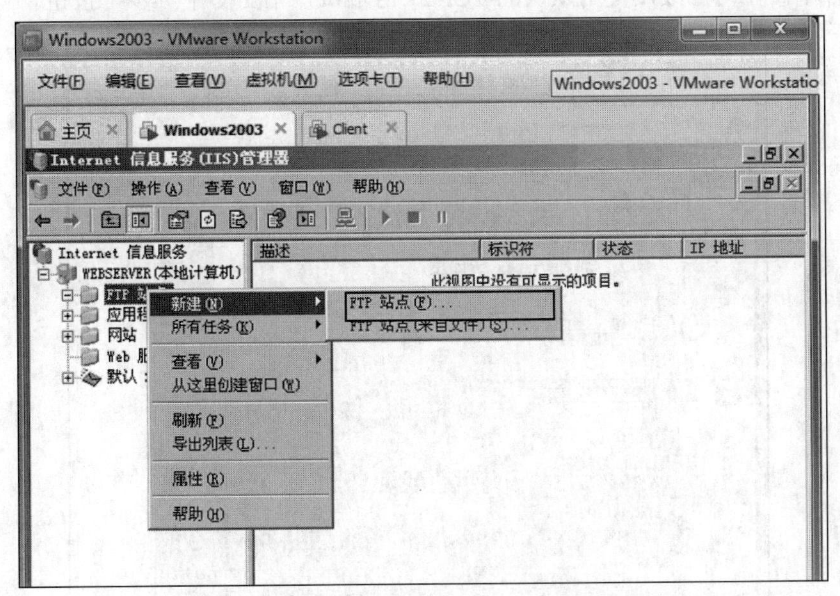

图 5-5　新建 FTP 站点

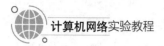

步骤 4 如图 5-6 所示，在“FTP 站点创建向导”对话框的“描述”文本框中输入 homeWork，单击“下一步”按钮。

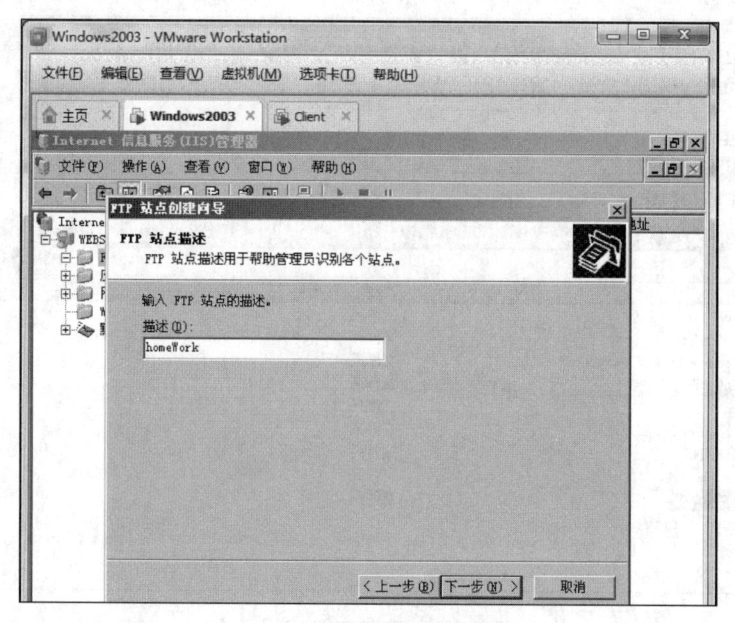

图 5-6 输入 FTP 站点描述

步骤 5 如图 5-7 所示，在“FTP 站点创建向导”对话框中，对“IP 地址和端口设置”内容不做任何修改，使用默认的 TCP 21 号端口，单击“下一步”按钮。

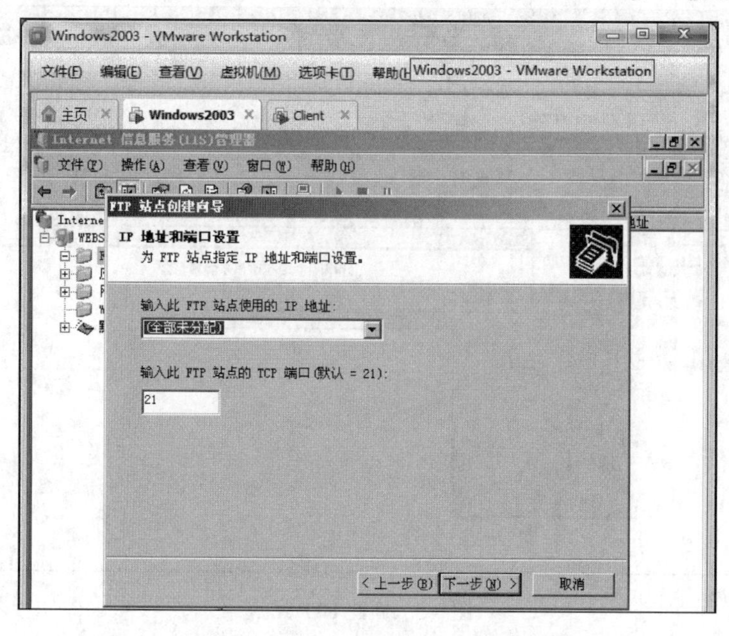

图 5-7 使用默认的 TCP 21 号端口

步骤6　在“FTP站点创建向导”对话框中，对“FTP用户隔离”内容不做任何修改，单击“下一步”按钮。

步骤7　如图5-8所示，在“FTP站点创建向导”对话框中单击“浏览”按钮，选中C盘下创建的homeWork文件夹，单击“下一步”按钮。

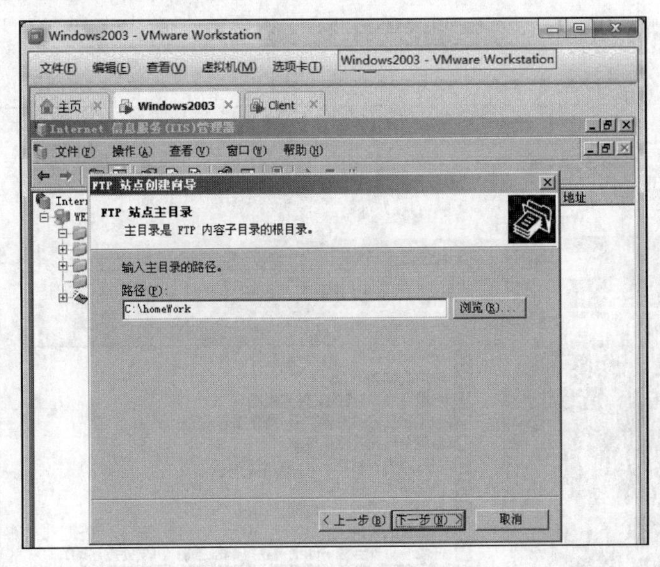

图5-8　指定FTP站点主目录

步骤8　如图5-9所示，在“FTP站点创建向导”对话框中选中“读取”和“写入”复选框，单击“下一步”按钮，完成FTP站点创建向导。

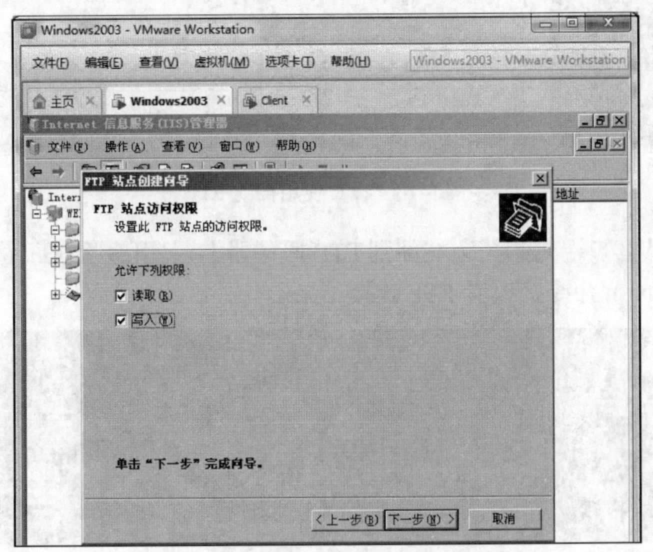

图5-9　设置FTP站点访问权限

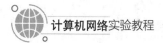

步骤 9 FTP 站点设置完毕后，切换至其他客户端（FTP 站点服务器本身以外的机器），双击“我的电脑”图标，打开“我的电脑”窗口，在地址栏内输入访问 FTP 服务器的地址“FTP://192.168.80.100”。在客户端“资源管理器”窗口中选择“工具”→“Internet 选项”选项，在弹出的“Internet 选项”对话框中选择“高级”选项卡，选中“使用被动 FTP（为防火墙和 DSL 调制解调器兼容性）”复选框，单击“确定”按钮，如图 5-10 所示。

图 5-10 设置使用被动 FTP

步骤 10 从客户端复制一个文件到 FTP 服务器上，打开命令提示符窗口，如图 5-11 所示，输入 netstat-n 命令，查看 FTP 连接结果。

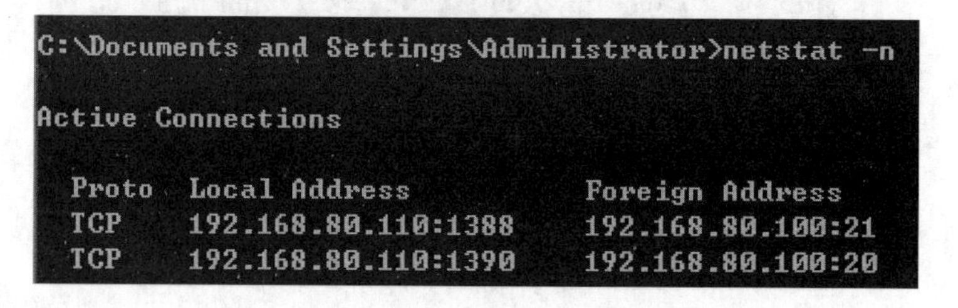

图 5-11 使用 netstat-n 命令查看 FTP 连接结果

实验 5.2 配置 DHCP 服务器

一、背景知识

1. DHCP 简介

DHCP（dynamic host configuration protocol，动态主机配置协议）的前身是 BOOTP（bootstrap protocol，引导程序协议），是一个局域网的网络协议。DHCP 使用 UDP 工作，统一使用两个 IANA（Internet assigned numbers authority，互联网数字分配机构）分配的 UDP 端口：第 67 号（服务器端）和第 68 号（客户端）。DHCP 通常用于局域网环境，主要作用是集中管理、分配 IP 地址，使客户端动态地获得 IP 地址、网关地址、DNS 服务器地址等信息，并能够提升地址的使用率。简单来说，DHCP 就是一个不需要账号密码登录的、自动给内网机器分配 IP 地址等信息的协议。

2. DHCP 的 IP 地址分配方式

DHCP Server 负责接收客户端的 DHCP 请求，集中管理所有客户端的 IP 地址等信息，并负责处理客户端的 DHCP 请求。相比于 BOOTP，DHCP 通过“租约”来实现动态分配 IP 地址的功能，实现 IP 地址的时分复用，从而解决 IP 地址资源短缺的问题。其地址分配方式有如下 3 种。

1）人工配置：由管理员对每台具体的计算机指定一个地址。

2）自动配置：服务器为第一次连接网络的计算机分配一个永久地址，DHCP 客户端第一次成功地从 DHCP 服务器端分配到一个 IP 地址之后，就永远使用该地址。

3）动态配置：在一定的期限内将 IP 地址租给计算机，客户端第一次从 DHCP 服务器端分配到 IP 地址后，并非永久地使用该地址，而是在每次使用完后，DHCP 客户端释放该 IP 地址，并且租期结束后客户必须续租或者停用该地址。

3. DHCP 租约表种类

1）静态租约表：对应一个静态租约存储文件，服务器端运行时从文件中读取静态租约表。

2）动态租约表：对应一个周期存储文件，服务器端周期性地将租约表存进该文件，在程序开始时会读取上次存放的租约表（租约表记录了当前所有分配的租约，包括静态链接）。

DHCP 服务器一直处在被动接收请求的状态，当有客户端请求时，服务器会读取获得客户端当前所在的状态及客户端的信息，并在静态租约表和动态租约表中进行检索，找到相应的表项，再根据客户端的状态执行不同的回复。

当收到客户端的首次请求时，DHCP服务器先查找静态租约表，若存在请求的表项，则返回该客户端静态IP地址；否则，从IP地址池中选择可用的IP地址分配给客户端，并添加信息到动态数据库中。此外，服务器会周期性地刷新租约表并写入文件存档，在该过程中会“顺便”对动态租约表进行租期检查。

4. DHCP工作流程

1）客户端初始化与寻找DHCP服务器阶段（DHCP Discover）：当DHCP客户端启动时，计算机发现本机上没有任何IP地址设定，会以广播方式通过UDP第67号端口发送DHCP Discover发现信息来寻找DHCP服务器。因为客户端还不知道自己属于哪一个网络，所以封包的源主机IP地址为0.0.0.0，目的主机IP地址为255.255.255.255，向网络发送特定的广播信息。网络上每一台安装了TCP/IP协议的主机都会接收该广播信息，但只有DHCP服务器才会做出响应。DHCP Discover的等待时间预设为1s，即当客户端将第一个DHCP Discover封包发送出去之后，如果在1s之内没有得到回应，就会进行第二次DHCP Discover广播；若一直没有得到回应，客户端会将这一广播信息重新发送4次（以2s、4s、8s、16s为间隔，加上1～1000ms随机长度的时间）。如果都没有得到DHCP服务器的回应，客户端会从169.254.0.0/16这个自动保留的私有IP地址中选用一个IP地址，并且每隔5min重新广播一次，如果收到某个服务器的响应，则继续IP租用过程。

2）分配IP地址与提供IP地址租用阶段（DHCP Offer）：DHCP服务器收到客户端发出的DHCP Discover广播后，通过解析报文，查询服务器上的DHCP配置文件。它会从DHCP地址池还没有租出去的IP地址中选择最前面的空置IP地址，连同其他TCP/IP设定信息，通过UDP第68号端口响应给客户端一个DHCP Offer数据包（包中包含IP地址、子网掩码、地址租期等信息），告诉DHCP客户端该DHCP服务器拥有资源，可以提供DHCP服务。此时还是使用广播方式进行通信，源IP地址为DHCP服务器的IP地址，目的主机IP地址为255.255.255.255。同时，DHCP服务器为此客户端保留它提供的IP地址，不会再为其他DHCP客户端分配此IP地址。由于客户端在开始时还没有IP地址，因此在其DHCP Discover封包内会带有其MAC地址信息，并且有一个XID编号来辨别该封包。DHCP服务器响应的DHCP Offer封包则会根据这些资料传递给要求租约的客户。

3）接收IP地址与接收IP地址租约阶段（DHCP Request）：DHCP客户端接收到DHCP Offer提供的信息之后，如果客户端收到网络上多台DHCP服务器的响应，一般会选择最先响应的DHCP服务器提供的IP地址，然后以广播方式回答一个DHCP Request数据包（包中包含客户端的MAC地址、接收的租约中的IP地址、提供此租约的DHCP

服务器地址等），告诉所有DHCP服务器它将接收哪一台服务器提供的IP地址，其他的DHCP服务器撤销它们提供的IP地址，以便将IP地址提供给下一次IP地址租用请求。此时，由于还没有得到DHCP服务器的最后确认，因此客户端仍然使用0.0.0.0为源主机IP地址、255.255.255.255为目标主机IP地址进行广播。事实上，并不是所有的DHCP客户端都会无条件接收DHCP服务器的Offer，特别是如果这些主机上安装有其他TCP/IP相关的客户端软件。客户端也可以用DHCP Request向服务器提出DHCP选择，这些选择会以不同的号码填写在DHCP Option Field中。客户端可以保留自己的一些TCP/IP设定。

4）IP地址分配确认与租约确认阶段（DHCP Ack）：当DHCP服务器接收到客户端的DHCP Request之后，会广播返回给客户端一个DHCP Ack消息包，表明已经接收客户端的选择，告诉DHCP客户端可以使用它提供的IP地址，并将这一IP地址的合法租用及其他配置信息都放入该广播包发给客户端。客户端在接收到DHCP Ack广播后，会向网络发送3个针对此IP地址的ARP解析请求，以执行冲突检测，查询网络上有没有其他机器使用该IP地址。如果发现该IP地址已经被使用，客户端会发出一个DHCP Decline数据包给DHCP服务器，拒绝使用此IP地址租约，并重新发送DHCP Discover信息。此时，在DHCP服务器管理控制台中会显示此IP地址为BAD_ADDRESS。如果网络上没有其他主机使用此IP地址，则客户端的TCP/IP使用租约中提供的IP地址完成初始化，从而可以和其他网络中的主机进行通信。

5）更新租约阶段：DHCP服务器向DHCP客户端出租的IP地址一般有一个租借期限，租借期满后DHCP服务器便会收回出租的IP地址。如果DHCP客户端要延长其IP租约，则必须更新其IP租约。客户端会在租期还剩50%时直接向为其提供IP地址的DHCP服务器发送DHCP Request消息包。如果客户端接收到该服务器回应的DHCP Ack消息包，就可以根据包中提供的新的租期及其他已经更新的TCP/IP参数更新自己的配置，IP租用更新完成；如果没有收到该服务器的回复，则客户端继续使用现有的IP地址，因为当前租期还有50%。如果在租期还剩50%时没有更新，则客户端将在租期还剩12.5%时再次向为其提供IP地址的DHCP服务器联系。如果还不成功，到租约100%时，客户端必须放弃该IP地址，重新申请。如果此时无DHCP服务器可用，客户端会使用169.254.0.0/16中随机的一个地址，并且每隔5min尝试联系DHCP服务器。

二、实验目的

1）掌握在Windows Server上配置DHCP服务器的方法。

2）深入理解DHCP服务的工作过程。

三、实验准备

1）PC 物理机 1 台。

2）在 PC 物理机上安装虚拟机，虚拟机上安装 Windows Server 2003 版本以上的服务器操作系统。

四、实验内容

1）安装与配置 DHCP 服务器。

2）测试 DHCP 服务器。

五、实验步骤

步骤 1 配置 DHCP 服务器。

1）安装 DHCP 服务器。DHCP 服务器必须运行于 Windows Server 的主机上，主机上需要配置好 TCP/IP 协议。通过系统网络服务的子组件安装 DHCP 程序。如果在“管理工具”下出现 DHCP 选项，就说明 DHCP 服务器已安装成功。

2）打开 DHCP 管理器，如图 5-12 所示。

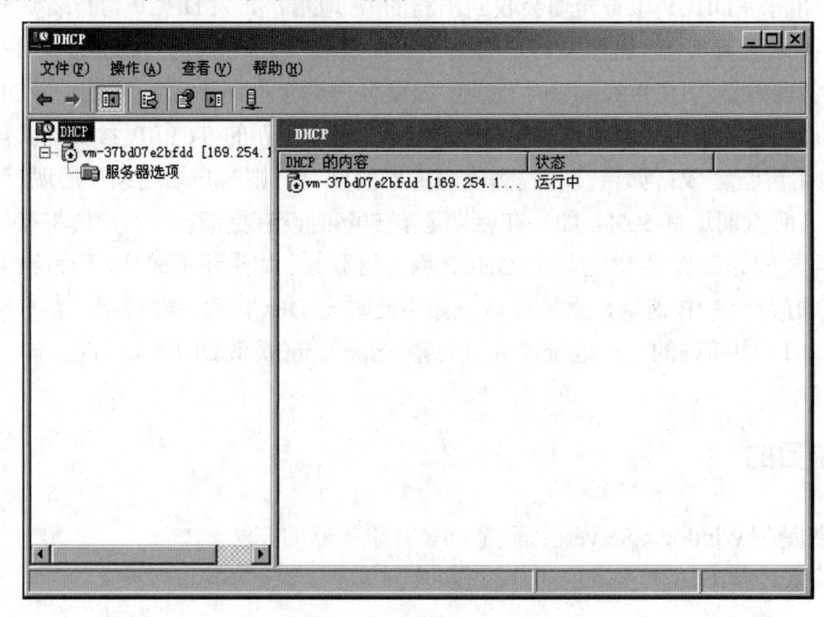

图 5-12 DHCP 管理器窗口

3）新建作用域。选择图 5-12 中的“服务器选项”，弹出“新建作用域向导”对话框，在“名称”文本框中输入新的作用域名称 com，如图 5-13 所示。

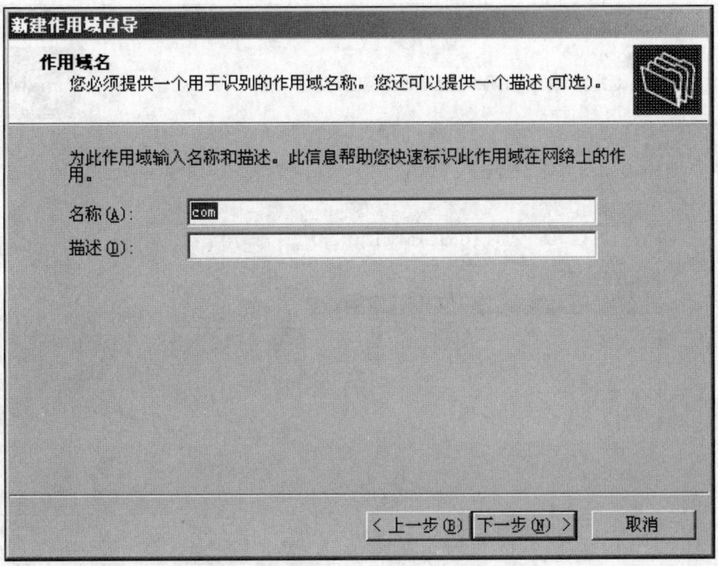

图 5-13　输入作用域名称

单击“下一步”按钮，进入“IP 地址范围”编辑页面，如图 5-14 所示，设置“起始 IP 地址”为 169.254.125.2，“结束 IP 地址”为 169.254.125.254，“长度”为 24，“子网掩码”为 255.255.255.0。

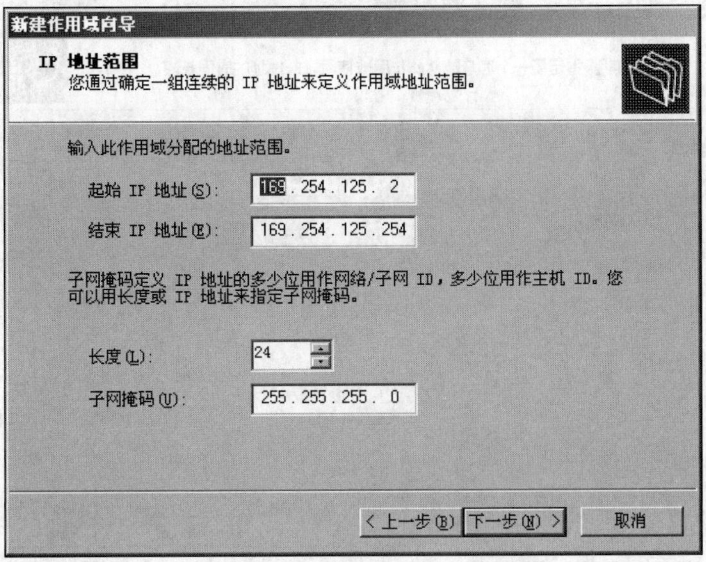

图 5-14　编辑 IP 地址范围

单击“下一步”按钮，进入“添加排除”IP 地址范围输入页面，如图 5-15 所示，可以添加多个排除地址段。

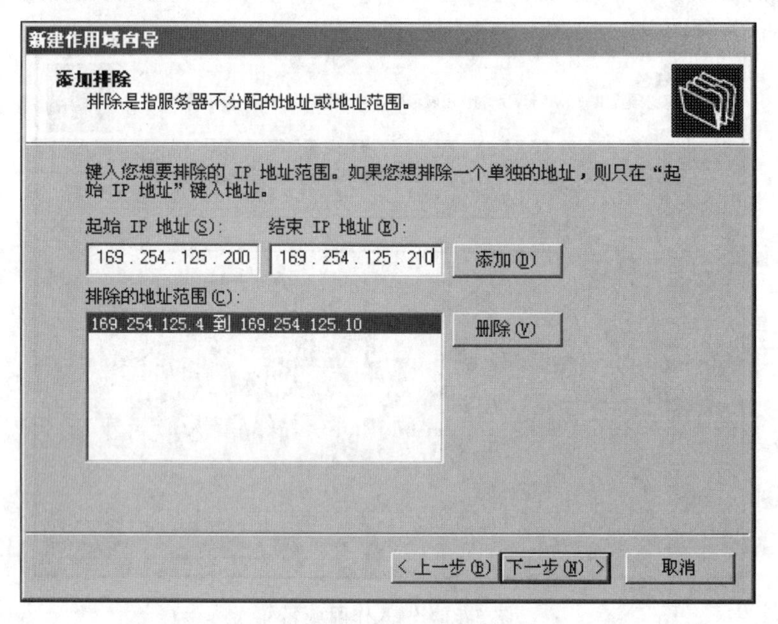

图 5-15　选择排除 IP 地址范围

单击“下一步”按钮，进入“租约期限”设置页面，如图 5-16 所示，可设置服务器分配的作用域租约期限。

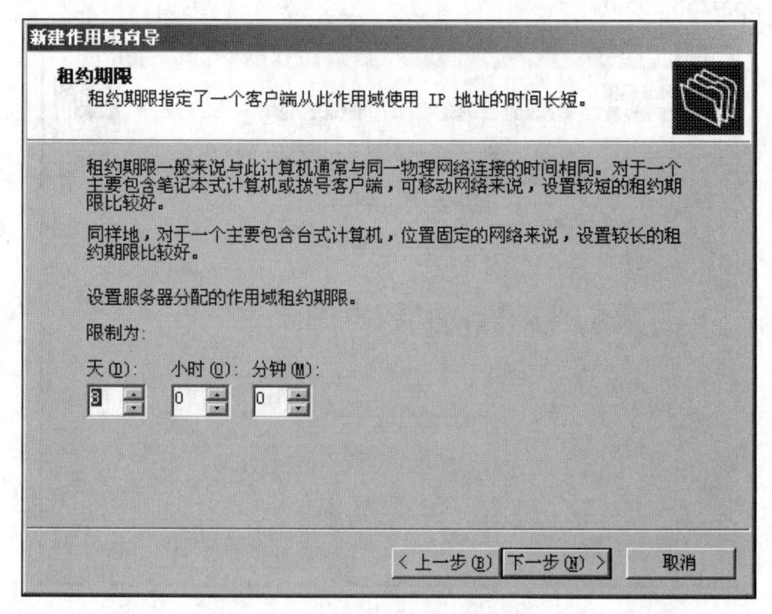

图 5-16　设置租约期限

单击“下一步”按钮，进入“配置 DHCP 选项”页面，如图 5-17 所示，要求选择是否现在配置这些选项。如果选中“是，我想现在配置这些选项”单选按钮，则此时可以对 DNS 服务器、默认网关、WINS 服务器地址等内容进行设置；如果选中“否，我想稍后配置这些选项”单选按钮，则可以在需要这些功能时再进行配置。在实验中可先选中“否，我想稍后配置这些选项”单选按钮，单击“下一步”按钮，完成设置。

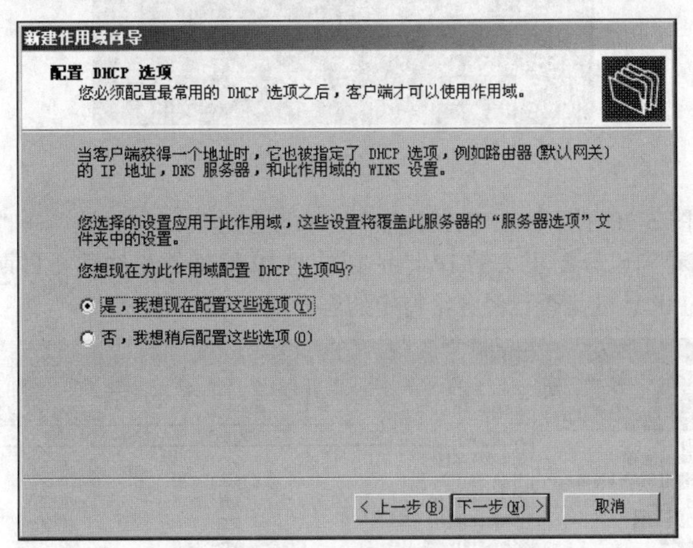

图 5-17　配置 DHCP 选项

步骤 2　启动 DHCP 服务。在 DHCP 控制台中激活此作用域，此时 DHCP 服务正式启动。

步骤 3　测试 DHCP 服务器。选择另外一台 PC（非 DHCP 服务器），在该 PC 上打开“网络和共享中心”，在“本地连接”图标上右击，在弹出的快捷菜单中选择“属性”命令，在弹出“本地连接属性”对话框中选择 TCP/IPv4 选项；单击“属性”按钮，在弹出的“Internet 协议版本 4（TCP/IPv4）属性”对话框中选择“常规”选项卡；在“常规”选项卡中选中“自动获得 IP 地址”单选按钮，如图 5-18 所示。

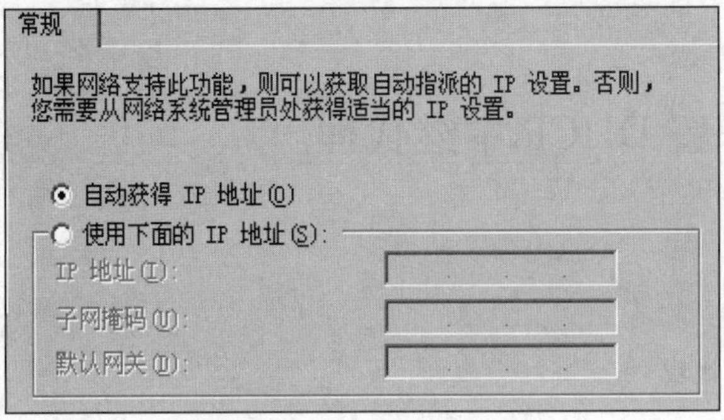

常规

如果网络支持此功能，则可以获取自动指派的 IP 设置。否则，您需要从网络系统管理员处获得适当的 IP 设置。

自动获得 IP 地址(O)

使用下面的 IP 地址(S):

IP 地址(I):

子网掩码(U):

默认网关(D):

图 5-18　设置自动获取 IP 地址

重新启动该客户端网卡后，在客户端命令提示符下输入 ipconfig 命令，如果 DHCP 服务器工作正常，则可看到该客户端分配到的动态 IP 地址，如图 5-19 所示。

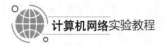

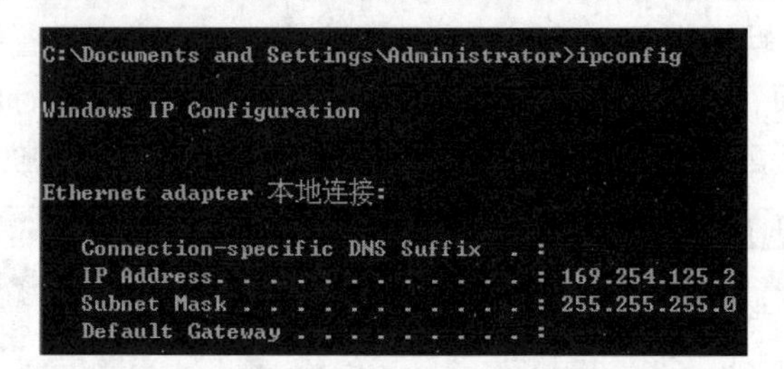

图 5-19　自动获取的地址

此时，如图 5-20 所示，在 DHCP 控制台中刚创建的“作用域”→“地址租约”选项窗口中可以看到已分配出去的 IP 地址和这些 IP 地址的租约截止日期，还可以查看“保留”特定的 IP 地址是否已经分给特定的客户端。

图 5-20　地址租约

实验 5.3　配置 DHCP 中继代理

一、背景知识

1. DHCP 中继代理

DHCP 中继代理可以实现在不同子网和网段之间处理和转发 DHCP 信息。如果

DHCP 客户端与 DHCP 服务器在同一个网段，则客户端可以正确地获得 DHCP 服务器动态分配的 IP 地址；如果不在同一个网段，则客户端需要借助 DHCP 中继代理来通过跨网段向 DHCP 服务器请求 IP 地址。

2. DHCP 中继代理工作原理

1）当 DHCP 启动并执行 DHCP 初始化时，它在本地网络广播配置请求报文。

2）如果本地网络存在 DHCP 服务器，则 DHCP 服务器收到客户端请求后可以直接进行 DHCP 配置，不需要 DHCP 中继代理。

3）如果本地没有 DHCP 服务器，则与本地网络相连的且带有 DHCP 中继代理功能的网络设备收到客户端 DHCP 请求广播报文后，进行适当处理，并转发给指定的在其他网络上的 DHCP 服务器。

4）DHCP 服务器根据客户端提供的信息进行相应配置，并通过 DHCP 中继代理将配置信息发送给客户端，完成对客户端的配置。

二、实验目的

1）深入理解 DHCP 和 DHCP 中继代理的工作原理。

2）掌握在路由器中配置 DHCP 中继代理的方法。

三、实验准备

1）PC 物理机 1 台。

2）Packet Tracer 模拟器：PC 5 台、Server-PT 1 台、SW2960 交换机 2 台、Router 1 台、连接线若干。

四、实验内容

1）安装与配置 DHCP 服务器。

2）测试 DHCP 服务器。

五、实验步骤

步骤 1 配置网络拓扑。按照图 5-21 所示拓扑搭建网络，配置 Router0 和 Server0

的网络端口的网络信息。其中，Server0 的 IP 地址为 211.28.2.253，Router0 的 Fa0/0 端口的 IP 地址为 211.28.1.254，Fa0/1 端口的 IP 地址为 211.28.2.254。

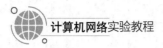

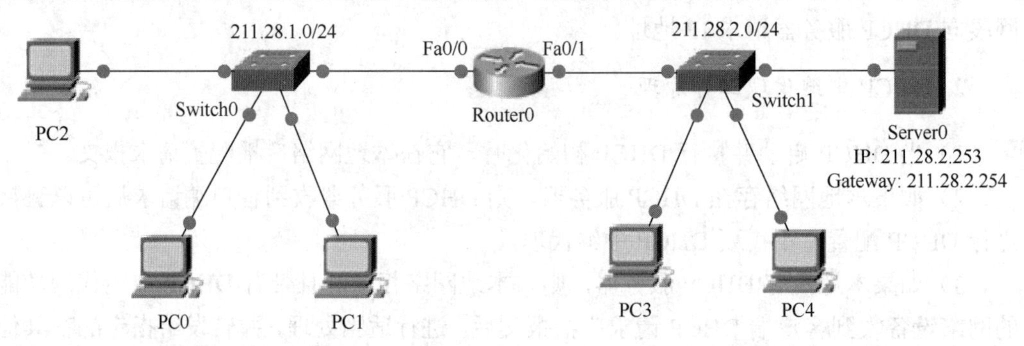

图 5-21　配置 DHCP 中继代理网络拓扑

步骤 2　配置 DNS 服务。

1）如图 5-22 所示，在 Server0 中启动 WWW 服务和 DNS 服务，并添加主机记录（A 记录）：WWW，A Record，211.28.2.253。

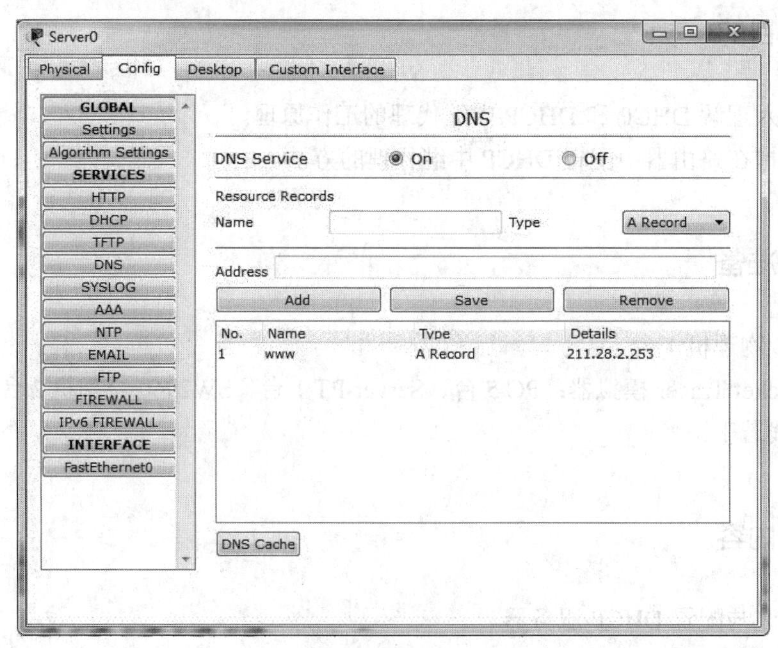

图 5-22　配置 DNS 服务

2）在 Server0 中启动 DHCP 服务，并为 211.28.2.0/24 网段配置地址池（Server Pool）：

```
默认网关：211.28.2.254
DNS 服务器：211.28.2.253
起始地址：211.28.2.1
```

```
子网掩码：255.255.255.0
最大用户数：251
```

3）在Server0中为211.28.1.0/24网段创建DHCP地址池（Server Pool 1）：

```
默认网关：211.28.1.254
DNS服务器：211.28.2.253
起始地址：211.28.1.1
子网掩码：255.255.255.0
最大用户数：251
```

步骤3 DHCP中继代理。在Router0中为Fa0/0端口配置DHCP中继代理：

```
Router(config-if)#interface fa0/0
Router(config-if)# ip helper-address 211.28.2.253
```

步骤4 测试并分析DHCP交互过程。在PC0～PC4的IP Configuration中选择DHCP自动获取IP地址，查看获取的IP配置信息并测试各主机间的连通性。在PC0中通过浏览器访问Server0的Web页面，测试域名解析过程是否正确。切换至Packet Tracer的模拟窗口，在PC0中重新配置DHCP自动获取IP地址，观察和分析DHCP的交互过程。

思考

从PC0到Router0的DHCP交互过程是广播吗？从Router0到Server0的DHCP交互过程是广播吗？分析DHCP报文类型和内容。

实验5.4 设置IPSec实现数据加密通信

一、背景知识

1. IPSec简介

IPSec（Internet protocol security，协议安全）是为IP网络提供安全性的协议和服务的集合，是VPN（virtual private network，虚拟专用网）中常用的一种技术。由于IP报文本身没有集成任何安全特性，因此IP数据报在公用网络（如互联网）中传输可能会面临被伪造、窃取或篡改的风险。通信双方通过IPSec建立一条IPSec隧道，IP数据报通过IPSec隧道进行加密传输，有效保证了数据在不安全的网络环境（如互联网）中传输的安全性。

2. IPSec VPN

VPN 是一种在公用网络上建立专用网络的技术。之所以称为虚拟网，主要是因为VPN的两个节点之间并没有像传统专用网那样使用端到端的物理链路，而是架构在公用网络（如互联网）之上的逻辑网络，用户数据通过逻辑链路进行传输。

按照 VPN 协议划分，常见的 VPN 种类有 IPSec、SSL、GRE、PPTP 和 L2TP 等。其中，IPSec 是通用性较强的一种 VPN 技术，适用于多种网络互访的场景。IPSec VPN 是指采用 IPSec 实现远程接入的一种 VPN 技术，如图 5-23 所示，通过在公网上为两个或多个私有网络建立 IPSec 隧道，并通过加密和验证算法保证 VPN 连接的安全。

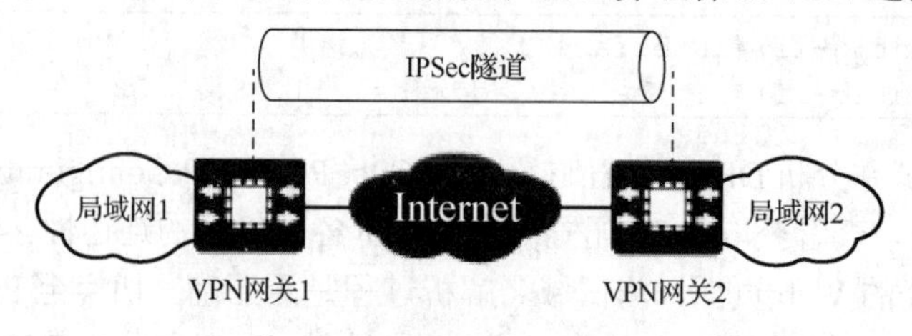

图 5-23　IPSec VPN

IPSec VPN 保护的是点对点之间的通信，通过 IPSec VPN 可以在主机和主机之间、主机和网络安全网关之间或网络安全网关（如路由器、防火墙）和网络安全网关之间建立安全的隧道连接。其协议主要工作在 IP 层，在 IP 层对数据包进行加密和验证。相对于其他 VPN 技术，IPSec VPN 的安全性更高，数据在 IPSec 隧道中都是加密传输的，但相应的 IPSec VPN 在配置和组网部署上更复杂。

3. IPSec 工作过程

IPSec 的工作过程大致可以分为以下 4 个阶段。

1）识别感兴趣流。网络设备接收到报文后，通常会将报文的五元组等信息和 IPSec 策略进行匹配，以判断报文是否要通过 IPSec 隧道传输。需要通过 IPSec 隧道传输的流量通常被称为感兴趣流。

2）协商建立安全联盟（security association，SA）。SA 是通信双方对某些协商要素的约定，如双方使用的安全协议、数据传输采用的封装模式、协议采用的加密和验证算法、用于数据传输的密钥等。通信双方之间只有建立了 SA，才能进行安全的数据传输。识别出感兴趣流后，本网络设备会向对方网络设备发起 SA 协商。在这一阶段，通信双方通过 IKE（Internet key exchange，互联网密钥交换）协议先协商建立 IKE SA（用于身份验证和密钥信息交换），然后在 IKE SA 的基础上协商建立 IPSec SA（用于数据安全传输）。

3）传输数据。IPSec SA 建立成功后，双方即可通过 IPSec 隧道传输数据。IPSec 为了保证数据传输的安全性，在这一阶段需要通过 AH（authentication header，认证头）或 ESP（encapsulating security payload，封装安全载荷）协议对数据进行加密和验证。加密机制保证了数据的机密性，防止数据在传输过程中被窃取；验证机制保证了数据的真实可靠，防止数据在传输过程中被仿冒和篡改。如图 5-24 所示，IPSec 发送方会先使用加密算法和加密密钥对报文进行加密，即将原始数据"乔装打扮"封装起来；然后发送方和接收方分别通过相同的验证算法和验证密钥对加密后的报文进行处理，得到完整性校验值（integrity check value，ICV）。如果两端计算的 ICV 相同，则表示该报文在传输过程中没有被篡改，接收方对验证通过的报文进行解密处理；如果 ICV 不相同，则直接丢弃报文。

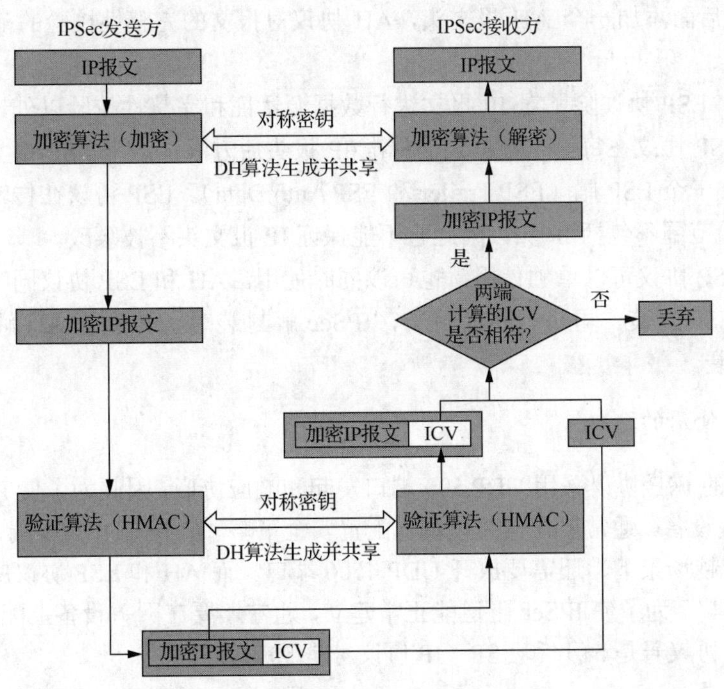

图 5-24 IPSec 加密验证过程

4）拆除隧道。通常情况下，通信双方之间的会话老化（连接断开）即代表通信双方数据交换已经完成，因此为了节省系统资源，通信双方之间的隧道在空闲时间达到一定值后会自动删除。

4. IPSec 的 3 个重要协议

1）IKE。IKE 协议是一种基于 UDP 的应用层协议，它主要用于 SA 协商和密钥管理。IKE 协议分为 IKEv1 和 IKEv2 两个版本，与 IKEv1 相比，IKEv2 修复了多处公认的密码学方面的安全漏洞，提高了安全性能，同时简化了安全联盟的协商过程，提高了协商效率。IKE 协议属于一种混合型协议，综合了 ISAKMP（Internet security association and key management protocol，Internet 安全连接和密钥管理协议）、Oakley 协议和 SKEME（secure key exchange mechanism，安全密钥交换机制）协议这 3 个协议。其中，ISAKMP 定义了 IKE SA 的建立过程，Oakley 和 SKEME 协议的核心是 DH（diffie-hellman）算法，主要用于在 Internet 上安全地分发密钥、验证身份，以保证数据传输的安全性。IKE SA 和 IPSec SA 需要的加密密钥和验证密钥都是通过 DH 算法生成的，它还支持密钥动态刷新。

2）AH。AH 协议用来对 IP 报文进行数据源认证和完整性校验，即保证传输的 IP 报文的来源可信和数据不被篡改，但它并不提供加密功能。AH 协议在每个数据包的标准 IP 报文头后面添加一个 AH 报文头，AH 协议对报文的完整性校验的范围是整个 IP 报文。

3）ESP。ESP 协议除了对 IP 报文进行数据源认证和完整性校验以外，还能对数据进行加密。ESP 协议在每一个数据包的标准 IP 报头后方添加一个 ESP 报文头，并在数据包后方追加一个 ESP 尾（ESP Trailer 和 ESP Auth Data）。ESP 协议在传输模式下的数据完整性校验范围不包括 IP 头，因此它不能保证 IP 报文头不被篡改。

AH 和 ESP 协议可以单独使用，也可以同时使用。AH 和 ESP 协议同时使用时，报文会先进行 ESP 封装，再进行 AH 封装，IPSec 解封装时，先进行 AH 解封装，再进行 ESP 解封装。

5. IPSec 使用的端口

IPSec 中的 IKE 协议采用 UDP 500 端口发起和响应协商，因此为了使 IKE 协商报文顺利通过网关设备，通常要在网关设备上配置安全策略，放开 UDP 500 端口。另外，在 IPSec NAT 穿越场景下，还需要放开 UDP 4500 端口。而 AH 和 ESP 协议属于网络层协议，不涉及端口。为了使 IPSec 隧道能正常建立，通常还要在网关设备上配置安全策略，放开 AH（IP 协议号是 51）和 ESP（IP 协议号是 50）服务。

二、实验目的

1）实现两台计算机加密通信。

2）使用 Ethereal 抓包工具进行抓包，观察抓获的数据包的内容。

3）配置计算机加密通信，重新使用 Ethereal 抓包工具抓包，观察抓获的加密后的数据包的内容。

三、实验准备

1）PC 物理机1台。

2）在 PC 物理机上安装虚拟机，虚拟机内安装两台 Windows Server，一台为服务器端，另一台为客户端。在客户端虚拟机中安装 Ethereal 抓包工具。

四、实验内容

使用 IPSec 实现两台计算机之间的通信加密。

五、实验步骤

步骤1　在虚拟机 Windows Server 服务器端创建空白文件夹 test，并设置为共享。如图5-25所示，在 test 文件夹上右击，在弹出的快捷菜单中选择“共享和安全”命令，在弹出的“test 属性”对话框中选择“共享”选项卡，单击“权限”按钮。

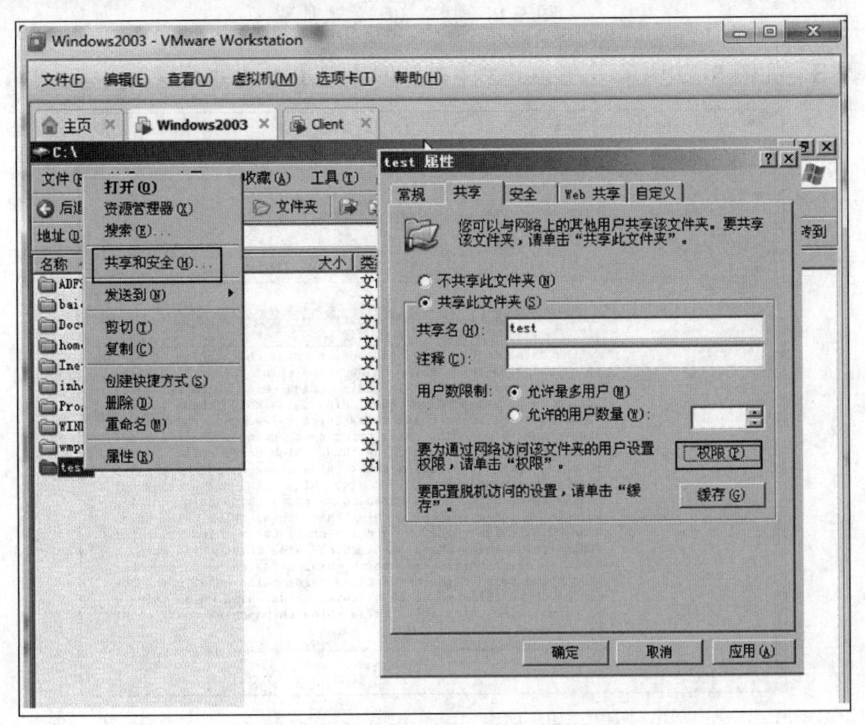

图5-25　设置 test 文件夹共享

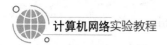

步骤 2 弹出“test 的权限”对话框，如图 5-26 所示，选中“更改”与“读取”复选框，单击“确定”按钮。

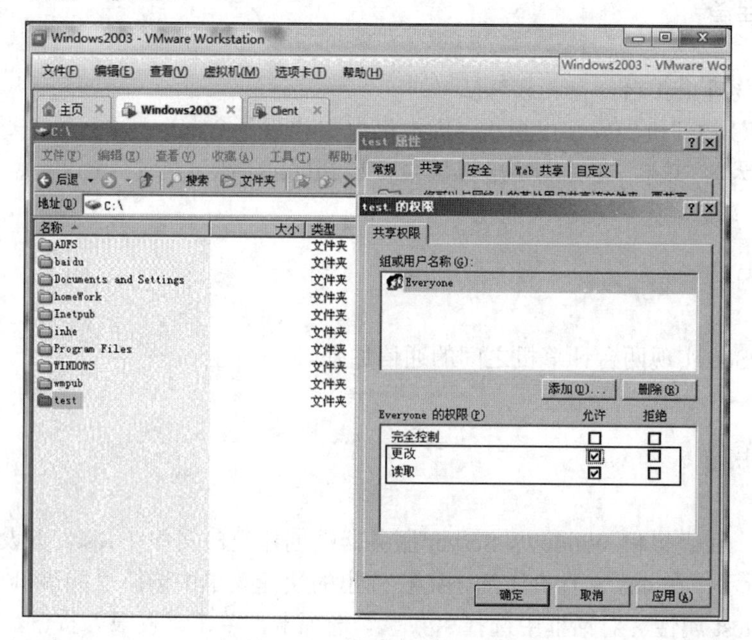

图 5-26　共享 test 文件夹

步骤 3 如图 5-27 所示，在 test 文件夹内创建记事本文件并写入内容。

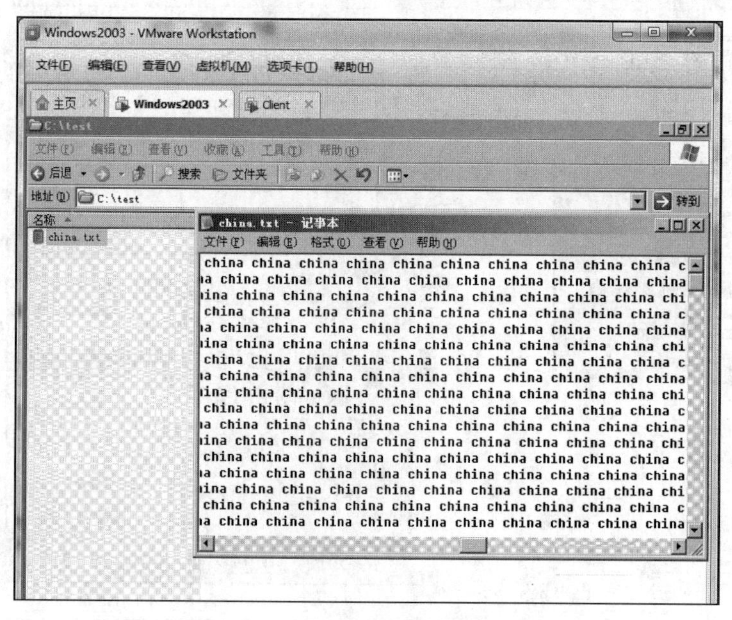

图 5-27　创建记事本文件并写入内容

步骤4　如图5-28所示，在另外一台虚拟机中安装Ethereal抓包工具。

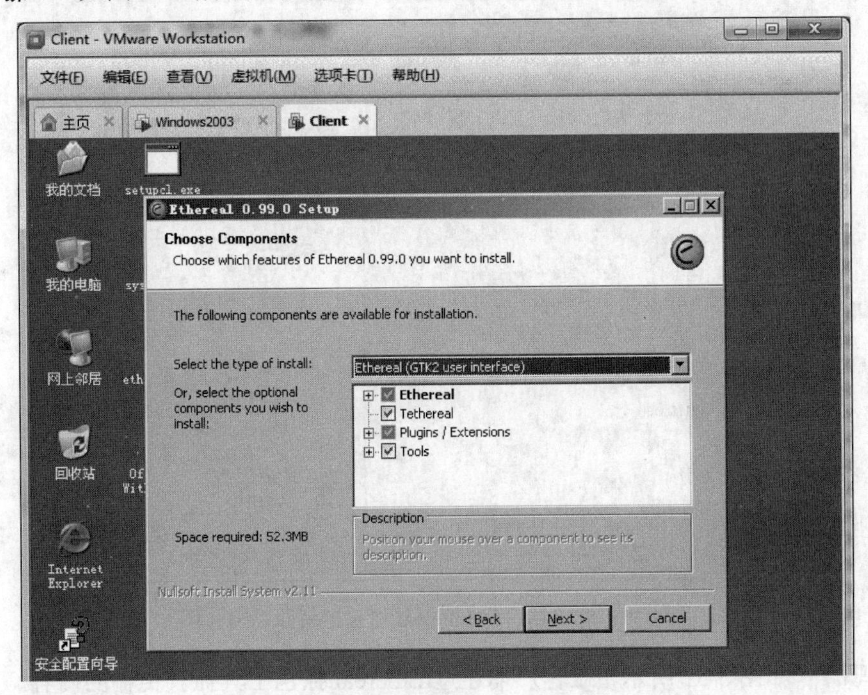

图5-28　在另外一台虚拟机中安装Ethereal

步骤5　如图5-29所示，在客户端连接服务器的IP地址192.168.80.100，在弹出的“连接到webServer”对话框中输入用户名和密码，单击“确定”按钮。

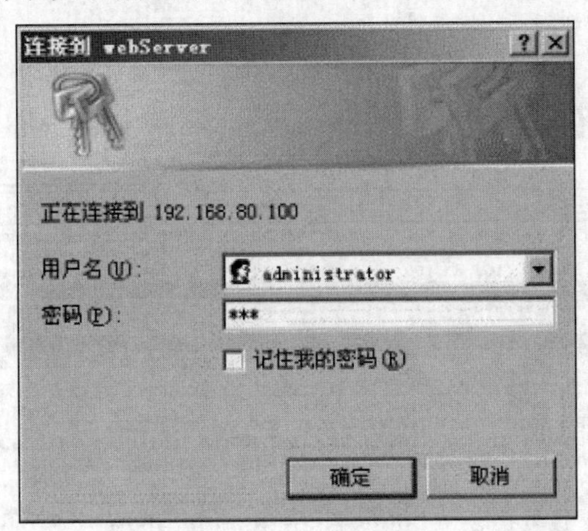

图5-29　连接服务器

步骤6　如图5-30所示，在客户端启动Ethereal抓包工具，并开始抓获本地网卡产生的通信数据包，复制FTP服务器上的记事本文件到客户端。

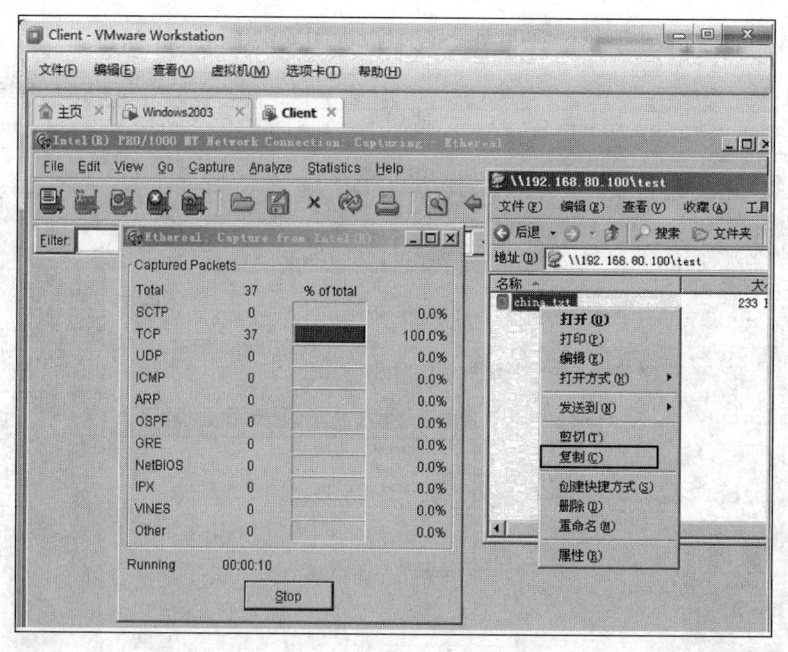

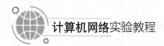

图 5-30　客户端启动 Ethereal 抓包工具并复制文件

步骤 7　如图 5-31 所示，在客户端通过 Ethereal 抓包工具抓获传输的内容，可以观察到通信的明文内容。

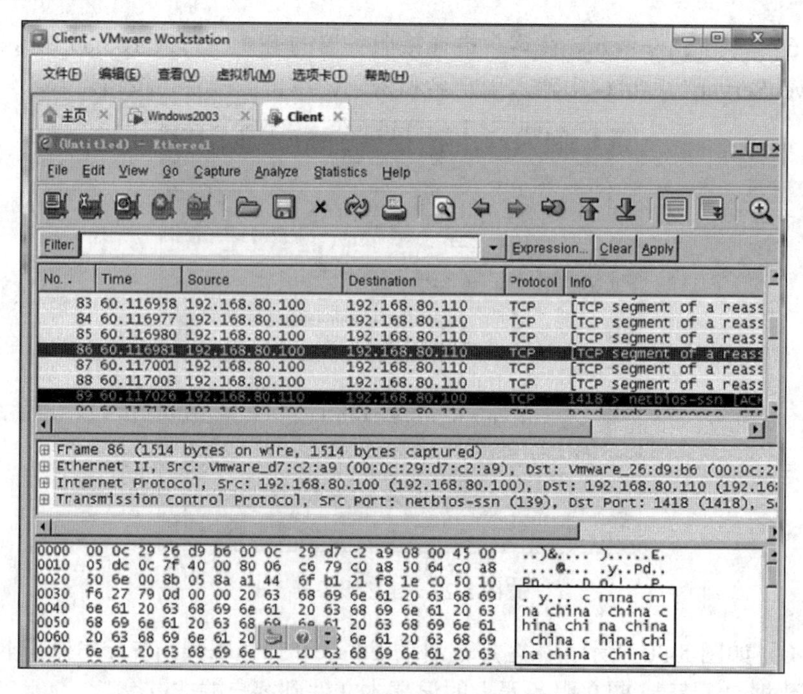

图 5-31　抓获通信的明文内容

步骤8　如图5-32所示，在服务器端选择“开始”→“程序”→“管理工具”→“本地安全策略”选项，打开“本地安全策略”窗口。

图5-32　打开本地安全策略

步骤9　如图5-33所示，在“IP安全策略，在本地计算机”图标上右击，在弹出的快捷菜单中选择“创建IP安全策略”命令。

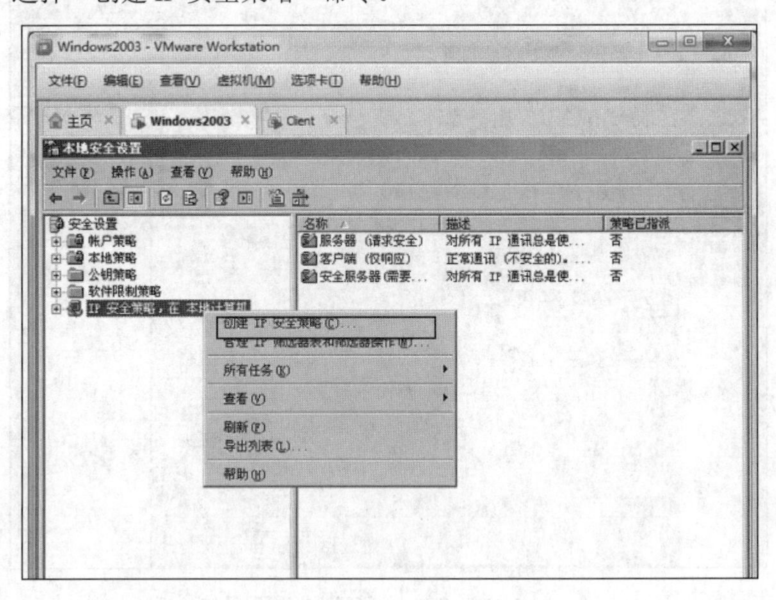

图5-33　创建IP安全策略

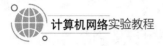

步骤 10 如图 5-34 所示，在弹出的“IP 安全策略向导”对话框的“名称”文本框内输入 myIPSec，单击“下一步”按钮。

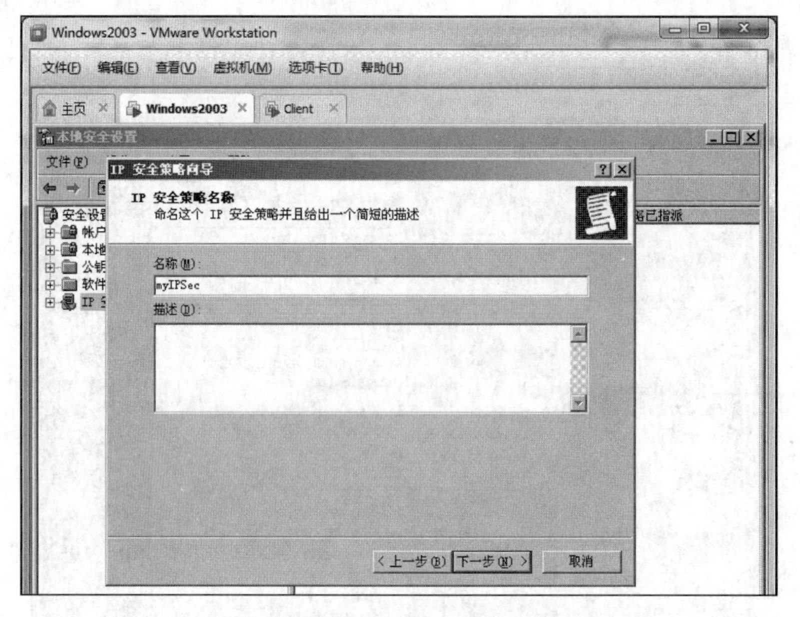

图 5-34 输入 IP 安全策略名称

步骤 11 如图 5-35 所示，在“IP 安全策略向导”对话框的“安全通讯请求”页面内不做任何操作，单击“下一步”按钮。

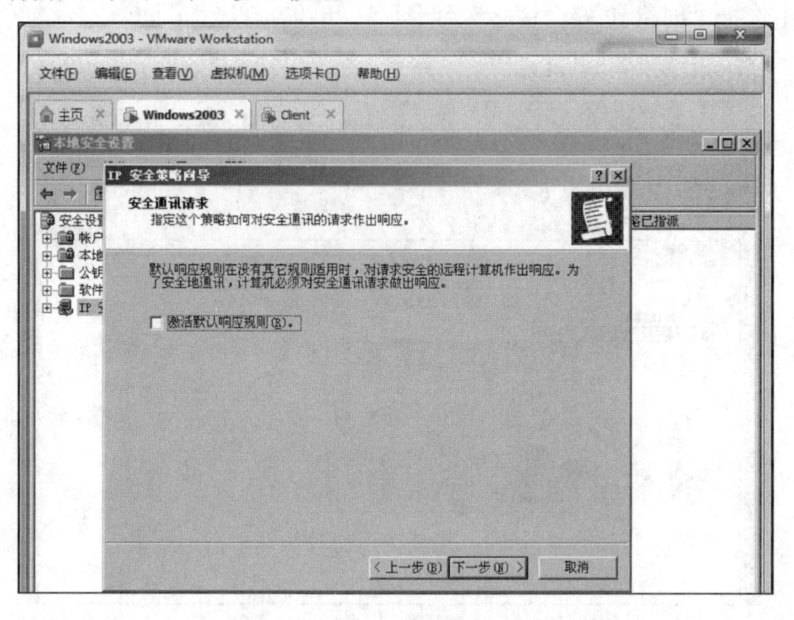

图 5-35 “安全通讯请求”页面

步骤 12　如图 5-36 所示，在"IP 安全策略向导"对话框内选中"编辑属性"复选框，单击"完成"按钮，完成对 IP 安全策略向导的配置。

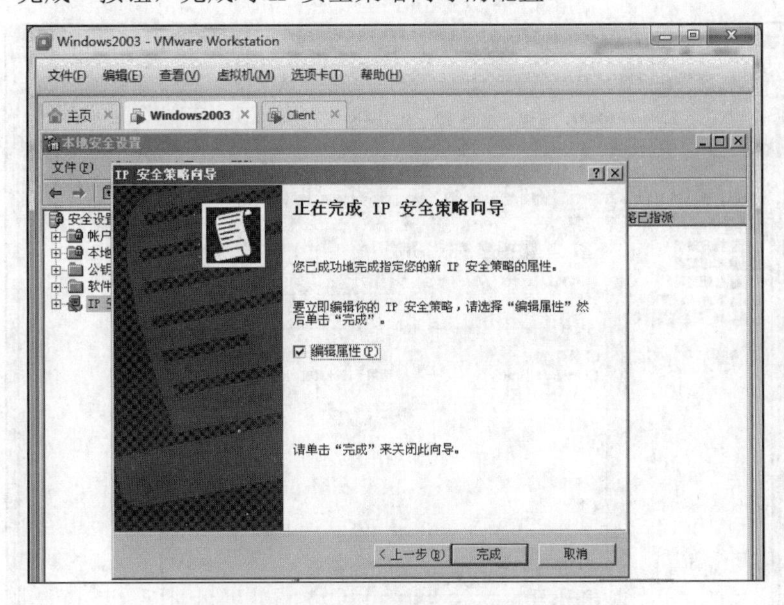

图 5-36　完成 IP 安全策略向导配置

步骤 13　如图 5-37 所示，在"myIPSec 属性"对话框内选中"使用'添加向导'"复选框，单击"确定"按钮。

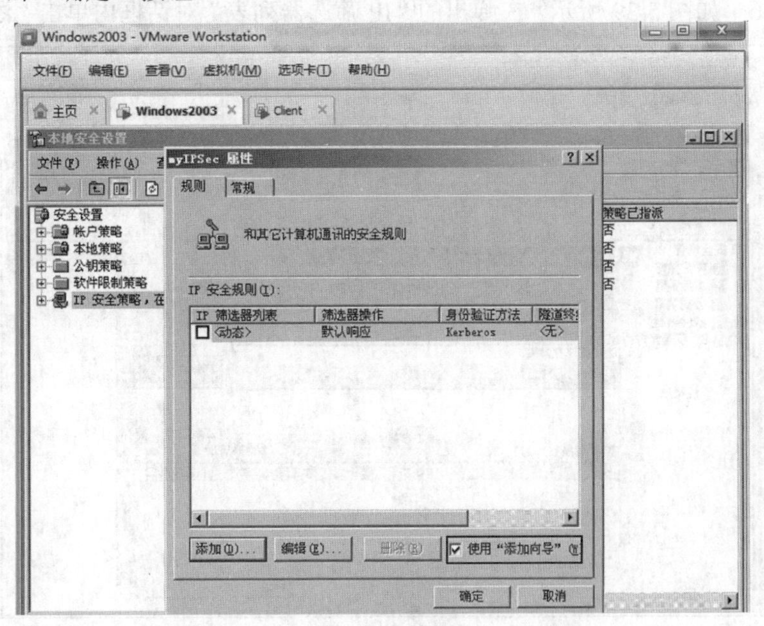

图 5-37　"使用'添加向导'"复选框

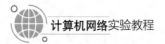

步骤 14 如图 5-38 所示，在弹出的“新规则 属性”对话框内选择“IP 筛选器列表”选项卡，单击“添加”按钮。

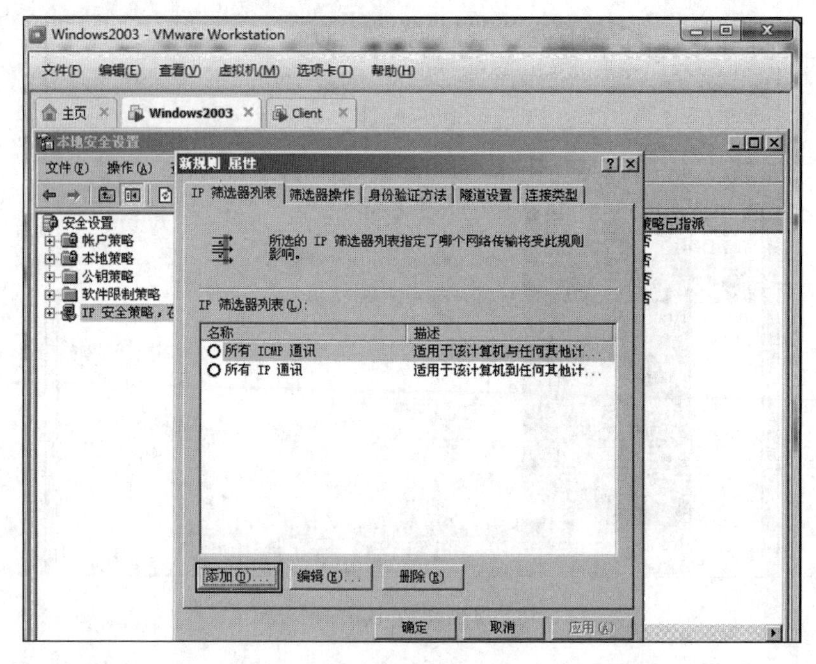

图 5-38 添加 IP 筛选器

步骤 15 如图 5-39 所示，在弹出的“IP 筛选器列表”对话框内单击“添加”按钮。

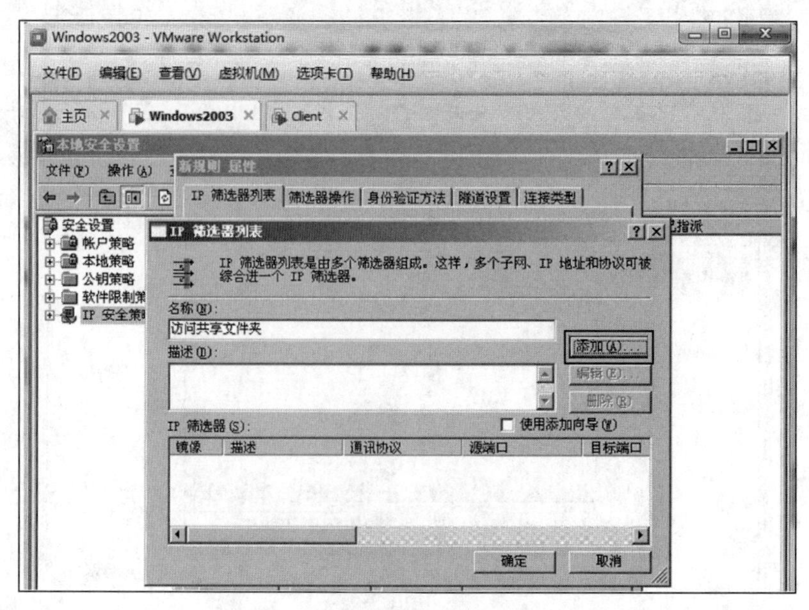

图 5-39 添加 IP 筛选器属性

步骤 16 如图 5-40 所示，在“IP 筛选器 属性”对话框内选择“地址”选项卡，单击“源地址”下拉按钮，在弹出的下拉列表中选择“我的 IP 地址”选项；单击“目标地址”下拉按钮，在弹出的下拉列表中选择“任何 IP 地址”选项，单击“确定”按钮。

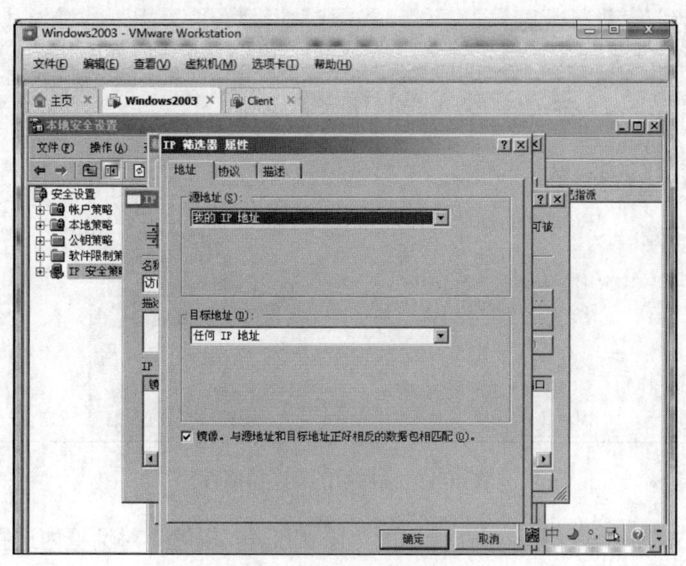

图 5-40 添加 IP 地址

步骤 17 如图 5-41 所示，在“IP 筛选器 属性”对话框内选择“协议”选项卡，单击“选择协议类型”下拉按钮，在弹出的下拉列表中选择“TCP”选项。选中“从此端口”单选按钮，在文本框中输入 445，单击“确定”按钮。

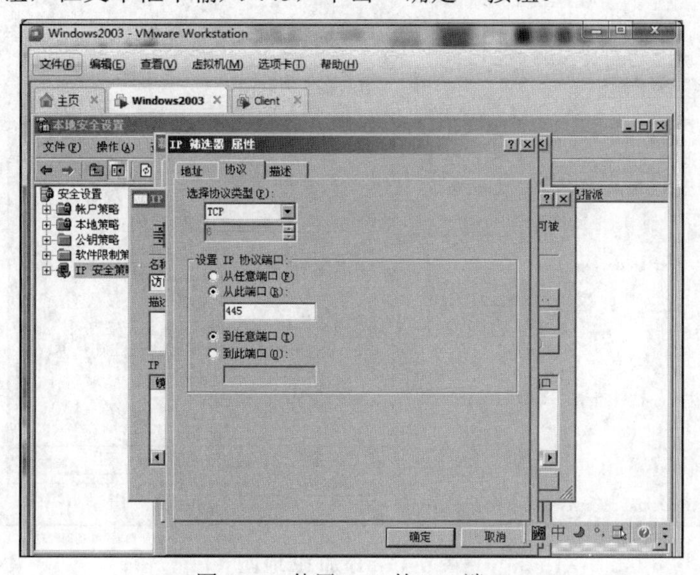

图 5-41 使用 TCP 的 445 端口

步骤 18 如图 5-42 所示，在“IP 筛选器列表”对话框内单击“添加”按钮。

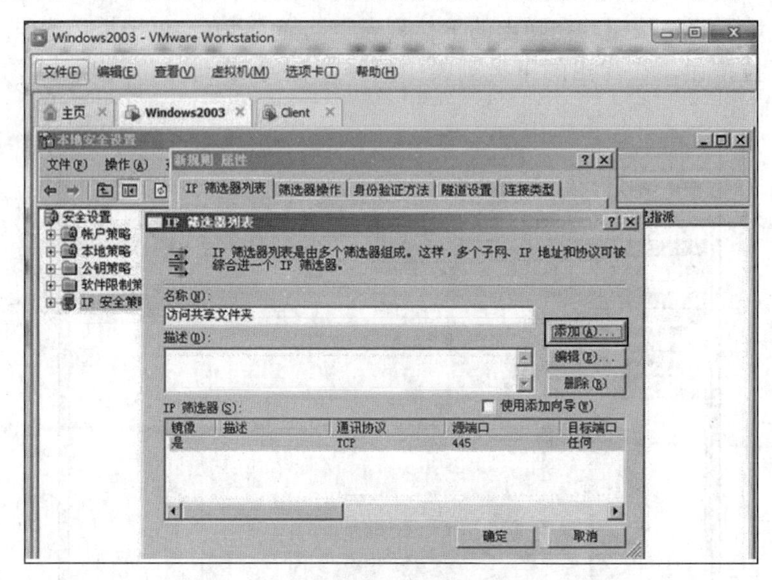

图 5-42 添加 IP 筛选器属性

步骤 19 如图 5-43 所示，在弹出的“IP 筛选器 属性”对话框内选择“地址”选项卡，单击“源地址”下拉按钮，在弹出的下拉列表中选择“我的 IP 地址”选项；单击“目标地址”下拉按钮，在弹出的下拉列表中选择“任何 IP 地址”选项，单击“确定”按钮。

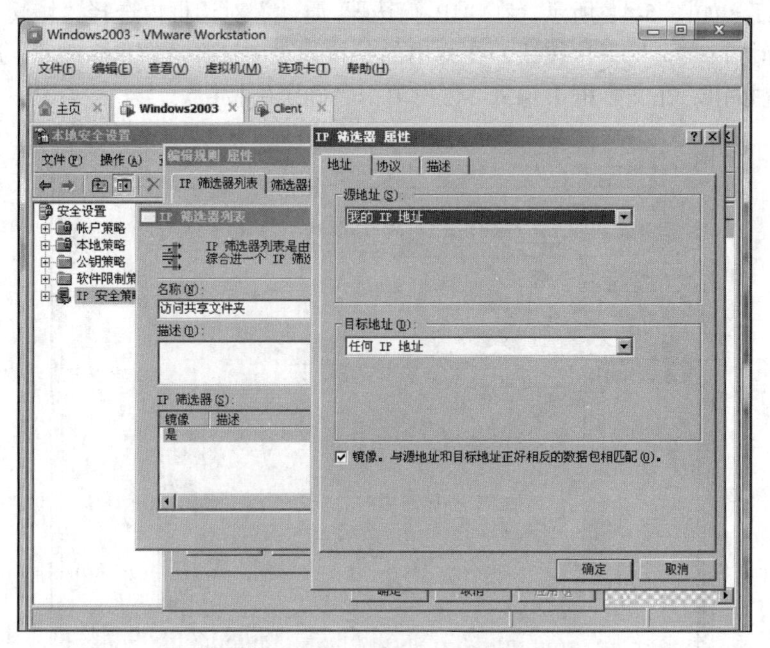

图 5-43 添加 IP 地址

步骤 20　如图 5-44 所示，在“IP 筛选器 属性”对话框内选择“协议”选项卡，单击“选择协议类型”下拉按钮，在弹出的下拉列表中选择“TCP”选项。选中“从此端口”单选按钮，在文本框内输入 139，单击“确定”按钮。

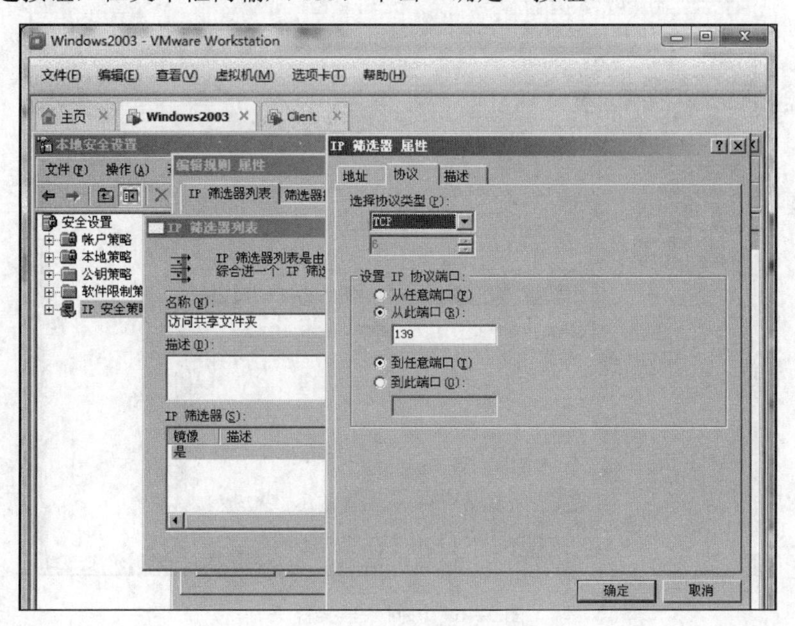

图 5-44　使用 TCP 的 139 端口

步骤 21　如图 5-45 所示，在“IP 筛选器列表”对话框内单击“确定”按钮。

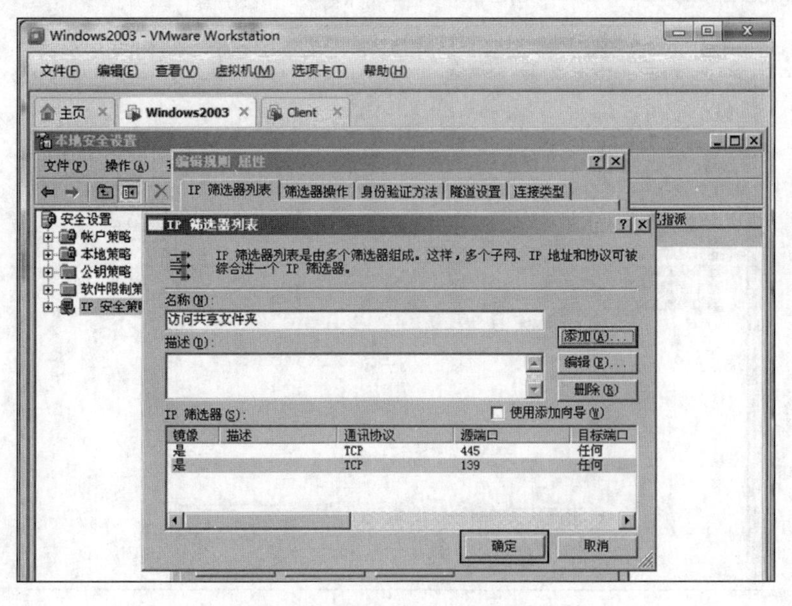

图 5-45　完成添加

步骤 22 如图 5-46 所示，在“新规则 属性”对话框内选择“IP 筛选器列表”选项卡，选中“访问共享文件夹”单选按钮。

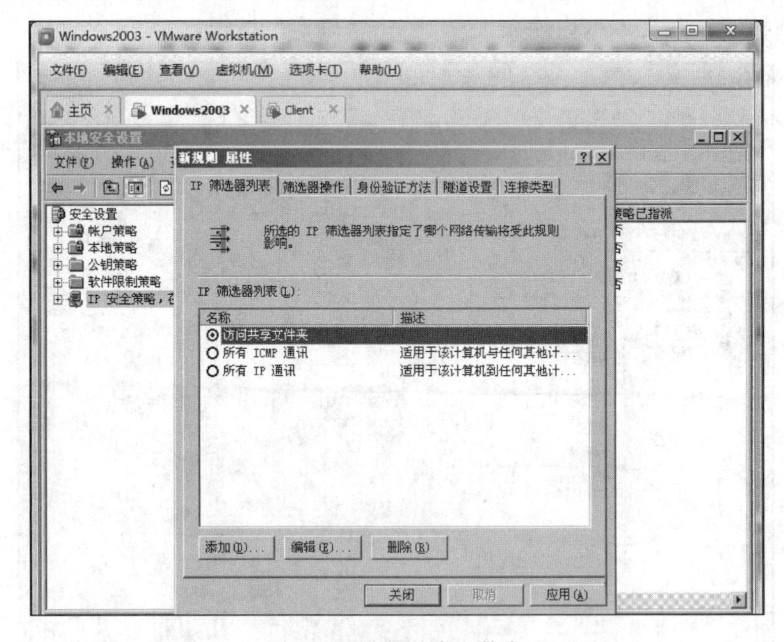

图 5-46 访问共享文件夹

步骤 23 如图 5-47 所示，在“新规则 属性”对话框内选择“筛选器操作”选项卡，取消选中“使用‘添加向导’”复选框，单击“添加”按钮。

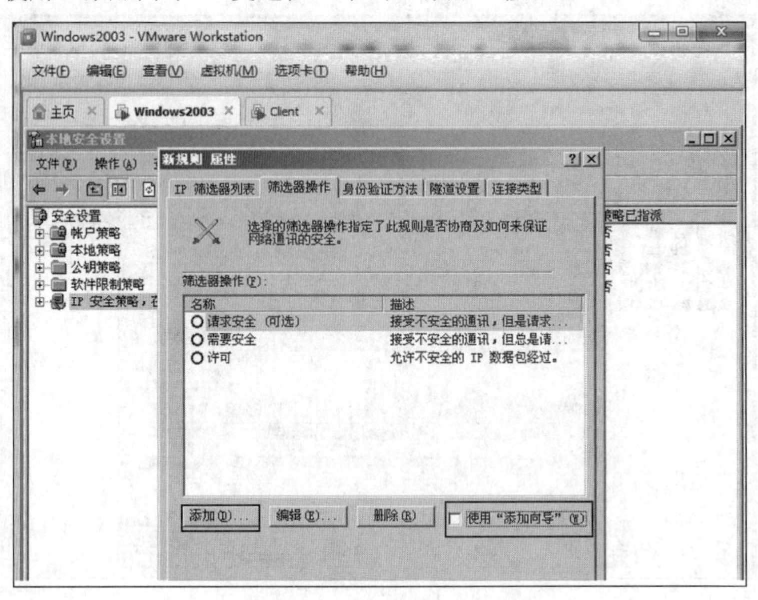

图 5-47 不使用“添加向导”

步骤 24　如图 5-48 所示，在“新筛选器操作 属性”对话框内选择“安全措施”选项卡，选中“协商安全”单选按钮，单击“添加”按钮。

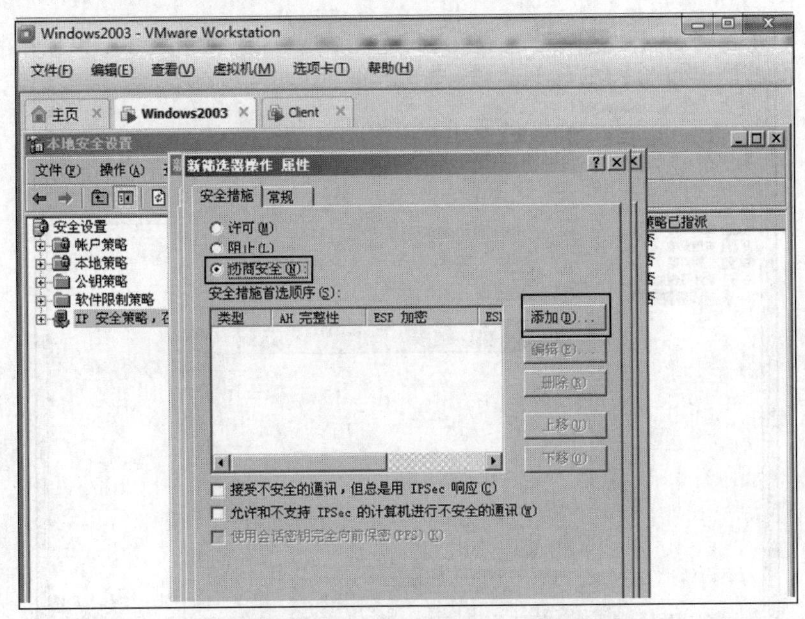

图 5-48　配置新筛选器操作属性

步骤 25　如图 5-49 所示，在弹出的“新增安全措施”对话框中选中“自定义”单选按钮，单击“设置”按钮，在弹出的“自定义安全措施设置”对话框内进行配置，完成后单击“确定”按钮。在“新增安全措施”对话框中单击“确定”按钮。

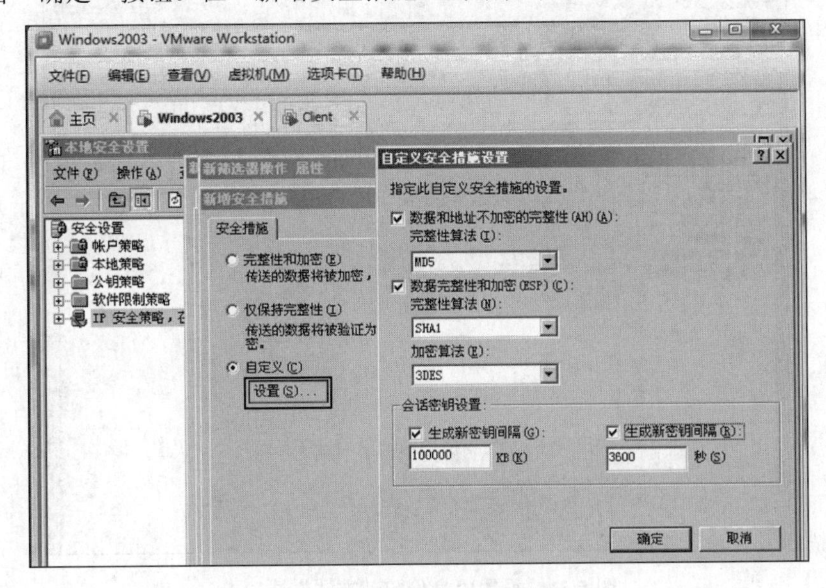

图 5-49　自定义安全措施

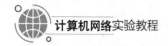

步骤 26 如图 5-50 所示，在“新筛选器操作 属性”对话框内选择“常规”选项卡，在“名称”文本框内输入“安全通信”，单击“确定”按钮。

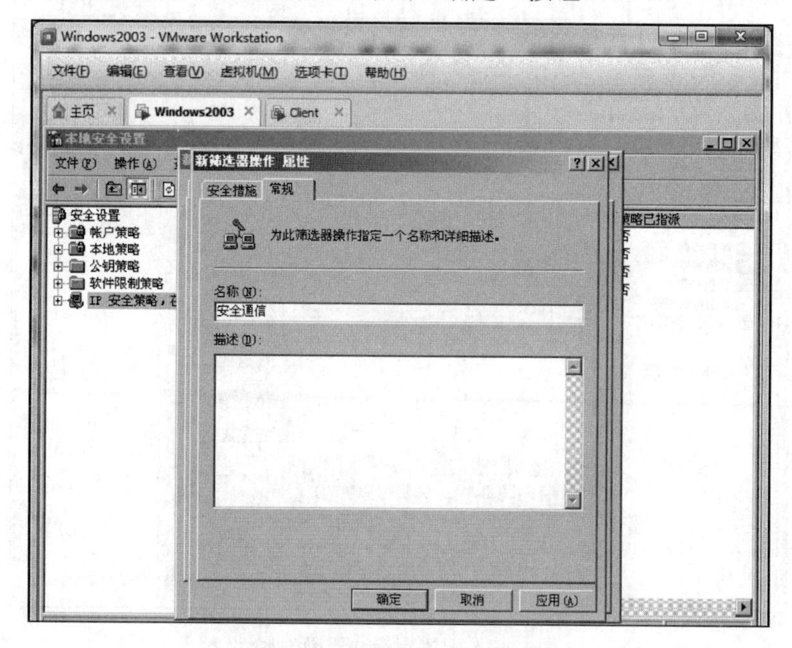

图 5-50 命名筛选器为“安全通信”

步骤 27 如图 5-51 所示，在“新规则 属性”对话框内选择“身份验证方法”选项卡，单击“编辑”按钮。

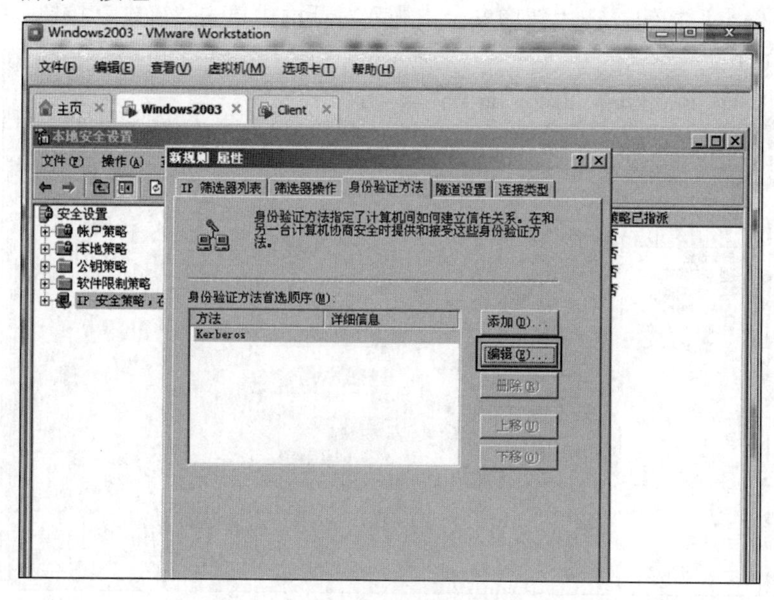

图 5-51 设置“身份验证方法”选项卡

步骤 28 如图 5-52 所示，在弹出的“身份验证方法 属性”对话框内选中“使用此字符串（预共享密钥）”单选按钮，在文本框中输入 aaa，单击“确定”按钮。

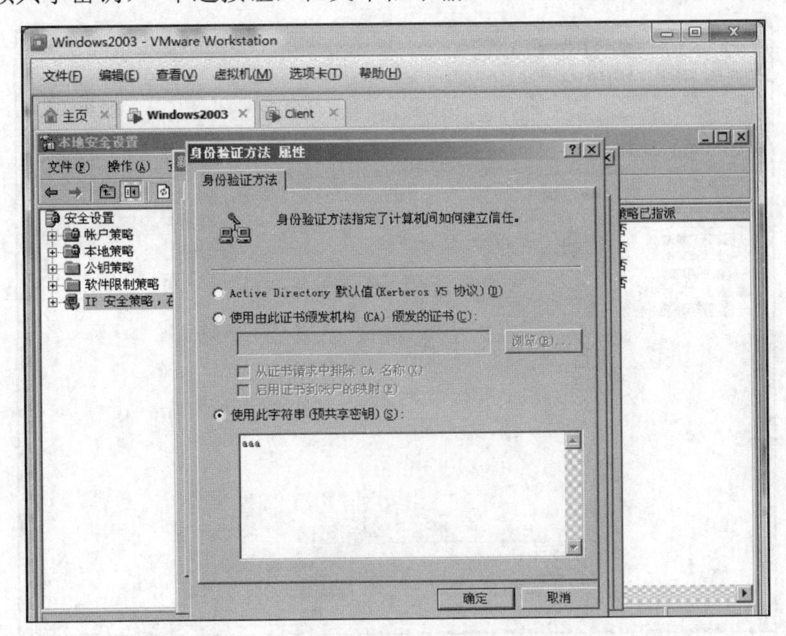

图 5-52 设置身份验证方法

步骤 29 如图 5-53 所示，在“新规则 属性”对话框内单击“应用”按钮。

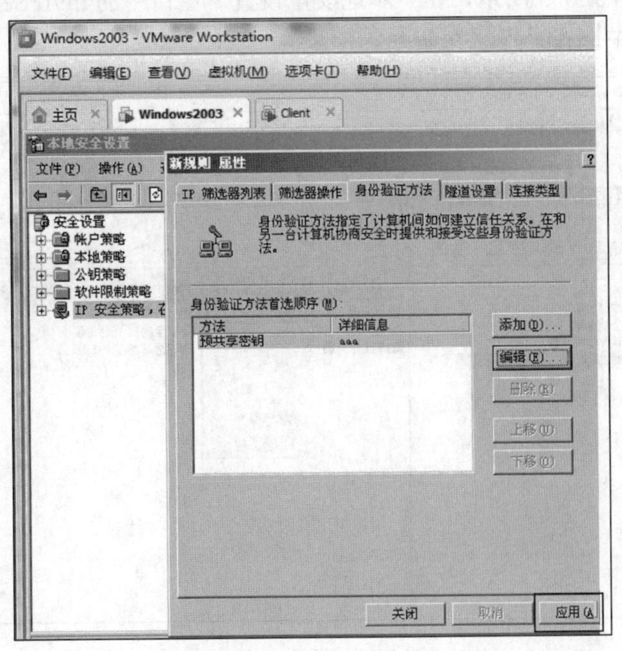

图 5-53 应用设置

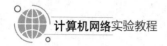

步骤 30 如图 5-54 所示，在“myIPSec 属性”对话框内选中“访问共享文件夹”复选框，单击“确定”按钮。

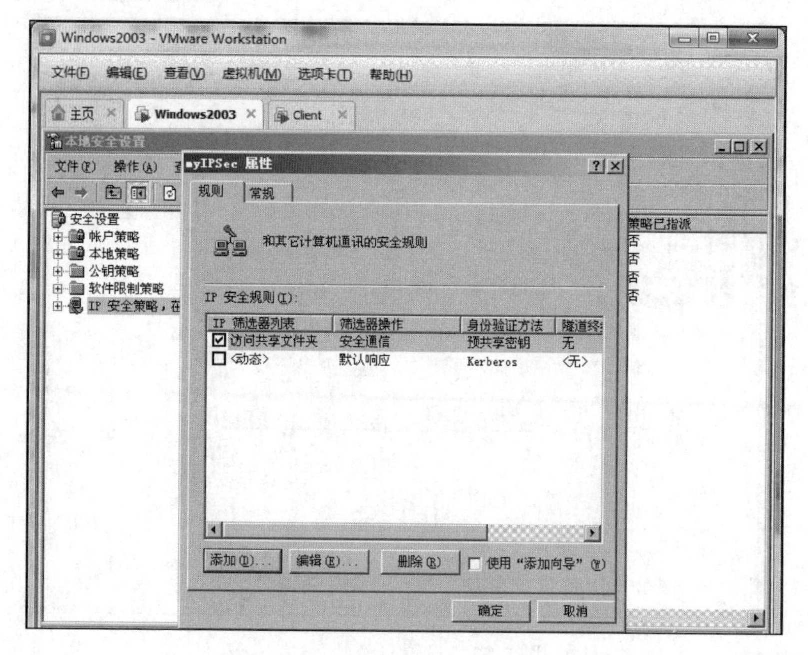

图 5-54 配置 myIPSec 属性

步骤 31 如图 5-55 所示，在“本地安全设置”窗口中的 myIPSec 图标上右击，在弹出的快捷菜单中选择“指派”命令。

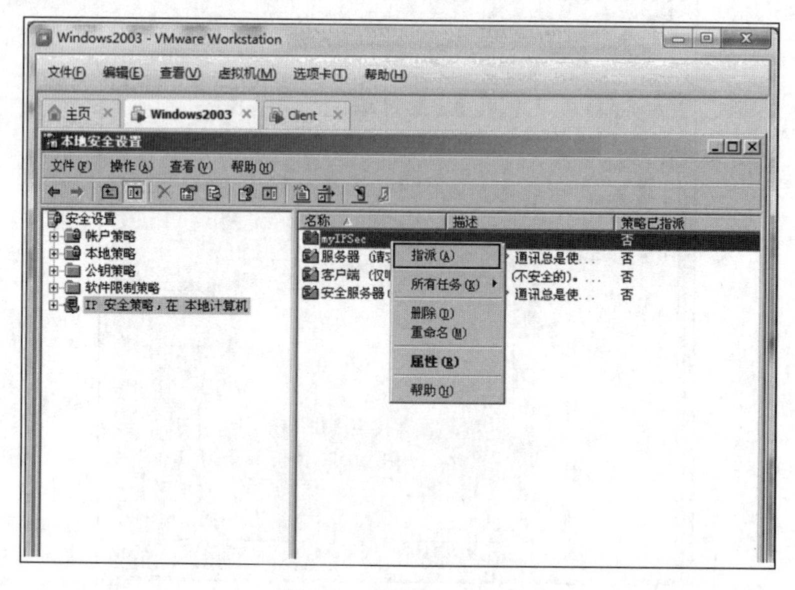

图 5-55 指派 myIPSec

步骤 32　如图 5-56 所示，在客户端打开本地安全策略。

图 5-56　打开本地安全策略

步骤 33　如图 5-57 所示，在“IP 安全策略，在本地计算机”图标上右击，在弹出的快捷菜单中选择“创建 IP 安全策略”命令。

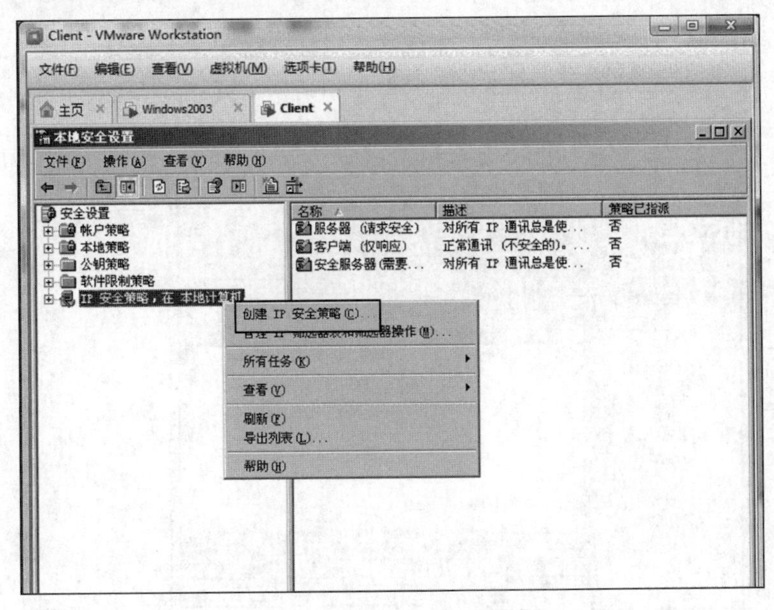

图 5-57　创建 IP 安全策略

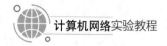

步骤 34 如图 5-58 所示，在“myIPSec 属性”对话框内选择“规则”选项卡，取消选中“使用‘添加向导’”复选框，单击“添加”按钮。

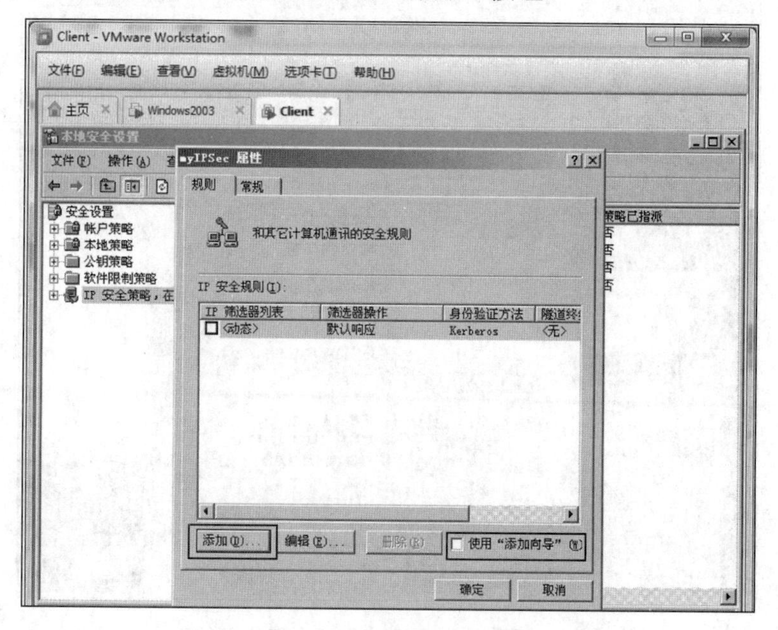

图 5-58 非向导模式添加规则

步骤 35 如图 5-59 所示，在弹出的“新规则 属性”对话框内选择“IP 筛选器列表”选项卡，单击“添加”按钮。

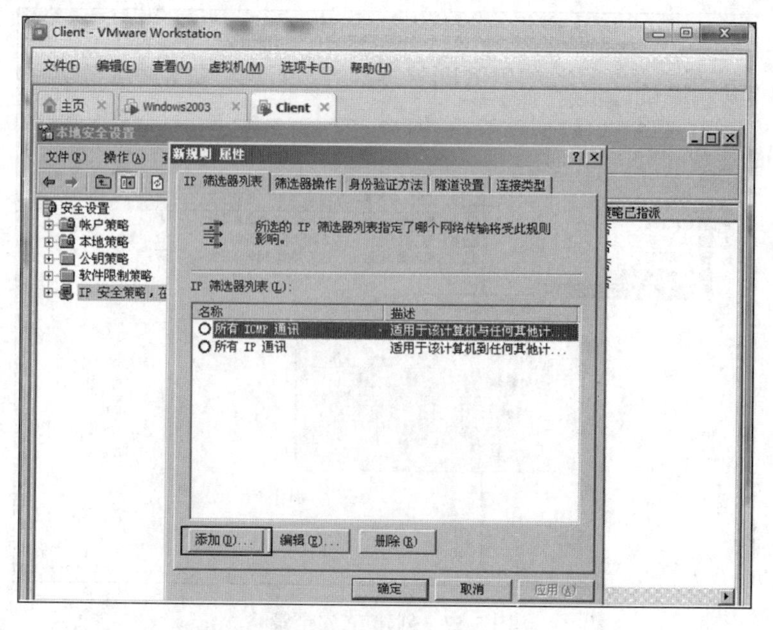

图 5-59 创建新规则

步骤 36　如图 5-60 所示，在弹出的“IP 筛选器列表”对话框内选中“使用添加向导”复选框，单击“添加”按钮。

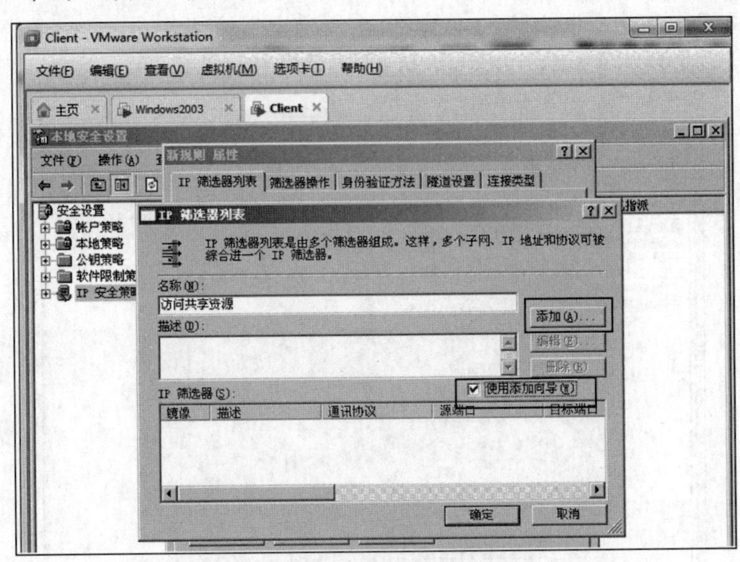

图 5-60　使用添加向导

步骤 37　如图 5-61 所示，在“IP 筛选器 属性”对话框内选择“地址”选项卡，单击“目标地址”下拉按钮，在弹出的下拉列表中选择“一个特定的 IP 地址”选项，在“IP 地址”文本框内输入对应的服务器地址 192.168.80.100，单击“确定”按钮。

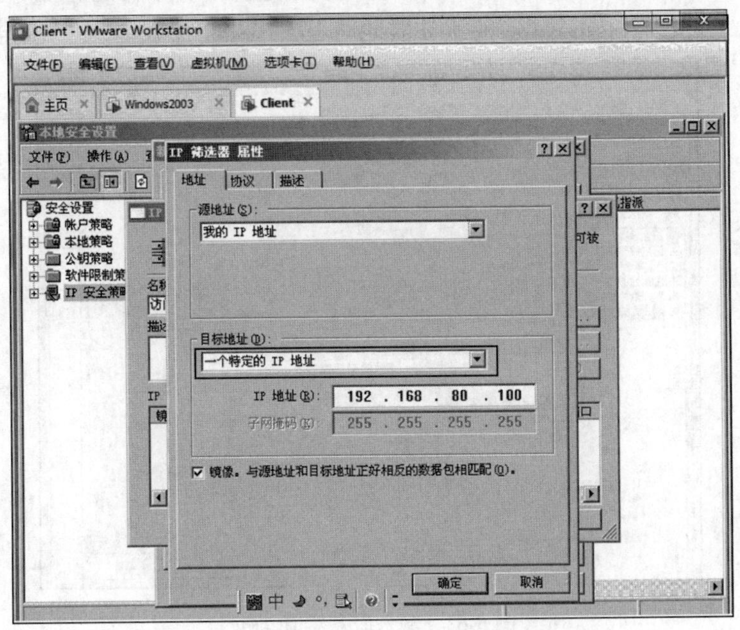

图 5-61　输入服务器 IP 地址

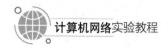

步骤 38 如图 5-62 所示，在“IP 筛选器 属性”对话框内选择“协议”选项卡，单击“选择协议类型”下拉按钮，在弹出的下拉列表中选择“TCP”选项。选中“到此端口”单选按钮，在文本框中输入 445，单击“确定”按钮。

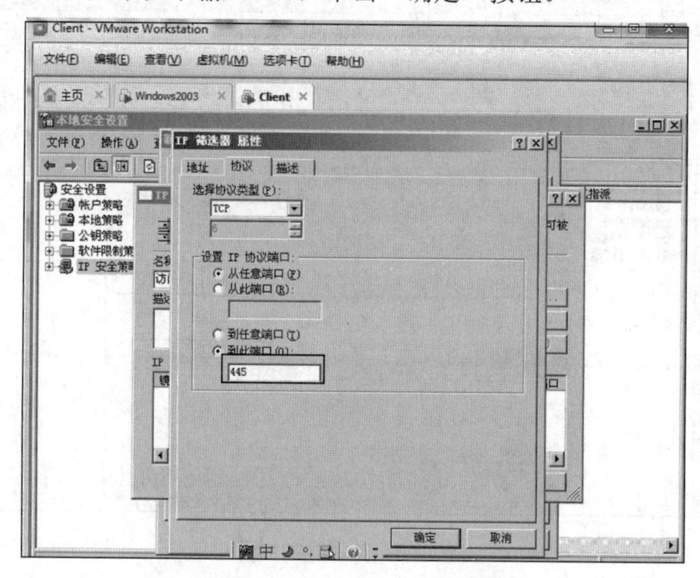

图 5-62 使用 TCP 的 445 端口

步骤 39 如图 5-63 所示，在“IP 筛选器 属性”对话框内选择“地址”选项卡，单击“目标地址”下拉按钮，在弹出的下拉列表中选择“一个特定的 IP 地址”选项，在“IP 地址”文本框内输入对应的服务器地址 192.168.80.100，单击“确定”按钮。

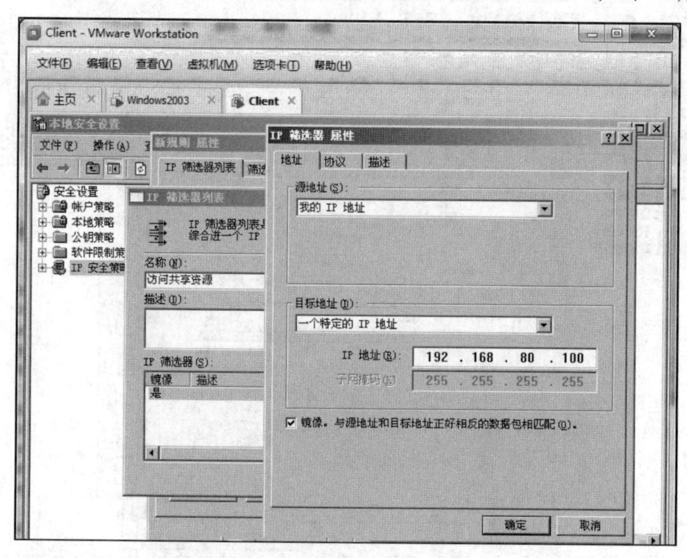

图 5-63 输入服务器 IP 地址

步骤 40 如图 5-64 所示，在“IP 筛选器 属性”对话框内选择“协议”选项卡，单击“选择协议类型”下拉按钮，在弹出的下拉列表中选择“TCP”选项。选中“到此端口”单选按钮，在文本框中输入 139，单击“确定”按钮。

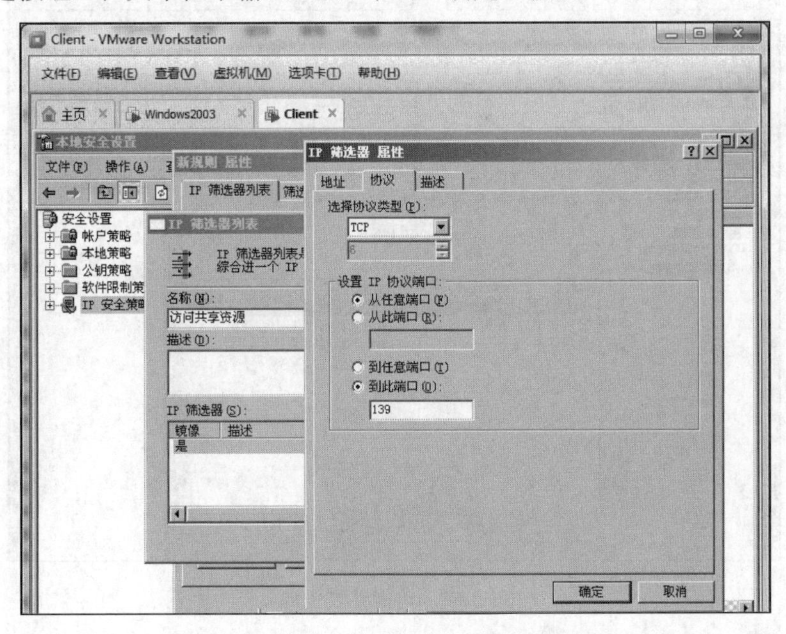

图 5-64 使用 TCP 的 139 端口

步骤 41 如图 5-65 所示，在“IP 筛选器列表”对话框内单击“确定”按钮。

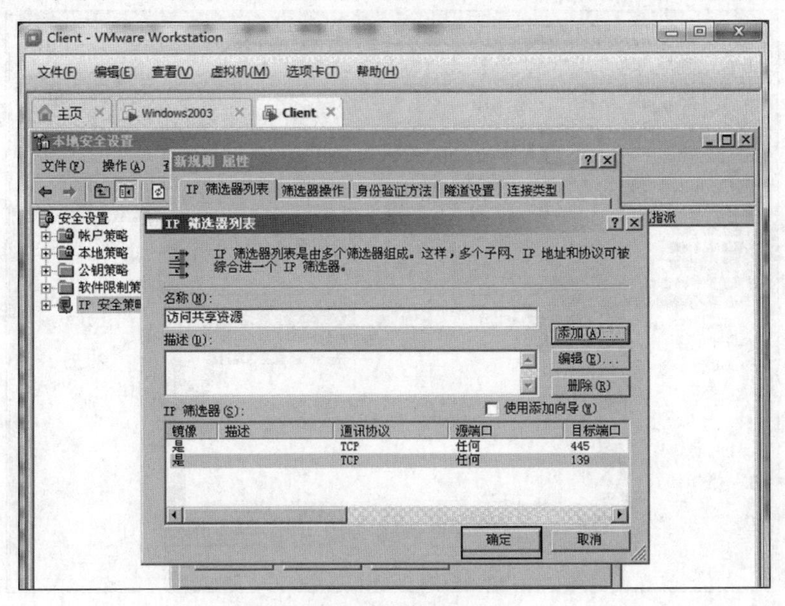

图 5-65 完成添加

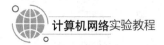

步骤 42 如图 5-66 所示，在“新规则 属性”对话框中选择“IP 筛选器列表”选项卡，选中“访问共享资源”单选按钮。

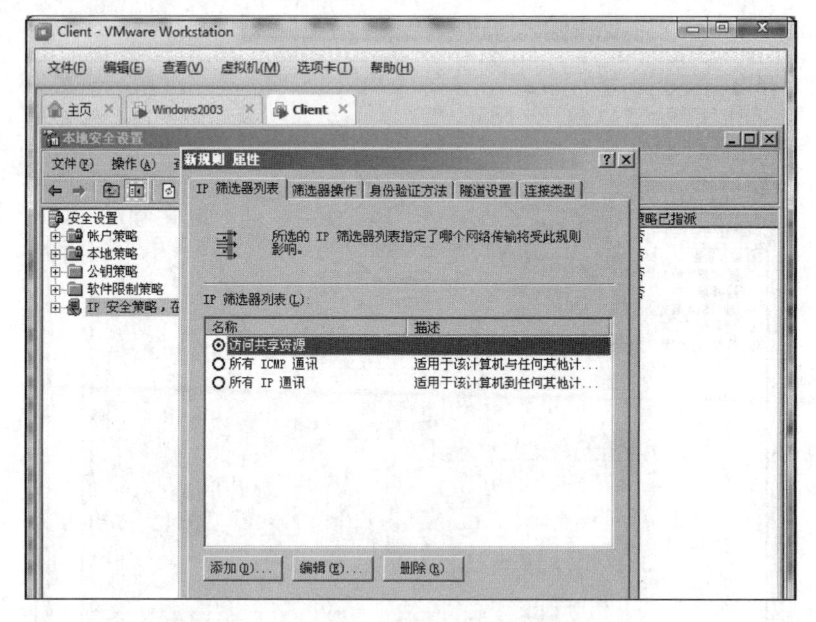

图 5-66 访问共享资源

步骤 43 如图 5-67 所示，在“新规则 属性”对话框中选择“筛选器操作”选项卡，取消选中“使用‘添加向导’”复选框，单击“添加”按钮。

图 5-67 不使用“添加向导”

步骤44 如图5-68所示，在“新筛选器操作 属性”对话框中选择“安全措施”选项卡，选中“协商安全”单选按钮，单击“添加”按钮。

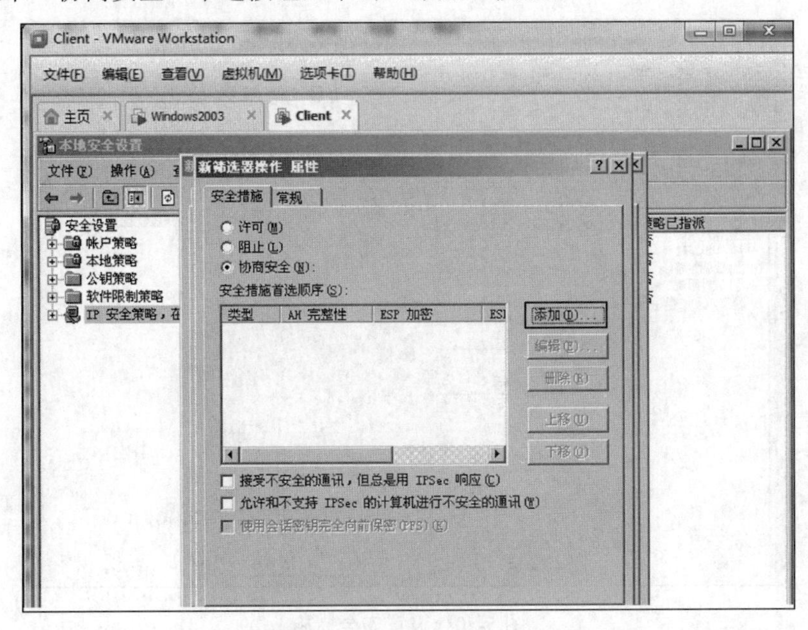

图5-68 添加新的安全措施

步骤45 如图5-69所示，在弹出的“新增安全措施”对话框中选中“自定义”单选按钮，单击“设置”按钮。

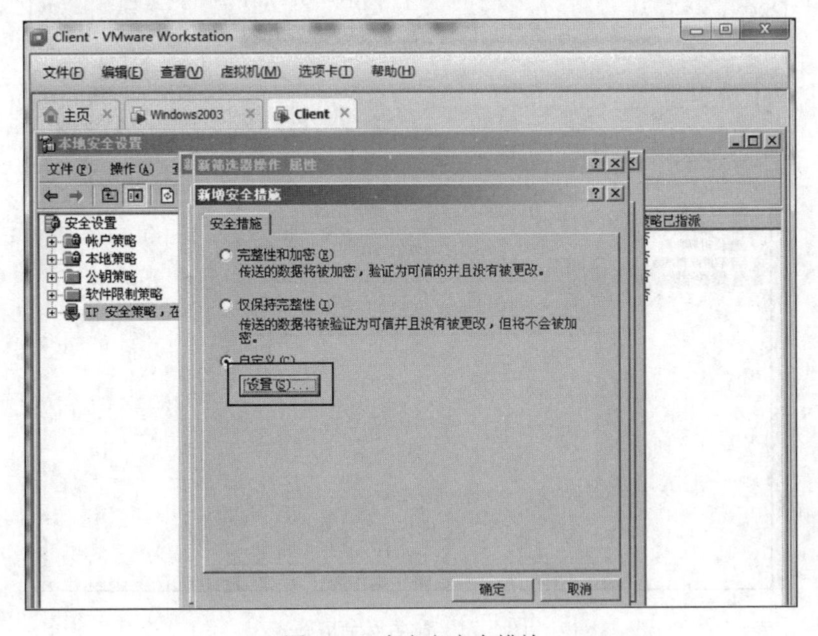

图5-69 自定义安全措施

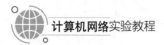

步骤 46 如图 5-70 所示，在弹出的“自定义安全措施设置”对话框中进行设置，完成后单击“确定”按钮。

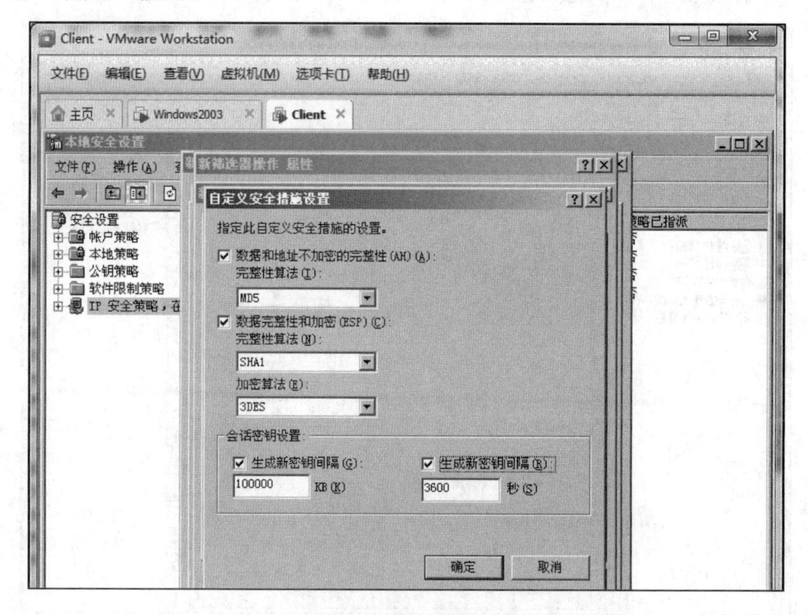

图 5-70　设置安全措施

步骤 47 如图 5-71 所示，在“新筛选器操作 属性”对话框中选择“常规”选项卡，在“名称”文本框内输入“安全通信”，单击“确定”按钮。

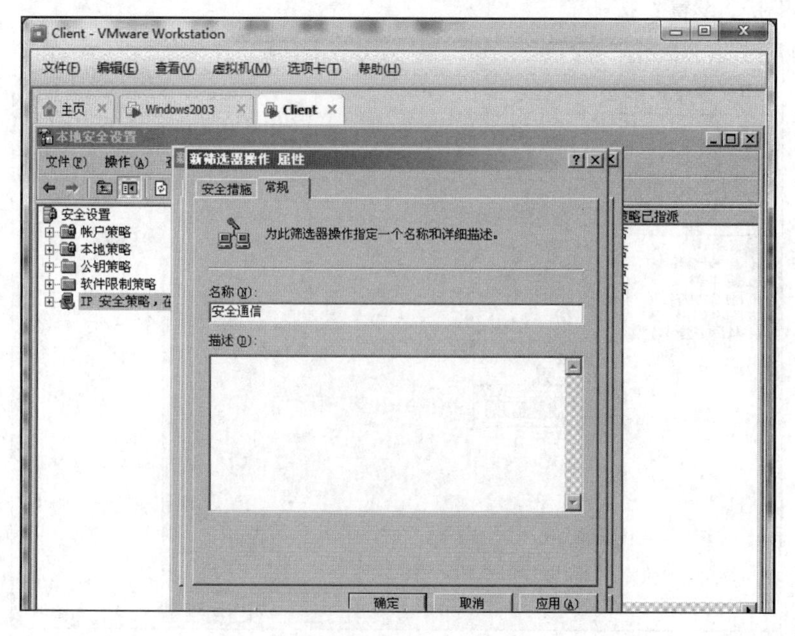

图 5-71　命名安全措施

步骤 48 如图 5-72 所示，在“新规则 属性”对话框中选择“筛选器操作”选项卡，选中“安全通信”单选按钮。

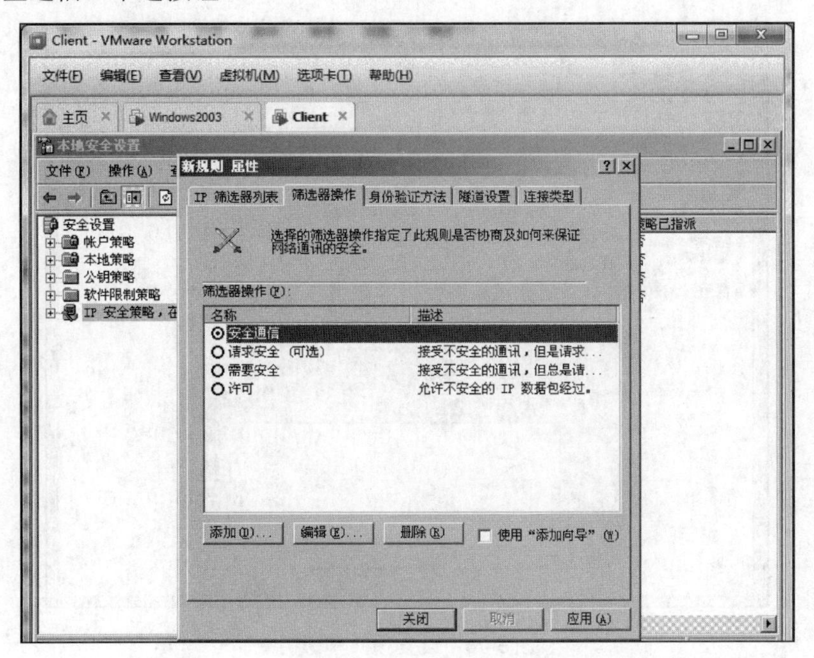

图 5-72 配置筛选器操作

步骤 49 如图 5-73 所示，在“新规则 属性”对话框中选择“身份验证方法”选项卡，单击“编辑”按钮。

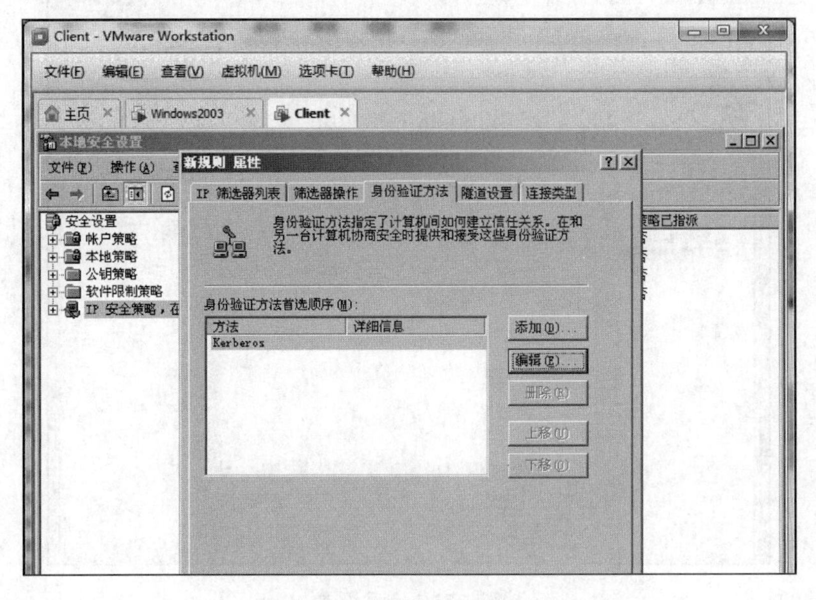

图 5-73 编辑身份验证方法

步骤 50 如图 5-74 所示，在弹出的“身份验证方法 属性”对话框中选中“使用此字符串（预共享密钥）”单选按钮，在文本框中输入内容 aaa，单击“确定”按钮。

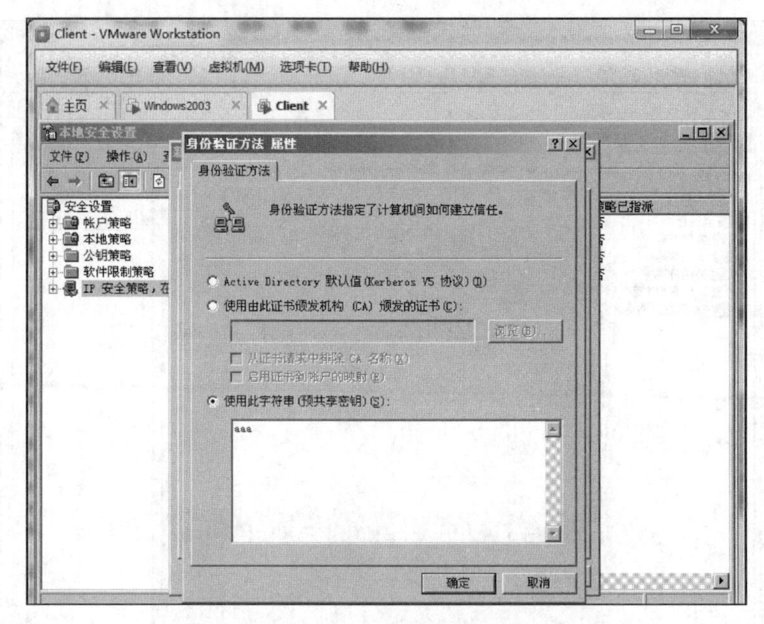

图 5-74 设置预共享密钥

步骤 51 如图 5-75 所示，在“myIPSec 属性”对话框中选择“规则”选项卡，选中“访问共享资源”复选框，单击“确定”按钮。

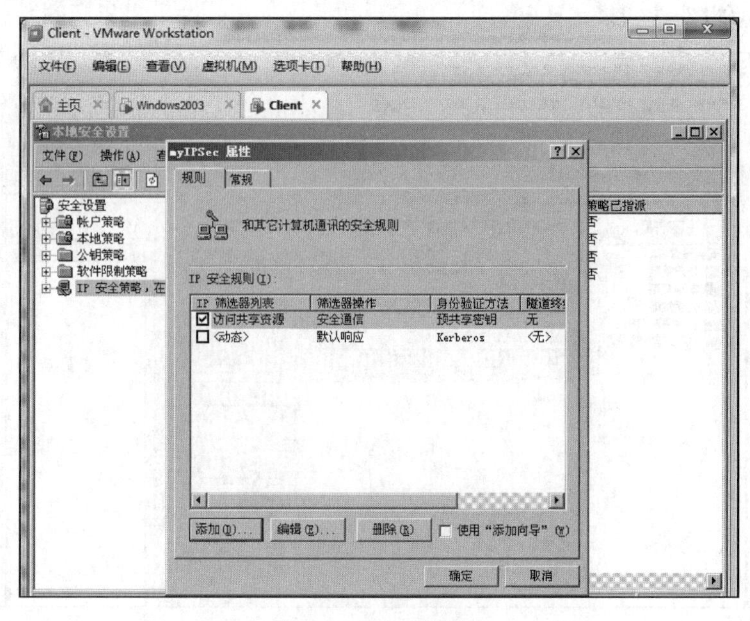

图 5-75 完成设置

步骤 52　如图 5-76 所示，在 myIPSec 图标上右击，在弹出的快捷菜单中选择“指派”命令。

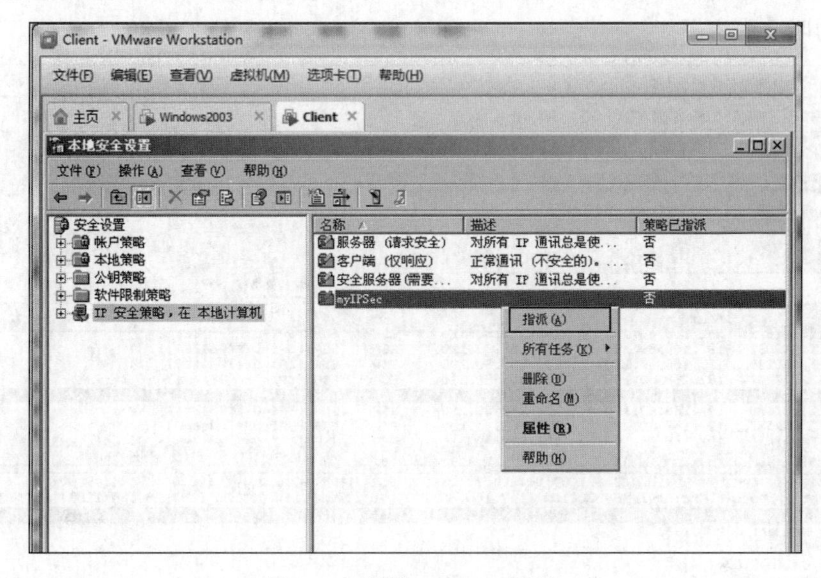

图 5-76　指派 myIPSec 规则

步骤 53　如图 5-77 所示，在客户端通过 Ethereal 抓包工具开始抓包，将之前创建的 test 文本文件复制至服务器上。

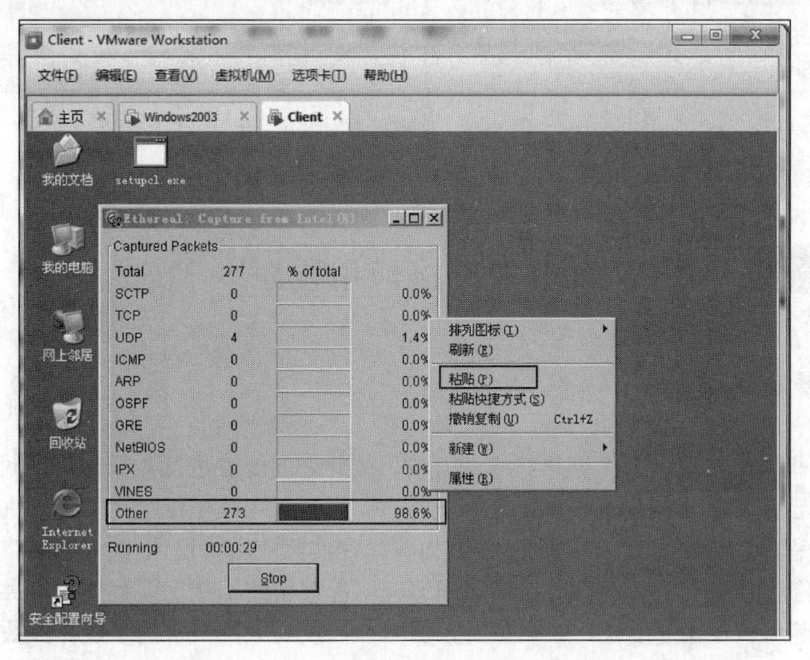

图 5-77　客户端进行抓包并复制文本文件

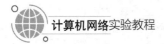

步骤 54 如图 5-78 所示，观察抓取的数据包，选中第 244 号数据中的 Authentication Header 和 Encapsulating Security Payload，可以看到通过 ESP 加密，数据包中已经看不到之前的明文内容。

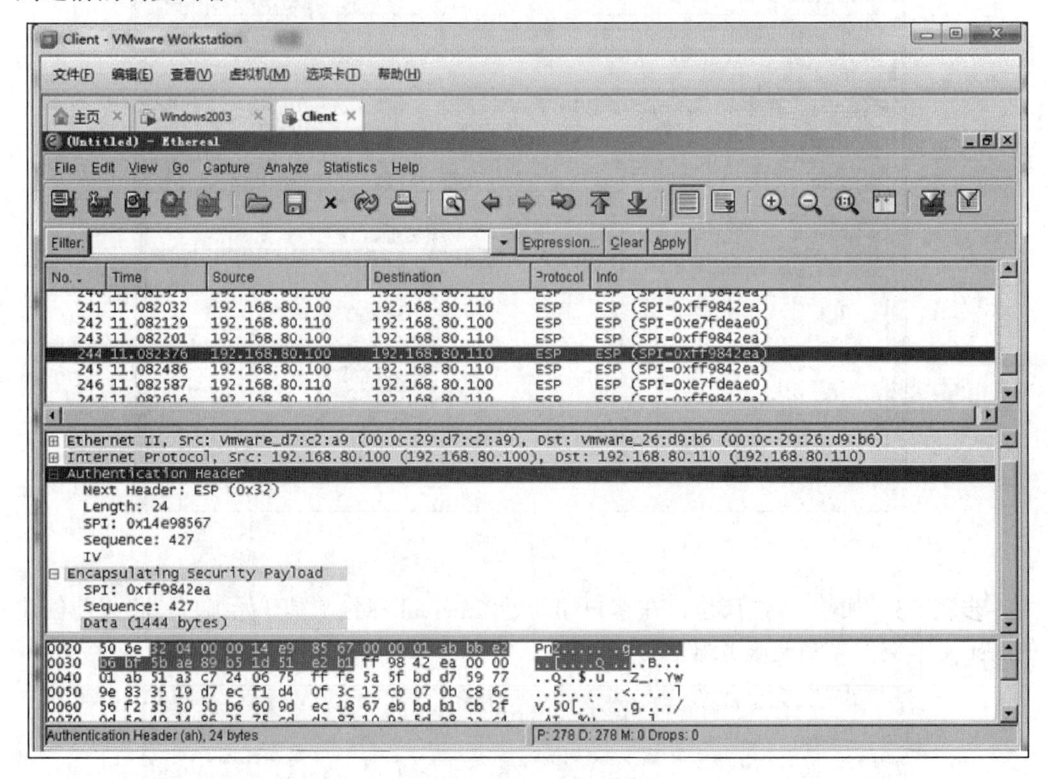

图 5-78 加密后的数据包

实验 5.5 利用 Java 开发网络应用程序

一、背景知识

计算机网络实现了多个网络终端的互联，彼此之间能够进行数据交流。网络应用程序就是在已连接的不同终端设备上运行的程序，这些网络程序相互之间可以进行数据交互。网络程序的数据交互依赖于 TCP/IP 协议，在实际应用中使用 TCP 的网络程序能够提供可靠的数据通信；而使用 UDP 的网络应用程序虽然不能保证数据的可靠性，但因为 UDP 简单、传输速度快，在一些对数据可靠性没有太高要求的多媒体流数据传输中也有着广泛的应用。

1. 用户数据报协议

用户数据报协议（user datagram protocol，UDP）由 RFC 768 定义，它位于网络层之上的运输层，被封装在 IP 数据报中。在使用 UDP 进行报文传输时，发送方和接收方直接向对方发送数据报，无须进行握手过程，因此 UDP 也称无连接协议。

2. 超文本传输协议

Web 采用的应用层协议是超文本传输协议（hyper text transfer protocol，HTTP），由 RFC 1945 和 RFC 2616 进行定义。HTTP 由两部分程序实现：客户端程序和服务器端程序。它们运行在不同的端系统中，通过交换 HTTP 报文进行会话。HTTP 定义了这些报文的格式及客户端和服务器之间是如何进行报文交互的，并使用 TCP 作为它的支撑运输层协议。HTTP 客户端与 HTTP 服务器的 TCP 连接后，客户端的浏览器和服务器进程就可以通过套接字接口进行数据交互。

HTTP 的请求报文包括 3 部分：请求行（request line）、首部行（header line）和实体主体（entity body）。其中，请求行由请求方法、请求网址和协议构成；首部行包括多个属性；实体主体则是附加在请求之后的文本或二进制文件。

HTTP 的响应报文也包括 3 部分：初始状态行（status line）、首部行（header line）和实体主体（entity body）。

3. Web 代理服务器

Web 代理服务器充当 HTTP 客户端和服务器之间的转发者，首先接收来自浏览器的 GET 报文，并向目的地 Web 服务器转发该 GET 报文；然后从目的服务器接收 HTTP 响应报文，并向浏览器转发该响应报文，最终实现浏览器对 Web 服务器的访问。

4. Java 语言

Java 是一门面向对象的编程语言，不仅吸收了 C++语言的各种优点，还摒弃了 C++里难以理解的多继承、指针等概念，因此 Java 语言具有功能强大和简单易用两个特征。Java 语言作为静态面向对象编程语言的代表，极好地实现了面向对象理论，允许程序员以优雅的思维方式进行复杂的编程。Java 具有简单性、面向对象、分布式、健壮性、安全性、平台独立与可移植性、多线程、动态性等特点，可以编写桌面应用程序、Web 应用程序、分布式系统和嵌入式系统应用程序等。

Java 提供了 Socket 和 Server Socket 类，可以实现 TCP/UDP 协议的连接；提供了 MAIL API，具有基于 SMTP/POP3 协议的收发邮件功能；提供了 Http URL Connection 类，用于实现 HTTP 客户端功能；提供了 Servlet API，用于实现 HTTP 服务器的编程。

二、实验目的

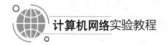

1）掌握利用 Java 开发环境调试应用程序的方法。

2）理解基于套接字开发网络应用程序的过程，深入理解 ping 工作原理。

3）深入理解 HTTP 的格式和工作过程，理解 Web 代理服务器工作原理。

三、实验准备

1）运行 Windows 7 以上版本的操作系统的 PC 物理机 2 台。

2）开源 Java 集成开发环境 Eclipse、Java 运行环境 JRE。

四、实验内容

1）编写 UDP ping 程序。

2）编写 Web 代理服务器程序。

五、实验步骤

步骤 1 安装 Java 编程环境。

（1）安装开发包 JDK

根据安装提示选择安装目录后，即可开始安装 JDK。在安装 JDK 的过程中，同时需要安装 Java 运行环境（Java runtime environment，JRE），并配置 Java 环境变量，如图 5-79 所示。

（2）修改环境变量的值

在“用户变量”中分别设置 JAVA_HOME、PATH 和 CLASSPATH 这 3 项属性。若这 3 项已存在，则分别单击“编辑”按钮；若不存在，则单击“新建”按钮。JAVA_HOME 指明 JDK 的安装路径，即在安装时选择的路径，此路径下包括 lib、bin、jre 等文件夹。PATH 可使系统在任何路径下识别 Java 命令，该值设为：

```
"%JAVA_HOME%\bin;%JAVA_HOME%\jre\bin"
```

CLASSPATH 为 Java 加载类路径，只有类在 CLASSPATH 中，Java 命令才能识别，该值设为：

```
".;%JAVA_HOME%\lib\dt.jar;%JAVA_HOME%\lib\tools.jar"
```

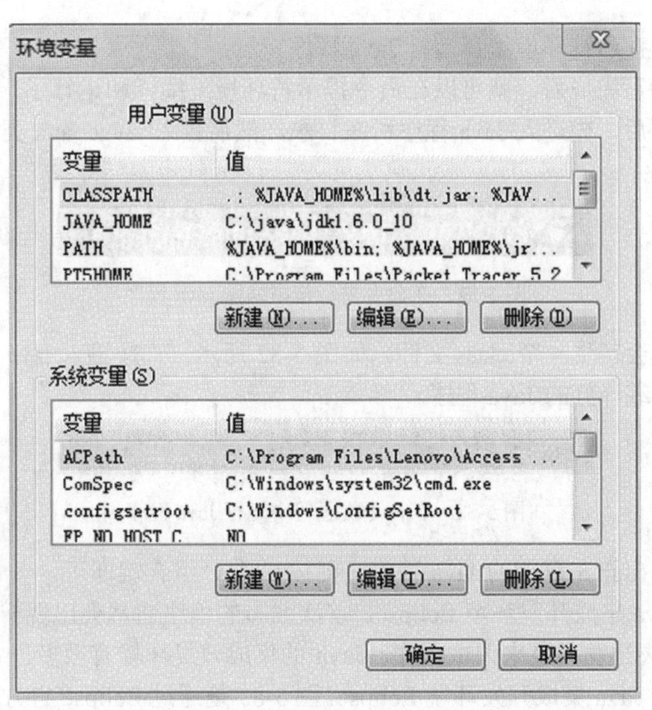

图 5-79　Java 环境变量配置界面

测试安装结果，在命令提示符中输入 java–version、java 和 javac 命令，若出现图 5-80 所示内容，则说明环境变量配置成功。

```
D:\>java
Usage: java [-options] class [args...]
           (to execute a class)
   or  java [-options] -jar jarfile [args...]
           (to execute a jar file)

where options include:
    -client       to select the "client" VM
    -server       to select the "server" VM
    -hotspot      is a synonym for the "client" VM  [deprecated]
                  The default VM is client.

    -cp <class search path of directories and zip/jar files>
    -classpath <class search path of directories and zip/jar files>
                  A ; separated list of directories, JAR archives,
                  and ZIP archives to search for class files.
    -D<name>=<value>
                  set a system property
    -verbose[:class|gc|jni]
                  enable verbose output
    -version      print product version and exit
```

图 5-80　测试环境变量

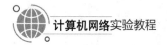

（3）在命令提示符环境编译运行 Java 程序

Java 程序编写完成后，就可以在命令提示符环境下编译和运行了。如图 5-81 所示，启动命令提示符后，先进入 Java 程序所在目录，然后输入 javac java 类的文件名命令，编译该 Java 程序。

```
D:\>javac javaprogram.java
```

图 5-81　在命令提示符中编译 Java 程序

在该目录下会产生一个.class 文件。如图 5-82 所示，直接输入 java java 类名运行参数，即可运行该编译好的 Java 程序。

```
D:\>java javaprogram 1818
```

图 5-82　在命令提示符中运行 Java 程序

如果想要退出正在运行的 Java 程序，则按 Ctrl+C 组合键即可。

步骤 2　Java 集成开发环境 Eclipse。首次编写的程序通常会出现一些问题，因此需要借助 Java 集成开发环境来调试程序。Java 的集成开发环境有很多，本实验选用 IBM 公司开发的开源 Java 集成开发环境 Eclipse。图 5-83 是通过 Eclipse 官方网站下载并安装好的 Eclipse 运行的主界面，通过 Eclipse 可以方便地创建、编译和运行 Java 程序。

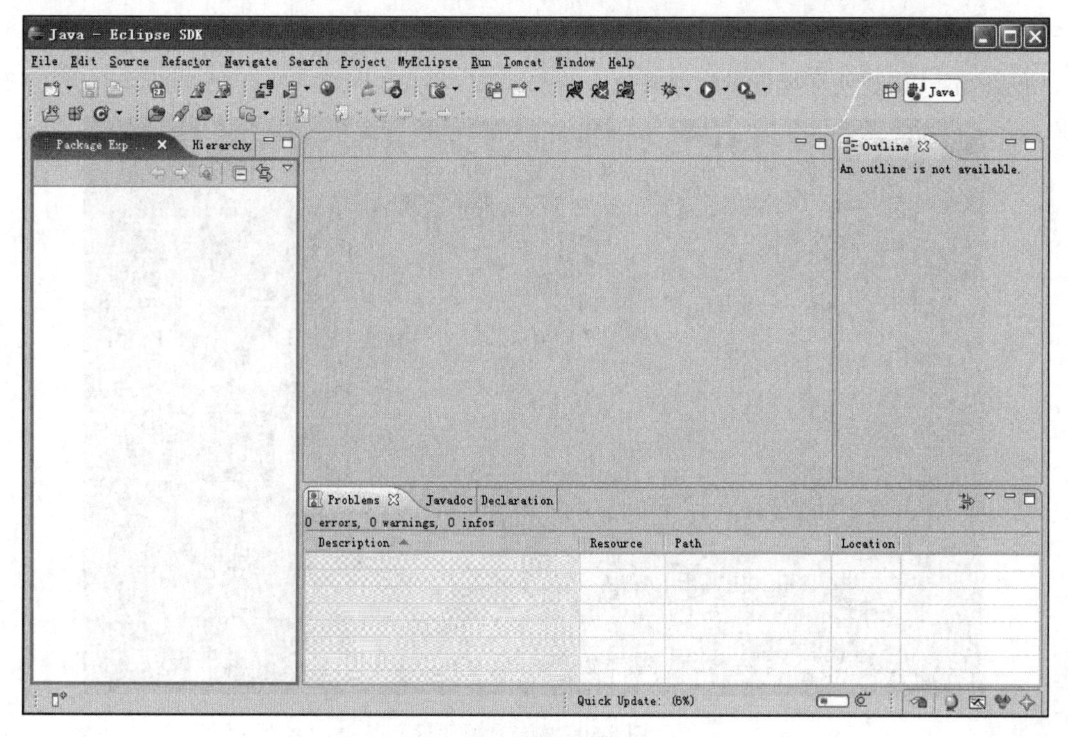

图 5-83　Eclipse 集成开发环境主界面

步骤 3 编写 UDP ping 程序。要采用 UDP 实现 ICMP 中 ping 报文的功能，就必须在应用层模拟网络层中 ping 报文的工作流程，即首先由客户端向服务器端发送一个应用层的 UDP ping 请求报文，服务器端程序在接收到 UDP ping 请求报文后，向客户端返回一个 UDP ping 响应报文，客户端通过判断是否能够接收到该响应报文及相应的丢包率时延大小等信息来分析客户端与服务器端之间的链路状况。因此，需要利用 UDP 套接字实现服务器端和客户端程序，在应用层模拟 ping 报文的通信过程。图 5-84 显示了服务器端和客户端之间的交互过程。

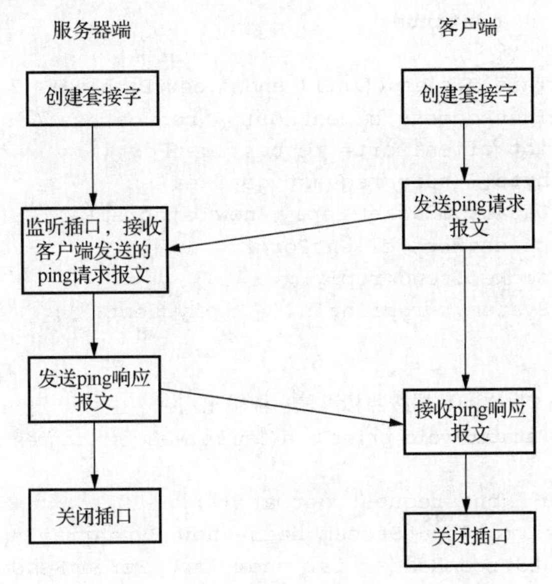

图 5-84 服务器端和客户端交互过程

1）编写服务器端程序。服务器端程序主要实现的功能包括：根据用户输入参数打开特定插口，并对插口进行监听，接收从客户端发送过来的应用层 ping 请求报文，输出该应用层数据内容，并向客户端回复 ping 响应报文。UDP ping 程序服务器端代码如下：

```
1  import java.io.*;
2  import java.net.*;
3  import java.util.*;
4  /*利用 UDP 实现 ping 报文请求的服务器端程序 */
5  public class pingServer{
6  private staticfinaldouble LOSS_RATE= 0.3;
7  private staticfinalint AVERAGE_DELAY = 100;
8  public staticvoid main(String[]args) throws Exception
9  {
10     if (args.length != 1) {
11         System.out.println("Requiredarguments: port");
12         return;
13     }
```

```
14      int port = Integer.parseInt(args[0]);
15      Random random=new Random();
16      DatagramSocketsocket=new DatagramSocket(port);
17      while (true) {
18         DatagramPacket request=new DatagramPacket(new byte[1024],1024);
19         socket.receive(request);
20         printData(request);
21         if(random.nextDouble() <LOSS_RATE) {
22            System.out.println("  Reply not sent.");
23            continue;
24         }
25         Thread.sleep((int)(random.nextDouble() * 2 * AVERAGE_DELAY));
26         InetAddress clientHost = request.getAddress();
27         int clientPort= request.getPort();
28         byte[] buf= request.getData();
29         DatagramPacket reply =new DatagramPacket(buf, buf. length,
           clientHost,clientPort);
30         socket.send(reply);
31         System.out.println("  Reply sent.");
32      }
33   }
34   /*将ping报文的数据按照标准输出流输出*/
35   private static void printData(DatagramPacket request) throws Exception
36   {
37      byte[] buf=request.getData();
38      ByteArrayInputStream bais =new ByteArrayInputStream(buf);
39      InputStreamReader isr =new InputStreamReader(bais);
40      BufferedReader br=new BufferedReader(isr);
41      Stringline = br.readLine();
42      System.out.println("Received from" + request.getAddress().
        getHostAddress()+":"+new String(line));
43   }
44   }
```

2）编写客户端程序。客户端程序主要实现的功能包括：与服务器建立连接，构建UDP ping请求报文，并将其发送给服务器；同时，等待和接收从服务器发回的响应报文，连续发送10次ping请求报文后关闭插口。UDP ping程序客户端代码如下：

```
1    import java.net.DatagramPacket;
2    import java.net.DatagramSocket;
3    import java.net.InetAddress;
4    import java.text.SimpleDateFormat;
5    import java.util.Date;
6    public class pingClient{
7      public staticvoid main(String[] args) throws Exception{
8         if(args.length== 0){
```

```
9   System.out.println("Required arguments: host port");
10    return;
11    }
12        if(args.length== 1){
13            System.out.println("Required arguments: port");
14          return;
15          }
16        String host = args[0].toString();
17        int port= Integer.parseInt(args[1]);
18          DatagramSocket clientSocket=new DatagramSocket();
19          clientSocket.setSoTimeout(1000);
20          InetAddress IPAddress= InetAddress.getByName(host);
21          longsendTime,receiveTime;
22          for (inti= 0; i<10; i++){
23          byte[] sendData =new byte[1024];
24          byte[] receiveData = new byte[1024];
25        Date currentTime =new Date();
26          SimpleDateFormat formatter=new SimpleDateFormat
            ("yyyy-MM-ddHH:mm:ss");
27          String timestamp = formatter.format(currentTime);
28          String ping Message ="ping " +i+ "" + timeStamp+""+"\r\n";
29          sendData = pingMessage.getBytes();
30          DatagramPacket sendPacket=new DatagramPacket(sendData,
            sendData.length,IPAddress,port);
31          try{
32                sendTime= System.currentTimeMillis();
33            clientSocket.send(sendPacket);
34                DatagramPacket receivePacket=new DatagramPacket
                  (receiveData, receiveData.length);
35              clientSocket.receive(receivePacket);
36              receiveTime = System.currentTimeMillis();
37            long latency= receiveTime - sendTime;
38              String serverAddress = receivePacket.getAddress().
                getHostAddress();
39                System.out.println("From" + serverAddress+":"+
                  latency+"ms.");
40          }catch (java.net.SocketTimeoutException ex){
41              String reply="No reply.";
42              System.out.println(reply);
43          }
44      }
45      clientSocket.close();
46      }
47  }
```

3）编译和运行 UDP ping 程序。在完成 UDP ping 服务器端程序 pingServer.java 及客户端程序 pingClient.java 的编写后，可在 Eclipse 下对这两个 Java 文件进行编译。编译成功后，会产生两个新的文件，分别为 pingServer.class 和 pingClient.class。接下来先运行服务器端程序，运行命令为 Java pingServer port。其中，port 为端口号，该端口号可以指定为任意小于 65535 以下且未被系统占用的端口号。运行完服务器端程序之后，程序会等待客户端发送 UDP ping 请求报文。再运行客户端程序，运行命令为 java pingClienthost port。其中，host 为服务器所在的主机名字或 IP 地址，port 为服务器开放的端口号。

4）分析服务器和客户端程序成功运行后出现的结果。

步骤 4　编写 Web 代理服务器程序。

（1）Web 代理服务器的主要功能

Web 代理服务器的主要功能是接收来自浏览器的 GET 报文，并向目的 Web 服务器转发 GET 报文；从目的 Web 服务器接收 HTTP 响应报文，并向浏览器转发 HTTP 响应报文。Web 代理服务器不仅能够理解简单的 GET 请求，而且能够处理各种对象，如 HTML 页面对象、图像对象等。

整个 Web 代理服务器程序由以下 3 个类组成。

1）Proxy Cache：启动 Web 代理服务器程序，并对客户端的代理请求进行处理。

2）Http Request：接收从客户端发送过来的 GET 报文，并对其进行相应的处理。

3）Http Response：接收从服务器端发送过来的 HTTP 响应报文，并对其进行相应的处理。

其中，类 Proxy Cache 分别调用类 Http Request 和类 Http Response 来对客户端及 Web 服务器发送过来的请求与响应报文进行处理。

（2）编写 Web 服务器代理类 ProxyCache.java

类 Proxy Cache 主要实现的功能包括：创建并打开插口，接收来自客户端的连接请求，并创建 Http Request 对象；解析 Http Request 对象中 Web 服务器的 IP 地址和端口号信息，将其转发给 Web 服务器；同时，接收 Web 服务器回复的响应报文，并将其转发给客户端。完成上述功能的类 Proxy Cache 代码如下：

```
1     import java.net.*;
2     import java.io.*;
3     public class ProxyCache {
4     private static int port;
5     private static ServerSocket socket;
6     public static void init (int p){
7         port = p;
8         try{
9             socket= new ServerSocket(port);
10        }catch(IOExceptione){
11            System.out.println("Error creating socket:"+ e);
12            System.exit(-1);
```

```
13     }
14  }
15  public static void handle(Socket client){
16      Socket server = null;
17      HttpRequest request = null;
18      HttpResponse response= null;
19      try{
20         BufferedReader  fromClient  =  new  BufferedReader(new
           InputStreamReader(client.getInputStream()));
21          request = new HttpRequest(fromClient);
22      }catch(IOException e) {
23          System.out.println("Error reading request from client:"+ e);
24          return;
25      }
26      try{
27          server = new Socket(request.getHost(),request.getPort());
28          DataOutputStreamt oServer = new DataOutputStream
            (server.getOutputStream());
29          toServer.writeBytes(request.toString());
30          System.out.println("Request forwarded.");
31      }catch (UnknownHostException e){
32          System.out.println("Unknown host:" + request.getHost());
33          System.out.println(e);
34          return;
35      }catch(IOException e){
36          System.out.println("Error writing request to server:"+ e);
37          return;
38      }
39      try{
40          DataInputStream fromServer = new DataInputStream(server.
            getInputStream());
41          response = new HttpResponse(fromServer);
42          DataOutputStreamtoClient  =  new DataOutputStream(client.
            getOutputStream());
43          toClient.writeBytes(response.toString());
44          toClient.write(response.body);
45          client.close();
46          server.close();
47      }catch(IOException e){
48          System.out.println("Error writing response to client:"+ e);
49      }
50  }
51  public static void main(String args[]){
52      int myPort=0;
53      try{
54          myPort= Integer.parseInt(args[0]);
```

```
55          }catch(ArrayIndexOutOfBoundsException e){
56              System.out.println("Need port number as argument");
57              System.exit(-1);
58          }catch(NumberFormatExceptione){
59              System.out.println("Please give port number as integer.");
60              System.exit(-1);
61          }
62          init(myPort);
63          Socket client = null;
64          while (true){
65              try{
66                  client = socket.accept();
67                  handle(client);
68              }catch (IOException e){
69                  System.out.println("Error reading request from client:"+ e);
70                  continue;
71              }
72          }
73      }
74  }
```

（3）编写 HTTP 请求类 HttpRequest.java

类 Http Request 主要实现的功能包括：从 HTTP 请求报文中获取方法字段、URL 字段和 HTTP 版本字段，并解析 Web 服务器的主机名和端口号。完成上述功能的类 Http Request 代码如下：

```
1  import java.io.*;
2  public class HttpRequest {
3   final static String CRLF= "\r\n";
4   final static int HTTP_PORT=80;
5   String method;
6   String URI;
7   String version;
8   String headers = "";
9   private String host;
10  private int port;
11  public HttpRequest(BufferedReader from){
12      String firstLine ="";
13      try{
14          firstLine = from.readLine();
15      }catch(IOException e){
16          System.out.println("Error reading request line:"+ e);
17      }
18      String[]tmp= firstLine.split(" ");
19      method= tmp[0];
20      URI = tmp[1];
```

```
21      version= tmp[2];
22      System.out.println("URI is: " + URI);
23      if(!method.equals("GET")){
24          System.out.println("Error:Method not GET");
25      }
26      try{
27          String line = from.readLine();
28          while(line.length() != 0) {
29              headers + = line +CRLF;
30              if (line.startsWith("Host:")) {
31                  tmp = line.split (" ");
32                  if (tmp[1].indexOf(':')>0) {
33                      String[] tmp2 = tmp[1].split(":");
34                              host = tmp2[0];
35                              port = Integer.parseInt(tmp2[1]);
36            } else {
37                              host = tmp[1];
38                              port = HTTP_PORT;
39            }
40       }
41          line = from.readLine ();
42      }
43    } catch (IOException e) {
44          System.out.println("Error reading from socket:"+ e);
45        return;
46      }
47      System.out.println("Host to contact is:" + host+ " at port" + port);
48  }
49      public String getHost () {
50          return host;
51      }
52      public int getPort() {
53          return port;
54      }
55      public String toString() {
56          String req="";
57          req= method+ " "+ URI + " "+version+ CRLF;
58          req += headers;
59          req += "Connection: close"+ CRLF;
60          req += CRLF;
61          return req;
62      }
63  }
```

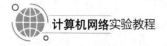

（4）编写 HTTP 响应类 HttpResponse.java

类 Http Response 主要实现的功能包括：获取响应报文中的状态行及首部行，根据响应报文的长度信息获取报文的实体主体。完成上述功能的 Http Response 类代码如下：

```
1     import java.io.*;
2     public class HttpResponse {
3     final static String CRLF = "\r\n";
4     final static int BUF_SIZE=8192;
5     final static int MAX_OBJECT_SIZE= 100000;
6     String version;
7     int status;
8     String status Line = "";
9     String headers = "";
10    byte[] body= new byte[MAX_OBJECT_SIZE];
11    public HttpResponse(DataInputStream fromServer){
12        int length=-1;
13        boolean gotStatusLine = false;
14        try{
15            Stringline = fromServer.readLine();
16            while(line.length()!= 0){
17                if(!gotStatusLine){
18                    statusLine = line;
19                    gotStatusLine =true;
20                }else {
21                    headers += line +CRLF;
22                }
23                if(line.startsWith("Content-Length")||
24                        line.startsWith("Content-length")){
25                    String[]tmp = line.split(" ");
26                    length = Integer.parseInt(tmp[1]);
27                }
28                line = fromServer.readLine();
29            }
30        }catch(IOException e){
31            System.out.println("Error reading headers from server:"+ e);
32            return;
33        }
34        try{
35            int bytesRead = 0;
36            byte buf[] = new byte[BUF_SIZE];
37           boolean loop = false;
38           if(length == -1){
39             loop = true;
40        }
41               while(bytesRead< length || loop){
42                       int res = fromServer.read(buf);
```

```
43                  if(res == -1){
44                          break;
45                  }
46                  for (int i= 0; i < res &&(i + bytesRead) < MAX_
                    OBJECT_SIZE; i++){
47                          body[i+bytesRead]= buf[i];
48                  }
49                   bytesRead+= res;
50           }
51      }catch(IOException e){
52              System.out.println("Error reading response body:" + e);
53              return;
54        }
55 }
56       public String toString(){
57        String res = "";
58        res = statusLine+ CRLF;
59        res += headers;
60        res += CRLF;
61        return res;
62        }
63 }
```

步骤 5　编译 Web 代理服务器。在对 Web 代理服务器程序进行编译时，由于服务器回复的响应报文中包含文本和二进制数据，因此程序中使用了 DataInputStreams 来对服务器的回复报文进行处理。因此，在进行编译时需要添加-deprecation 参数，以保证编译成功。

编译的步骤：首先通过命令提示符进入 Web 代理服务器程序所在目录，然后对类 ProxyCache.java 进行编译，具体的命令如下：

```
javac-deprecation ProxyCache.java
```

步骤 6　运行 Web 代理服务器。在运行 Web 代理服务器时，直接运行 Proxy Cache 类即可。运行 Web 代理服务器的命令为 java ProxyCache port。其中，port 为 Web 代理服务器开放的端口号，客户端在连接到 Web 代理服务器时，必须将端口号设置为该值。

步骤 7　配置浏览器。打开 IE 浏览器，选择“工具”→“Internet 选项”。如图 5-85 所示，在弹出的“Internet 选项”对话框中选择“连接”选项卡，在“局域网（LAN）设置”中单击“局域网设置”按钮。

如图 5-86 所示，弹出“局域网（LAN）设置”对话框，在“代理服务器”中选中“为 LAN 使用代理服务器（这些设置不会应用于拨号或 VPN 连接）”复选框，并将地址及端口设置为 Web 代理服务器的 IP 地址及其使用的端口号。

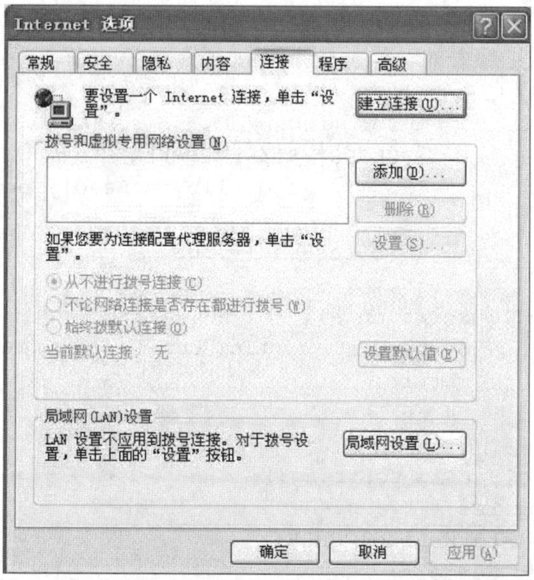

图 5-85　设置局域网

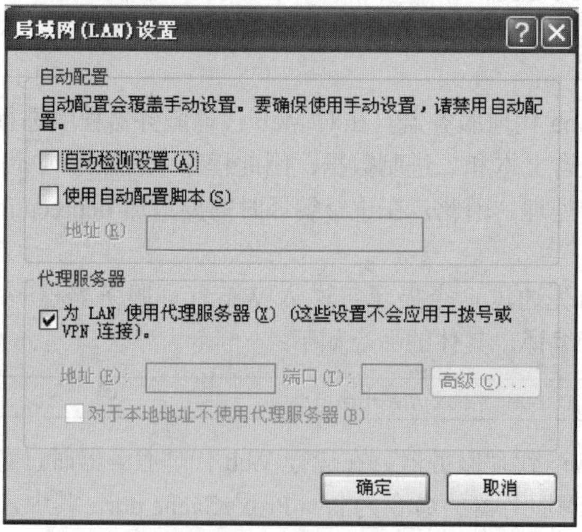

图 5-86　打开局域网（LAN）设置

步骤 8　查看实验结果。利用浏览器通过 Web 代理服务器访问远程的 Web 服务器。在浏览器的地址栏中输入 www.baidu.com，就可以通过 Web 代理服务器访问百度主页，这时程序显示的信息如图 5-87 所示。

```
URI is: http://www.baidu.com/
Host to contact is: www.baidu.com at port 80
Request forwarded.
```

图 5-87　通过 Web 代理服务器访问 Web 服务器

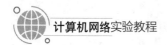

注意

1）调试 Java 程序时，先要正确配置系统的环境变量。

2）客户端发送的 ping 请求报文的目的地址和目的端口号应当与服务器端一致。

3）编写 Web 代理服务器程序时，要正确理解 HTTP 首部各个部分代表的意义。

4）配置浏览器的代理服务器时，填写的 IP 地址和端口号要正确，否则无法连接到 Web 代理服务器。

参 考 文 献

王爱民，郑霞，2009. 计算机网络技术基础及应用实验指导与习题解析[M]. 北京：水利水电出版社.

谢钧，谢希仁，2014. 计算机网络教程[M]. 4 版. 北京：人民邮电出版社.

谢希仁，2017. 计算机网络[M]. 7 版. 北京：电子工业出版社.